Julia

数据科学应用

[美]扎卡赖亚斯·弗格里斯（Zacharias Voulgaris） 著　陈光欣 译

人民邮电出版社

北京

图书在版编目（CIP）数据

Julia数据科学应用 /（美）弗格里斯
(Zacharias Voulgaris) 著；陈光欣译. -- 北京：人
民邮电出版社，2018.2（2023.7重印）
ISBN 978-7-115-47328-8

Ⅰ. ①J… Ⅱ. ①弗… ②陈… Ⅲ. ①程序语言－研究
Ⅳ. ①TP312

中国版本图书馆CIP数据核字(2017)第309720号

版 权 声 明

◆ 著　　　[美] 扎卡赖亚斯·弗格里斯（Zacharias Voulgaris）
　　译　　　陈光欣
　　责任编辑　陈冀康
　　责任印制　焦志炜

◆ 人民邮电出版社出版发行　　北京市丰台区成寿寺路 11 号
　　邮编　100164　电子邮件　315@ptpress.com.cn
　　网址　http://www.ptpress.com.cn
　　北京天宇星印刷厂印刷

◆ 开本：720×960　1/16
　　印张：19.25　　　　　　　2018 年 2 月第 1 版
　　字数：240 千字　　　　　2023 年 7 月北京第 8 次印刷
　　著作权合同登记号　　图字：01-2016-8081 号

定价：69.00 元
读者服务热线：**(010)81055410**　印装质量热线：**(010)81055316**
反盗版热线：**(010)81055315**
广告经营许可证：京东市监广登字 20170147 号

内容提要

　　数据科学通过各种统计学和机器学习的技术与方法，将数据转换为有用的信息或知识。Julia 是一种在数据科学领域逐渐流行起来的语言。

　　本书会提出一系列在数据科学流程中常见的、有代表性的实际问题，并指导读者使用 Julia 去解决这些问题。全书共 13 章，涵盖了 Julia 基础知识、工作环境搭建、语言基础和高级内容、数据科学应用、数据可视化、机器学习方法（包括无监督式学习方法和监督式学习方法）、图分析方法等重要的话题。附录部分给出了学习和使用 Julia 的一些有用的参考资料，还给出了各章的思考题的答案。

　　本书适合对数据科学的知识和应用方法感兴趣的读者阅读，特别适合有志于学习 Julia 并从事数据科学相关工作的人员学习参考。

前言

我是在几年前发现 Julia 的，从此就被它的强大能力与巨大潜力所吸引。Julia 具有用户友好的集成开发环境（Integrated Development Environment，IDE），这使它很容易上手；它还具有高级的逻辑表达能力（非常类似 Matlab 和其他高级语言）和极高的性能，这使它的功能非常强大。但是，当时我正致力于研究其他更成熟的平台，比如 R 和 Java，未能给予 Julia 太多的关注。

因此，我只了解了 Julia 的一些基础知识，以及当时的教程中提供的一些具体应用，并没有进行更多的研究。除了 Julia 之外，我还知道不断有一些新的有趣的语言被开发出来，但大多数是昙花一现。

那么，为什么我现在又对 Julia 感兴趣了呢？一个原因就是，这些年它一直保持着良好的发展势头，Julia 会议的参与人数每年都有显著的增长。尽管我曾经很熟悉它的基本知识，但当我重拾 Julia 时，发现有很多新的知识需要学习。从我初识 Julia 之后，它已经有了很大的发展。

更重要的原因是，Julia 已经跨过了大西洋，引起了欧洲从业者的极大兴趣，其中一位已经为这种相当年轻的语言创建了一系列视频和练习资料。

在试用了 Julia 0.2 版之后，我开始琢磨，除了快速分解质因数和计算第 n 个斐波那契数之外，是否能使用 Julia 来做些真正有用的事情。虽然 0.2 版仅有几个软件包，文档也做得很差，我只能找到零星几个介绍这门语言的视频，多数还是来自某个 Python 会议上的发言。但是，我还是在计算机上保留着 Julia，并时不时地用它写个脚本，来解决 Project Euler、Programming Praxis 或类似站点上的编程问题。当时我是个项目经理，所以没有很大的积极性去掌握一门新的编程语言。我在 Julia 上所做的一切都是出于兴趣。

但是，几个月之后，我重新开始从事数据科学工作，并更加正式地使用 Julia 编程。我很快就发现，使用 Julia 编写代码比使用 Python 更容易，例如，即使使用 Python 完成一个基本的数据加工任务，也需要一大堆扩展包。

在使用 Julia 解决小问题之后，我决定使用 Julia 独立完成一个完整的数据科学项目。在经历了不可避免的学习曲线和成长阵痛之后，我终于达到了目标。这并不是我最得意的成果，但它证明了在进行一些训练、尝试和纠错之后，Julia 可以高效地完成正式的数据科学任务。

在本书中，我会分享在这个项目以及随后的项目中获得的经验，阐述如何在数据科学的各个环节使用 Julia。尽管现在已经有了一些介绍 Julia 的书籍，但还没有一本全面介绍如何在数据科学领域内应用 Julia 的专著。我曾非常期待有这样一本书，但有了多年使用 Julia 的经验之后，我决定亲自上阵，撰写这样的一本书。

我完全清楚，撰写一本介绍正处于发展时期的语言的书风险有多大，但是 Julia 这门语言不会停止发展，如果我等待它完全成熟，这本书就永远不会完成。

我并不期待你能够全面掌握 Julia，或成为一个成熟的数据科学家。如果你渴望扩展技能，学习解决老问题的新方法，并严格按照本书的进度进行学习，那么 Julia 就会成为你进行数据分析的一个有效工具。

目录

第 1 章
Julia 简介

现在的编程语言有几十种，有些是通用的，有些则专注于某个领域，但每种语言都号称比其他语言更优秀。最强大的语言（能够快速执行复杂运算的语言）学习起来应该很难（要想掌握就更难了），它们的用户仅局限于那些对编程具有天赋的"硬核"程序员。雄心勃勃的数据科学家不得不面对这样一种前景：花费大量时间和精力学习了一门语言，却对他们的工作帮助甚微，写下了一行又一行复杂的代码，却实现不了一种可用的算法。

"即插即用"的编程语言是另外一种情况，它们将所有的编程复杂性都进行了精心的封装。那些最单调乏味的（一般也是应用最广泛的）算法都被预先包装好了，供用户方便地使用，几乎不需要学习过程。这些语言的问题是，它们的速度会很慢，而且对内存和运算能力有很苛刻的要求。数据科学家们又面临了一种与前面相反的困境：语言学习没有陡峭的学习曲线，这是个优点，但想用这些语言来完成任务，却困难重重。

Julia 正是位于这两种极端情况中间的一种语言，它最大程度地综合了上面两类语言的优点。其实，它就是一门设计用来进行技术计算的编程语言，它计算速度快，易于使用，并内置了许多数据处理工具。尽管它还处于初级阶段，那些对它进行了充分测试的人们已经感受到了它的巨大潜力，并确信它在技术计算和数据科学领域内有很大的用武之地。

以下一些特点使 Julia 在众多编程语言中脱颖而出。

● **极其卓越的性能**。Julia 在很多数据分析任务以及其他编程实践中都表现出了令人难以置信的性能。它的表现可以和 C 语言媲美，C 语言经常被用来作为衡量运算速度的标准。

- **强大的基础库**。Julia 有一个强大的基础库，它不需要其他平台，就可以进行所有的线性代数运算，这些运算是数据分析模块的必备组件。

- **支持多分派**。Julia 实现了多分派机制，这使它可以使用同一种函数实现不同的过程，使函数更容易扩展，并可以对不同类型的输入重复使用。

- **容易上手**。特别是对于那些从 Python、R、Matlab 或 Octave 迁移过来的使用者，学习 Julia 特别容易。

- **用户友好的界面**。不论是在本地还是云上，Julia 的用户界面都非常友好，在所有的流程中，用户与 Julia 的交流都非常顺畅。Julia 还对所有的功能和数据类型提供了方便易用的帮助文件。

- **与其他语言无缝对接**。这些语言包括（但不限于）R、Python 和 C。这使你不需要进行完整的迁移，就可以使用现有的代码库。

- **开源**。Julia 以及它的所有文档与教程都是开源的，非常易于获取，详尽而又全面。

- **开发者承诺**。Julia 的开发者承诺会一直加强这门语言的性能，并对使用者提供尽可能的帮助。他们提供了大量的讨论，组织年度会议，并提供咨询服务。

- **自定义函数**。Julia 的自定义函数可以和内置在基础代码中的函数一样快速而简洁。

- **并行能力**。Julia 具有强大的并行能力，这使得在多核计算机和集群上的部署非常容易。

- **极大的灵活性**。Julia 在开发新程序方面极其灵活，不论是编程新手，还是专家级用户，Julia 适合各种编程水平的使用者，这个特性在其他语言中是很难得的。

在学习和使用 Julia 的过程中，你肯定会发现它的更多优点，尤其是在数据科学方面。

1.1 Julia 如何提高数据科学水平

"数据科学"是个相当含糊的名词，自从它成为科学领域一门学科后，就具有很多不同的意义。在本书中，我们这样来定义它：**数据科学通过各种统计学和机**

器学习的技术与方法，将数据转换为有用的信息或知识。

由于数据的快速增长，数据科学必须利用各种工具的强大功能来应对大数据的挑战。因为数据科学的一大部分任务就是运行脚本来处理规模庞大、结构复杂的数据集（通常被称为"数据流"），所以一门高性能的编程语言对于数据科学来说不是奢侈品，而是必需品。

考虑一下某种特定的数据处理算法，它通过传统语言实现，需要运行几个小时。那么算法性能的适度提高就可以对数据处理过程的整体速度造成相当大的影响。作为一门新语言，Julia 做的就是这样一件事情，这使它成为了数据科学应用的理想工具，既适合经验丰富的数据科学家，也适用于入门者。

1.1.1　数据科学工作流程

人们认为数据科学是由多个环节组成的一个流程，每个环节都与手头的数据和分析目标密切相关。很多时候，这个目标是实现一个仪表盘或某种智能可视化结果（通常是可交互的），这通常被称为"数据产品"。

数据科学包括从真实世界（比如 HDFS 系统中的数据流，CSV 文件中的数据集，或者关系数据库中的数据）中获取数据，对数据进行处理并得到有用的信息，以及将信息以一种精炼和可操作的形式返回到真实世界中。最终结果通常是数据产品的形式，但也不是必须的。举例来说，你可能被要求在公司的内部数据上面应用数据科学，但只要将结果以可视化的方式与公司管理者共享就可以了。

看一个小公司的例子，这个公司正在对博客订阅者进行问卷调查，从而进行数据驱动的市场研究。这个数据科学过程包括以下 5 个步骤。

1．从营销团队获取数据。

2．进行数据准备，将数据转换成可以用于预测分析的形式。

3．对数据进行探索性分析，分辨出是否某些人更倾向于购买某些特定产品。

4．对工作进行规范化，使整个工作过程达到资源有效和无误差。

5．开发模型，深入研究公司客户对哪些产品最感兴趣，以及他们期望为这些产品付多少钱。

我们会在第 5 章中对这个过程进行更详细的介绍。图 1.1 是数据科学过程的

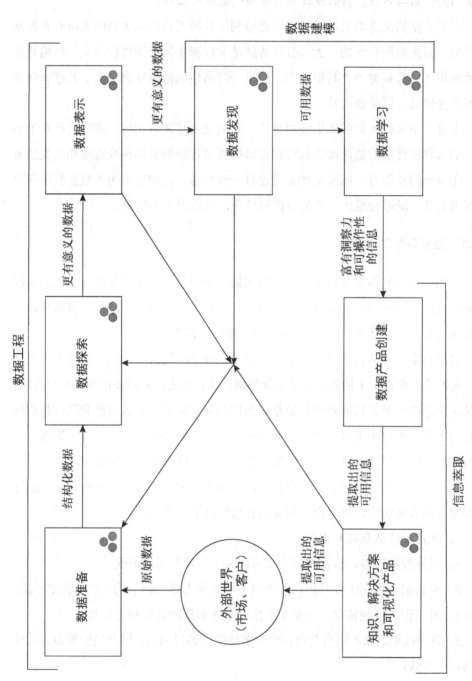

图 1.1　数据科学过程概览。3 个堆叠起来的圆形表示可以应用 Julia 的阶段

一幅完整图景,其中也包含了 Julia 语言的适用范围。我们通常用三个堆叠起来的圆形表示 Julia,在图中,这个符号指示出了 Julia 的用武之地。很明显,除了数据产品开发和数据获取,Julia 几乎可以用于数据科学过程的各个阶段。

想想看,Julia 可以在多大程度上简化你的工作流程?你不需要从其他平台上抓取代码来修补自己的流程,从而造成令人困扰的瓶颈。而且,只要你在 Julia 中调试通过了代码,也没有必要将其转换为像 C++或 Java 之类的语言,因为这样做不会有性能上的提高。这一点非常重要,在用 R 和 Matlab 之类的语言构建原型时,这种转换是个必需的步骤。

1.1.2 Julia 被数据科学社区接受的过程

你可能心生疑虑:"既然 Julia 是这么完美的一种语言,为什么还没有被数据科学社区广泛接受呢?"我们完全可以期待,Julia 这种功能丰富的语言崭露头角,未来会像 R 和 Python 一样,在数据科学领域内占有一席之地。

尽管 Julia 对于任何类型的数据处理项目来说都是一种明智的选择,但是与其他更成熟的语言相比,它提供的扩展包还不够多(尽管随着用户数量的增加,可用的 Julia 扩展包的数量也在平稳地增长)。主要原因是 Julia 是一门年轻的语言,而且随着时间的推移,必定还会发展变化。

更重要的是,数据科学从业者与学习者还没有确信 Julia 可以像 Python 和 R 那样容易地学习和掌握。这两种语言都以具有庞大的用户社区为傲,用户社区使编程不仅简单,而且具有乐趣。想想 Python Challenge 吧:一系列编程任务,使学习 Python 就像是在游戏里面闯关。

毫无疑问,总有一天 Julia 也会发展出同等规模的粉丝圈,但现在它的影响力还不够,特别是在数据科学从业者中间。尽管 Julia 潜力巨大,但很多人发现,在 Julia 中写出清晰的代码并将初始程序调试通过是一件相当困难的事情。对新手来说,整个开发过程令人望而却步,甚至半途而废。

预先开发好的程序通常以"库"或"包"的形式来提供。尽管 Julia 提供了足够多的包来完成数据科学任务，但是还缺少一些算法，需要自己编程实现。在网页发展的初级阶段，HTML 和 CSS 也面临了同样的问题，但是当它们的深奥技术逐渐成为主流，形势就一片大好了。对 Julia 的先驱者来说，可能会发生同样的事情。即使你没有积极地参与 Julia 编程社区，但在对这门语言逐渐熟练的过程中，你也肯定会受益匪浅。而且，当社区不断增长完善时，Julia 用户完成任务会越来越容易，特别是对先驱者来说。

1.2　Julia 扩展

尽管现在能够扩展 Julia 功能的库文件（通常称为"包"）还比较少，但是 Julia 资源正在不断地增加。从 2015 年初到 2016 年中，Julia 包的数量翻了一番，而且还看不出减慢的迹象。由于 Julia 的用户多数是从事高级计算的，所以这些包都是用来满足他们的需求的。包的更新就更加频繁了，这使得这门语言的鲁棒性不断提高。最后，因为 Julia 社区规模较小，并且联系紧密，所以很少有重复开发。

1.2.1　包的质量

"现有的包的质量如何？"你可能会问这个问题。因为开发这些包的用户大多经验丰富，他们会尽力写出高质量的代码，从 GitHub 用户奖励的"星星"就可以反映出这一点。值得注意的是，从 2015 年末到我写完这本书为止，各种 Julia 包获得的星星数量增加了 50%。很明显，在这个著名的程序仓库中，上传的 Julia 代码受到了越来越多的青睐。

很多 GitHub 中的包（不管是什么语言）都有一个有趣的特点，就是通过测试来建立程序的完整性和覆盖率等指标，这样在你开始使用这些程序之前，就可以清楚地了解它们的可靠性。对于最新版本的 Julia（0.4），测试结果相当感人：在所有 610 个包中，63%的包通过了所有测试，只有 11%的包没有通过测试（其余的包还没有进行测试，或者是不可测试的）。

1.2.2　找到新的包

如果想了解 Julia 包开发情况的最新信息，你可以访问 http://pkg.julialang.

org/pulse.html。此外，在本书的末尾，我们给出了一个参考列表，其中包括了数据科学应用中最常用的包。值得注意的是，尽管 Julia 不像其他语言那样有那么多类型的扩展包，但是对数据分析而言，Julia 的扩展包完全够用了。本书的主要内容就是阐述这些扩展包的工作原理，以及如何使用它们来解决艰巨的数据科学问题。

1.3 关于本书

如果你正在阅读本书（并计划按照书中的示例进行练习），那么你至少应该对数据科学领域有所涉猎。我假设你具有基本的编程经验，并对数据结构、GitHub 仓库和数据分析过程有所了解。如果你曾经独立实现过某种算法，完整地开发过某种程序，或使用过 GitHub 上的现成程序解决过实际问题（哪怕是个简单的问题），那么你就有了一个良好的开端。

最重要的是，我希望你有一个脚踏实地的态度，在遇到问题时，可以熟练使用各种技术文档和论坛来寻求解决方案。最后，你必须对学习这门语言有种发自内心的兴趣，并将其与你的数据分析项目紧密地结合起来。

读到现在，你应该知道学习本书的最大收益就是：在掌握用于数据科学的 Julia 语言方面取得显著进步。你可能不会成为 Julia 开发专家，但你学到的知识足以使你看懂新的脚本，并完全可以使用 Julia 完成一些有趣的数据分析项目。其中的一些数据工程任务，如果使用其他编程语言来完成的话，会不厌其烦。

本书会提出一系列在数据科学流程中常见的、有代表性的实际问题，并指导你使用 Julia 去解决这些问题。你不需要去重新发明轮子，因为可以使用现有的内置功能和扩展包解决绝大多数问题。而且，你还可以使用几个真实数据集进行练习，以别人的成功经验为指导，不用在盲人摸象的情况下不断重复试错的过程。

本书将要介绍的内容如下。

1. 可以用于 Julia 开发的几种现成的 IDE（集成开发环境），以及如何使用文本编辑器来创建和编辑 Julia 脚本。

2. 通过几个相对简单的示例程序，介绍 Julia 语言特性（主程序结构和函数）。

3. 使用 Julia 完成数据工程任务的几种不同方式，包括数据的导入、清洗、格式化和存储，以及如何进行数据预处理。

4．数据可视化，以及几种简单但很强大的用于数据探索目的的统计方法。

5．通过各种技术去除不必要的变量，实现数据降维。在这部分内容中，我们还将涉及特征评估技术。

6．机器学习方法，包括无监督式学习方法（各种聚类技术）和监督式学习方法（决策树、随机森林、基本神经网络、回归树、极限学习机等）。

7．图分析方法，研究如何在现有数据上应用目前最流行的算法，并确定不同实体之间的联系。

除了上面这些内容，我们会继续讨论数据科学中的一些基本知识，这样，在深入钻研数据科学的各个环节之前，你会对数据科学的整体流程有一个清晰的认识。而且，书中的所有资料都带有补充信息，这对 Julia 初学者是非常重要的，补充信息介绍了将 Julia 安装到计算机上的方法，以及学习这门语言的一些资源。

在本书中，你将会接触到很多示例和问题，它们可以加强你对每章内容的理解和掌握。如果你确信已经掌握了书中的大部分知识，就可以编写自己的程序，充分发挥这门非凡编程语言的巨大威力。

本书会指导你如何以并行的方式运行 Julia（如果你不能使用集群，在单机上也可以）。对于那些勇气十足、希望接受挑战的人，在最后一章可以利用本书中学到的所有知识和技能，使用 Julia 从零开始构建一项完整的数据科学应用。你准备好了吗？

第 2 章
建立数据科学工作环境

就像每个名副其实的应用科学家一样，如果你想使用 Julia 研究数据科学，那么就需要建立一个工作环境，在里面探索数据、提取精华。同其他多数编程语言类似，Julia 自带的界面是非常简单的，通常只有 Read、Evaluate、Print、Loop（REPL）等几项功能。这个基础界面适合于对 Julia 进行试用，或者创建一些基础的脚本。

如果你想使用 Julia 做一些正式的工作，那么就需要一种为 Julia 量身定做的 IDE。如果你想做些事情在单位里一鸣惊人，那么除了 Julia 基础程序，你还需要安装一些扩展包。

在本章中，我们将介绍如下内容。

● Julia 的 IDE 和扩展包。

● 练习使用 IJulia IDE。

● 我们要在本书中使用的数据集。

● 使用 Julia 实现一个简单的机器学习算法示例。

● 将你的工作区保存到一个数据文件中。

在开始建立工作环境之前，你必须在计算机上安装 Julia，附录 A 会指导你如何安装 Julia。

2.1 Julia IDE

我强烈建议你安装一个 IDE，如果你习惯于使用文本编辑器，那么我建议你选择一个能够识别 Julia 代码的编辑器，这样你可以更容易地创建和编辑 Julia 脚本。

还有，从现在开始，你应该熟悉 Julia 选择扩展包的方法，并知道如何将扩展包安装在你的计算机上。你还可以掌握一些 Julia 的使用经验，使用 Julia 运行一些简单的算法，同时熟悉 Julia 的 IO 功能。

2.1.1　Juno

Juno 是一个非常简单但又功能强大的 IDE，它基于 Light Table，专门用于编写 Julia 脚本。Juno 具有自动完成功能，可以预测你要输入的函数或变量，这和多数智能手机的文本输入预测功能一样。自动完成功能可以提高编码的速度和准确性。

Juno 界面直观、容易掌握，是 Julia 编码的明智选择。如果想了解它的更多功能，你可以参考它丰富的在线文档，通过"Help"菜单就可以访问。在图 2.1 中你可以看到 Juno 的屏幕截图。

当 Julia 启动或运行脚本的时候，Juno 控制台中会给出一个方便的动态提示，这使你可以清楚地知道现在正在进行什么工作（在图 2.1 中你可以看到这种提示，就在行号下面）。遗憾的是，你不能像使用其他 IDE（比如用于 Python 的 Canopy）一样，在控制台中直接输入。但是，这并没有什么不方便，因为你可以在脚本窗口中轻松地运行单条命令，输入命令之后，按 Ctrl+Enter（或 Shift+Enter）组合键就可以了。

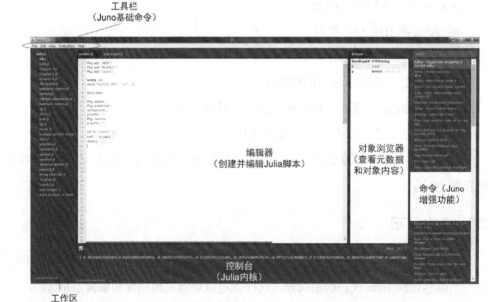

图 2.1　所有功能窗口打开时的 Juno 屏幕截图

需要注意的是，当你想在 Juno 中运行脚本时，必须保证脚本的扩展名是.jl，这是 IDE 识别并运行 Julia 代码的唯一方式。

当脚本未按照预期运行时，Juno 使用一种直截了当的方式来通知你：在控制台中使用红色高亮文本，如图 2.2 所示。

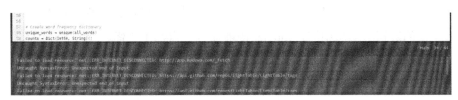

图 2.2　Juno 的局部屏幕截图，重点在于 IDE 中显示错误信息的部分。
以高亮的红色文本表示遇到的问题

尽管 Juno 还处于开发阶段，但它已经具有了很多久经考验的优良品质。Atom 软件（一种可用于各种语言的通用 IDE）近期已经可以集成 Julia 内核，这使得它可以识别并运行 Julia 脚本（参见 http://bit.ly/2akTBua 获得详细信息）。

还有，Atom 允许用户在文本编辑器（通常在这里编写所有的脚本）和 REPL 之间来回切换，这使得它成为测试代码的理想工具，你可以在测试成功后将代码正式加入程序。这样，Atom 的 Julia 插件就成了 Julia IDE 的另一种可行的选择，它正逐渐地被集成到 Juno 项目中。所以我们要密切注意这些项目的进展，因为它们可能成为 Julia IDE 的新的标准规范。你可以在 Julia 官方博客（http://bit.ly/29Nzsf1）中获得这些项目的更多信息。

2.1.2　IJulia

在基于 Atom 的 IDE 成熟（最终会使 Juno 成为开发 Julia 脚本的首选 IDE）之前，我们还是有其他开发充分、性能可靠的 IDE 可以选择。一种选择就是 IJulia，也就是运行在网页浏览器中的 Julia。如果你具有 Python 编程经验，并使用过 IPython notebook，那么你会选择使用 IJulia 开始工作。实际上，我们在本书中就要使用这个 IDE，使用这个 IDE 的一个理由就是它更加成熟（Julia 开发者和专家在他们的报告中大多使用 IJulia），另一个理由是它可以更好地展示代码。

说来奇怪，IJulia 这种编码方式与其他任何一种 IDE 相比，都显得更老式，因为它本质上就是为 Python 开发的一个笔记本软件（现在称为 Jupyter，以前叫 IPython，可以在 https://jupyter.org 下载），唯一的区别就是后端运行的是 Julia 内核。你可以将 Jupyter 看作是一种可以装配多种引擎的汽车：尽管它通常使用 Python 引擎，但使用 Julia 引擎也完全没问题。

IJulia 可以方便地制作展示品和教程，还可以用来做数据探索。在使用 Python 进行工作的数据科学家中间，Jupyter 能够流行一点都不奇怪。

所有的 IJulia 笔记都是运行在网页浏览器上的，尽管它们的代码文件是保存在本地的。你可以在这个站点找到相应的安装文件：http://bit.ly/1aA7oeg。当然，你也可以通过 JuliaBox（https://juliabox.com）在云上运行 IJulia，这时你就需要一个 Google 账户。你可以在图 2.3 中看一下 IJulia 的界面。

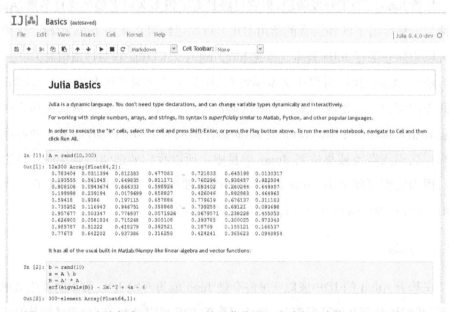

图 2.3　IJulia 在线版本（JuliaBox）的屏幕截图。这种交互式版本适合在展示时分享代码、创建教程，以及进行更高级的编程

2.1.3　其他 IDE

除了 Juno 和 IJulia 之外，开发了 Julia Studio 的公司近期又发布了另一款 Julia IDE。Julia Studio 是一款优秀的 IDE，可以使 Julia 像 R 和 Matlab 一样友好，并有

可能使用户像在 "back in the day" 中那样爱上 Julia。但是，这个项目有段时间没有任何进展了，尽管如此，一些 Julia 教程还是将它列为 Julia 的首选 IDE。

最新发布的 IDE 称为 Epicenter。对于现有的 IDE，它是非常值得期待的一种备选方式，但是，它的免费版本现在功能还非常有限。如果你想创建更加精巧的 Julia 应用，你可以考虑购买 Epicenter 的付费版本。你可以在这个网址获得更多信息：http://bit.ly/29Nzvrv。

还有一款 IDE 由著名的 Tutorials Point 网站（http://bit.ly/29KlxWp）开发，名字就叫作 Julia IDE，但是现在已经淡出了人们的视线。它和 JuliaBox 有点像，都是基于云的，但并不要求你登录。它的界面很直观，可以和 Juno 媲美。此外，它允许你直接使用控制台，这样你就可以在一个窗口内进行脚本开发和脚本测试（不用在编辑器和 REPL 之间来回切换，也不用在 Juno 编辑器的两个标签页之间来回切换）。但是，它并不能一直支持最新版本的 Julia，因此不能正确运行最新的扩展包，因此我建议你仅使用它来编写简单的脚本。

最后，如果你习惯于使用 REPL 配合简单的文本编辑器来进行 Julia 开发，并且你是个 Windows 用户，那么你可以使用 Notpad++，它现在也已经有了 Julia 语言包（http://bit.ly/29Y9SWL）。请一定不要忘了使用正确的扩展名（.jl）来保存脚本文件，这样文本编辑器才能识别出它们是 Julia 脚本，并使用正确的高亮显示。另外，如果你使用 Linux 或 Mac OS 操作系统，那么你可以使用 Emacs 来编辑 Julia 脚本，这也需要安装相应的语言包（http://bit.ly/29Y9CqH）。

2.2　Julia 扩展包

2.2.1　找到并选择扩展包

在前一章中我们已经知道，对于任何一种编程语言，扩展包都是非常重要而且广受欢迎的。原因非常简单：扩展包可以提供一些非常有用的附加功能，帮助你更有效率地完成任务，这些任务如果不使用扩展包，完全靠自己编程实现的话，一般会花费大量时间。扩展包的最大好处是，它们可以帮助我们完成那些最无聊和最浪费时间的任务。在你熟练掌握 Julia 之前，都要依赖扩展包的功能来处理你的数据。

在使用 Julia 平台时，找到所需的扩展包非常容易。最安全的方法就是使用 Julia 官方网站的相应网页（http://pkg.julialang.org），这里提供了一个列表，列出了所有被 Julia 生态系统正式采用的扩展包。这些扩展包也可以在 GitHub 上找到：https://github.com/JuliaLang。

如果你想更加大胆地使用扩展包，那么你可以在 GitHub 上漫游一番，找到一些实验性的 Julia 代码库。但是请记住，使用这样的扩展包存在风险，请慎重。为了达到好的用户体验，请一定安装所有先决条件。

为你的任务选择恰当的扩展包也是一个简单直接的过程，只是带有一些主观因素。我的建议是仔细阅读扩展包中 README.md 文件中提供的文档。如果你认定了这个扩展包适合你的需求，就再查看一下文件列表下面的测试统计。图 2.4 给出了一个统计示例。

图 2.4 一个相对成熟的 Julia 扩展包的测试统计。尽管这个扩展包看上去还需要完善一些，但它通过了所有功能测试，不论是对于最近的稳定版本（左下角），还是对于最新的未经充分测试的版本（右下角）

如果对于你想使用的 Julia 版本，扩展包通过了大多数测试，那么它就很适合你。甚至就算它现在有一些不稳定，为未来着想，你知道这个扩展包也没什么坏处，因为 Julia 扩展包的发展非常迅速，没准过不了多长时间，它就完全达到你的期望值了。

2.2.2 安装扩展包

不管你正在使用 Juno、IJulia、Epicenter、文本编辑器，还是 REPL，在某个时候总会意识到 Julia 基础包的功能是不够用的（尽管它比 Python 基础包的功能强大很多——至少在数据分析方面），必须安装扩展包。要在 Julia 中安装扩展包，你需要执行以下的代码：

```
Pkg.add("mypackage")
```

这里的 **mypackage** 是你要安装的扩展包的名称。必须使用双引号，因为 Julia 将其看作是字符串变量。依据扩展包体积的不同，在你的计算机上下载并安装扩展包需要不同的时间。在 Windows 系统下，扩展包会安装到 C:\Users\username\.julia\v0.4 目录下，在基于 UNIX 的系统下，扩展包会安装到~/.julia/v0.4 目录下。

非正式的扩展包（主要因为它们还在开发过程中）需要手工添加。幸运的是，Pkg.clone()命令会使整个过程变得非常简单。要安装非正式的扩展包，你只需要运行这个命令，将扩展包的 GitHub URL 作为参数传给它：

```
Pkg.clone("git://github.com/AuthorName/SomeCoolPackage.jl.git")
```

有些非正式扩展包可能不会正确地工作（特别是有一段时间没有更新的时候），甚至完全不工作。但是，熟悉这些扩展包还是很重要的，如果你想处于 Julia 技术最前沿的话！

尽管不是必需的，我们还是应该在安装完扩展包之后，不断地更新它们，因为我们最好使用扩展包的最新版本。你可以通过以下代码更新扩展包：

```
Pkg.update()
```

要完成这行命令需要一点时间，特别是在第一次运行的时候。如果你要安装很多扩展包，那么只需在安装完所有扩展包后运行这条命令，因为没有仅更新单个扩展包的方法。还有，我们应该定期运行 Pkg.update()命令，来保证我们一直使用安装了的扩展包的最新版本。在 REPL 中运行这条命令时，出现的问题显示为红色，在其他情况下，显示为蓝色。

2.2.3 使用扩展包

扩展包安装好之后，你就可以使用其中的功能了。在每个需要使用扩展包功能的 Julia 会话中执行以下代码即可：

```
using mypackage
```

扩展包安装好之后，它会被 Julia 识别为关键字，所以将它加载到内存中时，你不需要把它放在双引号中。

2.2.4 破解扩展包

如果你对自己的 Julia 编程技术非常自信，就可以在不需要懂得 C 语言的情况下，试着自己去改善现有扩展包的功能。要达到这个目的，你需要修改扩展包的源代码，然后将它重新加载到内存中（使用前面提到的命令）。例如，在 Windows 系统下，扩展包CoolPackage 的源代码应该是C:\Users\username\.julia\v0.4\CoolPackage\src 目录下的所有.jl 文件。如果是基于 UNIX 的系统，路径就是!/username/.julia/v0.4/CoolPackage。

2.3 IJulia 基础

2.3.1 文件处理

1. 创建笔记本

在 IJulia 中创建一个新文件（称为 IJulia 笔记本）非常简单。IJulia 笔记本只能在 IJulia 中使用，在本地或云端都可以。如果你想创建一个脚本文件，与使用其他 IDE 的用户共享，那么你就需要将 IJulia 笔记本导出为.jl 文件（我们马上就会介绍这种文件）。

如果你已经打开了 IJulia，那么可以单击右上角的"New"按钮，然后在展开的菜单底部选择"Julia"选项。如果你正在处理一个笔记本文件，那么可以使用"File"菜单创建一个新的笔记本文件。图 2.5 展示了这两种方法。

图 2.5 在 IJulia 中创建一个新笔记本：在主界面中（上图），或者在处理另一个
笔记本文件时（下图）

2. 保存笔记本

你可以在 IJulia 中保存 Julia 笔记本，单击左上角的磁盘按钮，或者在"File"
菜单中选择第 5 项命令，如图 2.6 所示。

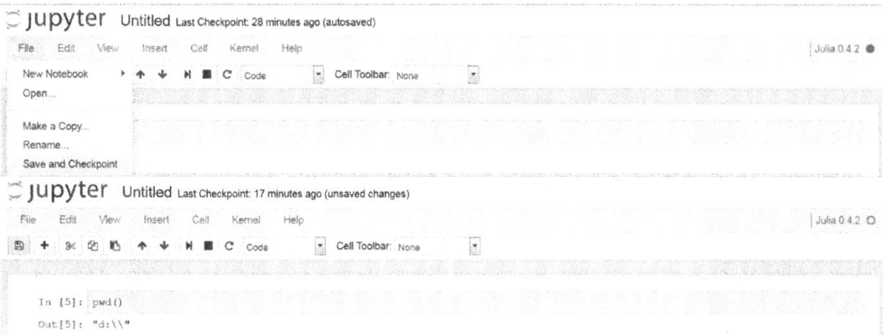

图 2.6 在 IJulia 中保存笔记本：通过"File"菜单（上图）或者通过磁盘按钮（下图）

在保存笔记本时，IJulia 收集所有的文本和代码，并将它们放到一个扩展
名为.ipynb 的文本文件中。这种文件可以被 Jupyter 程序读取（即使计算机上没
有安装 IJulia）。我建议你将所有的 Julia 脚本放在一个文件夹中，以方便存取
和引用。

Jupyter 会定时自动保存你的笔记本，即使你关闭了笔记本，只要 IDE 仍在运
行，就不会丢失任何东西。IJulia 笔记本中包含的不只是代码，还有很多别的信息。
所以当你保存这种文件时（使用扩展名.ipynb），同时保存了你做的所有标记（例
如，小节标题和 HTML 文本）、Julia 代码、以及在你保存笔记本时代码产生的所
有结果（包括文本和图形）。

3. 重命名笔记本

在 IJulia 中有两种方法来重命名笔记本（除了在操作系统中重命名实际文件）。
最简单的方法是单击界面上方、Jupyter 图标右侧的笔记本名称（缺省为
"Untitled"），然后在弹出的文本框中输入新名称。通过选择"File"菜单中的第 4
个选项，也可以完成同样的任务，如图 2.7 所示。

4. 加载笔记本

有很多种方法可以在 IJulia 中加载一个 Julia 笔记本。在主界面中，只需单击

笔记本文件即可（文本文件也可以）。或者，如果你正在处理一个文件，那么就可以使用"File"菜单（这个操作会在 Jupyter 主界面中打开一个新的标签页）来加载另一个文件，如图 2.8 所示。

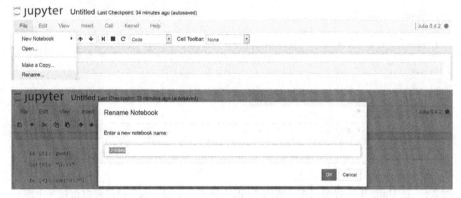

图 2.7　在 IJulia 中重命名笔记本

图 2.8　在 IJulia 中加载笔记本

5. 导出笔记本

笔记本文件可以使用多种方法导出，这取决于下一步你想做什么。下面是几种选择。

● 如果你想把实际的笔记本文件转到另一台计算机上，然后在新的计算机上使用 IJulia 来处理它，那么你可以将其导出为笔记本文件（.ipynb 文件）。

● 如果你想在 REPL 中使用笔记本中的代码，将其他部分（标题、解释性文本等等）都注释掉，那么最好将其导出为.jl 文件。

● 如果你想与他人共享笔记本，不需要运行代码（例如，通过网站共享，或作为演示的一部分），那么你可以将其导出为.html 文件，也可导出为基于 LaTex 的数位印刷文件（.pdf 文件）。

以上的所有导出方式，以及一些其他导出方式，都可以通过"File"菜单实现，如图 2.9 所示。

图 2.9　在 IJulia 中导出笔记本

2.3.2　在.jl 文件中组织代码

因为 Julia 是一门函数式编程语言，所以你找到的或创建的脚本通常是以函数的形式来编写的。多个函数可以在一个.jl 文件中以互不影响的方式和平共处。相关的函数应该放在同一个文件中。

举例来说，如果你有一个函数 fun(x::Int64)，还有另一个函数 fun(x::Array{Int64, 1})，那么就应该把它们放在一起，因为它们通过多分派特性可以互相扩展。还有，你应该把依赖于 fun()的函数 MyFun(x::Int64, y::Int64)也放在同一个.jl 文件中。我建议你将所有测试代码封装在一个函数中，比如 main()，来保证它们不会被运行，除非你确实想运行它们。

如果你使用 IJulia，那么上面的那些都不重要，但是如果你想与其他 Julia 用户共享代码时，那么就应该知道如何组织代码。因为所有的.jl 文件都可以通过 IJulia 笔记本运行（使用 include()命令），那么将经常使用的程序保存为.jl 文件就是一个好的做法，特别是你想随时修改这些程序的时候。

2.3.3 引用代码

实现和运行简单的算法是非常容易的。但是，有些时候你会想建立更精巧的算法，这时就需要使用保存在其他.jl 文件中的函数。当然，你总是可以将相应的代码复制粘贴到你的.jl 文件中，但是这种操作会产生不必要的冗余代码。所以，应该通过引用相应的.jl 文件来调用你需要的代码。这可以通过以下命令来实现：

```
include("my other script.jl")
```

如果被引用的.jl 文件位于另一个目录内，那么请一定在命令中包含完整的路径。请记住文件夹分割符不是传统的斜杠（\），而是双斜杠（\\），或是反斜杠（/）。Julia 将双斜杠看作是一个字符，尽管它包含两个字符。你可以通过输入 length("\\")来检验一下。

如果你运行了 include()命令，那么这个文件中的所有函数都可以被调用：

```
include("D:\\Julia scripts\\my other script.jl")
```

重要的一点是，在引用的文件中，函数中没有任何不必要的代码。否则，在运行程序时，会产生混淆。

2.3.4 工作目录

在编写 Julia 脚本时，有时你会希望识别出 Julia 认为你正在工作的位置，并且可能会改变这个位置。要完成以上的任务，可以使用两个简单的命令：pwd()和 cd()。

pwd()命令是"print working directory"（打印工作目录）的缩写，它的功能也正是这样：

```
In[1]: pwd()
Out[1]: "c:\\users\\Zacharias\\Documents\\Julia"
```

如果你想改变所在的目录，可以使用 cd()命令，就像在命令行窗口中一样：

```
In[2]: cd("d:\\")
In[3]: pwd()
```

```
Out[3]: "d:\\"
```

Julia 的缺省工作目录记录在 juliarc.jl 文件中，这个文件位于 Julia 安装目录中，在目录中具体的路径是\resources\app\julia\etc\julia。如果你想修改这个文件，我建议你先创建一个备份文件，因为对这个文件的修改可能会严重影响 Julia 的功能。

2.4 要使用的数据集

如果没有数据，那么工作环境就很难说是完整的。通常，数据来自于多种渠道的综合。在本书中，我们假定你已经从数据源中提取出了数据，并已经将所有数据保存在了一系列数据文件中，这些数据文件主要是.csv 格式的（逗号分隔值文件）。对于那些格式化不是太好的数据，我们会介绍如何解析这种数据，从中提取出有价值的信息，然后保存在结构化的文件中，比如.csv 文件或其他带有分隔符的文件（在第 5 章中有详细的介绍）。我们还会介绍如何处理半结构化的数据，它们以原始数据的方式保存在.txt 文件中。

2.4.1 数据集描述

在本书的大多数案例中，我们会使用两个 .csv 文件：magic04.csv 和 OnlineNewsPopularity.csv（来自于 UCI 机器学习库，http://archive. ics.uci.edu/ml）。我们还会使用 SpamAssassin 数据集，它与那些公开程序库中的标准数据集相比，是最贴近实际生活中的问题的。

1. Magic 数据集

Magic（或 Magic04）数据集指的是由 Magic 望远镜通过成像技术收集到的数据。它包含了大约 19 000 个数据点和 10 个特征。我们需要预测的属性（位于数据集中的最后一列）表示每个数据点对应的辐射类型：或者是伽马，或者是强子（分别用 g 和 h 来表示）。因此，这是个分类问题。下面是数据集中的几行数据，你可以看一下：

```
22.0913,10.8949,2.2945,0.5381,0.2919,15.2776,18.2296,7.3975,21.068,
    123.281,g
```

```
100.2775,21.8784,3.11,0.312,0.1446,-48.1834,57.6547,-
    9.6341,20.7848,346.433,h
```

2. OnlineNewsPopularity 数据集

恰如其名，OnlineNewsPopularity 数据集由来自于各个新闻网站的数据组成，数据集中的目标变量是流行度，使用文章被分享的次数来测量。这个数据集包含了大约 40 000 个数据点和 59 个特征（不包括 URL 属性，它更像是每个数据点的标识符）。在这个案例中，因为我们要预测的属性是连续的，所以这是个经典的回归问题。下面是这个数据集中的几条数据：

```
http://mashable.com/2013/01/07/beewi-smart-toys/, 731.0, 10.0,
    370.0, 0.559888577828, 0.999999995495, 0.698198195053, 2.0,
    2.0, 0.0, 0.0, 4.35945945946, 9.0, 0.0, 0.0, 0.0, 0.0,
    1.0, 0.0, 0.0, 0.0, 0.0, 0.0, 0.0, 0.0, 0.0, 0.0, 8500.0,
    8500.0, 8500.0, 1.0, 0.0, 0.0, 0.0, 0.0, 0.0, 0.0, 0.0,
    0.0222452755449, 0.306717575824, 0.0222312775078,
    0.0222242903103, 0.626581580813, 0.437408648699,
    0.0711841921519, 0.0297297297297, 0.027027027027,
    0.52380952381, 0.47619047619, 0.350609996065, 0.136363636364,
    0.6, -0.195, -0.4, -0.1, 0.642857142857, 0.214285714286,
    0.142857142857, 0.214285714286, 855
http://mashable.com/2013/01/07/bodymedia-armbandgets-update/,
    731.0, 8.0, 960.0, 0.418162618355, 0.999999998339,
    0.54983388613, 21.0, 20.0, 20.0, 0.0, 4.65416666667, 10.0, 1.0,
    0.0, 0.0, 0.0, 0.0, 0.0, 0.0, 0.0, 0.0, 0.0, 0.0, 0.0, 0.0,
    0.0, 0.0, 545.0, 16000.0, 3151.15789474, 1.0, 0.0, 0.0, 0.0,
    0.0, 0.0, 0.0, 0.0, 0.0200816655822, 0.114705387413,
    0.0200243688545, 0.0200153281713, 0.825173249979,
    0.514480300844, 0.268302724212, 0.0802083333333,
    0.0166666666667, 0.827956989247, 0.172043010753,
    0.402038567493, 0.1, 1.0, -0.224479166667, -0.5, -0.05, 0.0,
    0.0, 0.5, 0.0, 556
```

3. Spam Assassin 数据集

最后一个数据集由 .txt 文件组成，是 3 298 封电子邮件，其中有 501 封是垃圾邮件（spam）。其余是正常邮件（称为 ham），可以分为两类：easy ham 和 hard ham，这取决于准确检测它们的难度。正如你所料，这是个经典的分类问题。

在这个案例中，因为数据集本身没有特征，所以我们需要做些额外的工作。我们需要使用邮件中的文本数据从头开始创建特征。下面是一封邮件示例。邮件标题以粗体显示，它将是我们处理邮件时的关注重点。

```
Return-Path: <Online#3.19578.34 -
    UgGTgZFN19NAr9RR.1.b@newsletter.online.com>
Received: from acmta4.cnet.com (abv-sfo1-acmta4.cnet.com
    [206.16.1.163])
by dogma.slashnull.org (8.11.6/8.11.6) with ESMTP id g69MseT08837
for <qqqqqqqqqq-cnet-newsletters@example.com>; Tue, 9 Jul 2002
    23:54:40 +0100
Received: from abv-sfo1-ac-agent2 (206.16.0.224) by acmta4.cnet.com
    (PowerMTA(TM) v1.5); Tue, 9 Jul 2002 15:49:15 -0700 (envelope-
    from <Online#3.19578.34-
    UgGTgZFN19NAr9RR.1.b@newsletter.online.com>)
Message-ID: <1100198.1026255272511.JavaMail.root@abv-sfo1-ac-
    agent2>
Date: Tue, 9 Jul 2002 15:54:30 -0700 (PDT)
From: "CNET News.com Daily Dispatch" <Online#3.19578.34-
    UgGTgZFN19NAr9RR.1@newsletter.online.com>
To: qqqqqqqqqq-cnet-newsletters@example.com
Subject: CNET NEWS.COM: Cable companies cracking down on Wi-Fi
Mime-Version: 1.0
Content-Type: text/html; charset=ISO-8859-1
Content-Transfer-Encoding: 7bit
X-Mailer: Accucast (http://www.accucast.com)
X-Mailer-Version: 2.8.4-2
```

2.4.2　下载数据集

我们之所以选择上面的数据集，是因为它们的复杂性很合适，既可以从中得到一些有趣的结论，又不至于太难，令人摸不着头脑。它们应用得也非常普遍，很多数据科学应用中都使用了这些数据集。你可以使用下面的任何一种方法来下载它们。

● 直接从 UCI 机器学习库中下载。

● 从本书作者提供的 Dropbox 文件夹中下载：http://bit.ly/29mtzlY。

下载完成并解压缩之后，你可以使用电子表格软件（比如 MS Excel 或 Gnumeric，这取决于你使用何种操作系统）看看这些数据集，甚至使用文本编辑器（数据保存在.csv 文件中，所以可以使用一般的文本编辑器打开，系统自带的文本编辑器就可以）也可以打开这些数据集。阅读一下相应的.names 文件，你可以得到关于这些数据集的更多信息。

2.4.3　加载数据集

1. CSV 文件

为了更容易地访问上述的数据集，我建议你将提取出的.csv 文件移动到 Julia 工作目录中，如果你是个 Julia 新手，就更应该这样做。要想知道 Julia 工作目录，只要运行我们前面提到过的 pwd()命令即可：

```
In[1]: pwd() #A
```

#A println(pwd())也可以完成同样的任务，特别是使用其他 IDE 和 REPL 的时候。

你可以使用下面的简单命令将.csv 文件加载到 Julia 工作区（Julia 操作的计算机内存）：

```
In[2]: data = readcsv("magic04.csv");
```

命令末尾的分号不是必须的，但是如果你不想控制台窗口被上载文件中的数据填满的话，最好还是加上。文件中的数据被保存到一个名为“data”的二维数组（矩阵）中。你也可以将数据加载到其他形式的数据结构中（比如我们的最爱：数据框），但是我们稍后再来讨论这个问题。还有，请记住你可以在文件名中包含文件路径。如果你的.csv 文件保存在 D:\data\目录，那么你就应该运行下面的代码：

```
In[3]: data = readcsv("D:\\data\\magic04.csv");
```

2. 文本文件

你可以非常容易地将文本数据（例如：一封垃圾邮件）加载到 Julia 工作区中，使用以下命令即可：

```
In[1]: f = open(filename, "r")
lines = readlines(f);
close(f)
```

上面的代码片段会将一个文本文件加载到 IO 对象 f 中，这个文件的路径和名称保存在 filename 中。参数 r 告诉 Julia，你创建对象的目的只是想从中读取数据。

要使用 IO 对象 f，你需要调用一个能够接受这个对象作为输入的函数，比如readlines()。readlines()可以解析整个文件，并将其中的内容分割为字符串，然后返回一个字符串数组作为函数输出。

下面是上述方法的一个变体，使用 for 循环依次对文件中的每一行进行解析：

```
f = open(filename, "r")
for line in eachline(f)
    [some code]
end
close(f)
```

如果你想将文本文件中的所有内容保存在一个字符串内，那么你可以使用下面的代码片段来完成这个操作：

```
f = open(filename, "r")
text = readall(f);
close(f)
```

尽管这种方法看上去更加优雅，但实际上不是最好的选择。原因有两点。第一，在数据科学领域内，你需要处理的文本文件经常会很大，将它们保存在一个变量（或一个数组）中会占用大量内存（这通常会引起成本的上升）。第二，我们通常不需要整个文件，所以我们可以一行接一行地处理文件，不需要在内存中保存多于一行的数据。

2.5　在 Julia 中实现一个简单的机器学习算法

为了使你更好地熟悉新的工作环境，我们从一个相对简单的例子开始。如果你以前没有用过 Julia，那么即使你没有完全理解这个例子，也无需担心，因为这个例子的目的只是让你熟悉一下 Julia 的界面和风格。当你适应了 Julia 的编码风格后，我们希望你可以重温一下这个示例。

现在，你可以自己输入代码，也可以使用 kNN.jl 文件，与这个文件在一起的是本书中其余的 Julia 代码文件。在 IJulia 或一个文本编辑器中打开这个文件，拷贝所有内容，然后粘贴到一个新的 IJulia 笔记本中。

我们选择一个最简单的但是依旧非常有用的算法。作为一个数据科学家，你应该学会编码，并应用在实际工作中，比如实现一个可以完成分类任务的算法。

对于 magic 数据集，我们就是要应用这样的算法，将望远镜观测到的辐射进行分类，类别为 gamma（伽马）或 hadron（强子），分别用 g 和 h 来表示，是数据集中的最后一个属性。

为了完成这个示例，我们会使用数据集其他属性中的信息。最终结果是对未知观测的一个预测，预测它们属于两个类别中的哪一类，并使用这些观测的实际类别对预测进行检验。

这一节的重点不是使你成为一个分类算法专家，我们会在后续章节中讨论分类算法，所以如果有些内容你不理解的话，也是很正常的。目前，你只需把注意力放在 Julia 上面，尽量弄清楚程序是如何运行起来的。

2.5.1 算法描述

我们要应用的算法称为"k 最近邻"（kNN，k Nearest Neighbor），是机器学习初期的基本分类算法。尽管是个古老的算法，但在图像分析、推荐系统以及其他领域内，还有着广泛地应用。kNN 是一种基于距离的分类器。尽管这种算法没有训练阶段，但当速度是最关键因素的时候，它的鲁棒性还是很好的。

这种算法非常简单易懂：要对一个给定的（未知的）数据点 X 进行分类，先找到与它最相似的 k 个数据点，然后进行多数投票。相似度通常与距离是相反的，所以与 X 距离最近的那些数据点被选择出进行投票。算法伪代码如代码清单 2.1 所示。

代码清单 2.1　kNN 算法伪代码

```
Inputs: training data input values (X), training data labels (x),
    testing data input values (Y), number of neighbors (k)
Output: predicted labels for testing data (y)
for each element i in array Y
    calculate distances of Yi to all training points Xj        #A
    find indexes of k smallest distances
    break down these data points based on their classes
    find the class with the majority of these k data points    #B
    assign this class as the label of Yi
end for
#A    distance function
#B    classify function
```

图 2.10 给出了更详细的算法流程。

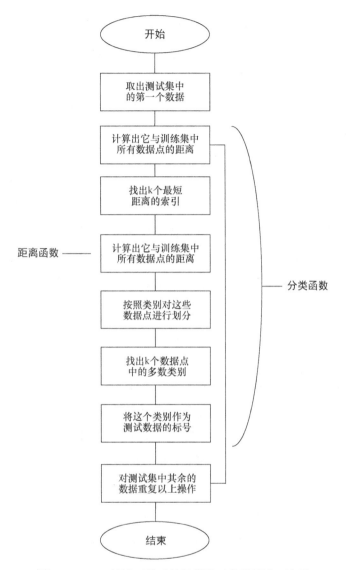

图 2.10 kNN 算法（基础的机器学习分类算法）流程

2.5.2 算法实现

要在 Julia 中实现 kNN 算法，我们需要编写两个函数：距离计算函数和分类函数。它们可以封装在主函数内，主函数称为 kNN()。为简单起见，在这次对 kNN 算法的实现中，我们使用欧式距离（在实际工作中，你可以使用任何一种你喜欢的距离测量方式)。一般来说,最好从辅助函数开始,在本例中,辅助函数就是 distance()和 classify()。如果你使用单个脚本运行所有代码的话,你必须先定义好所有的函数,然后才能使用它们,正如在前一章中我们介绍的那样。

　　首先,我们需要考虑一下每个函数使用什么作为它们的输入,以及生成何种结果作为输出。对于 distance()函数,很明显:它需要接受两个向量化的数据点(一维数组)作为输入,并生成一个数值(浮点数)作为输出。对于 classify()函数,它需要接受一个包含所有数据点的距离的向量,还有一个包含所有数据点的标号的向量,以及要检查的近邻的数量(一个数值),最终生成一个独立元素(可以是一个数值,也可以是一个字符串,这取决于数据集中标号的方式)。

　　在 Julia 中,尽管对元素进行定义是非常重要的,但是如果定义得太具体的话,可能会导致令人沮丧的错误。举例来说,如果我们需要两个数值 x 和 y 作为输入,而且并不关心它们是何种类型的数值,那么我们就可以仅将 x 和 y 定义为数值,而不是定义为浮点数或整数。这样会使函数的功能更加丰富。但是,如果有些数值类型作为输入是没有意义的,我们就必须定义得更具体一些。

　　例如,对于函数 classify(),我们不希望 k 是个带小数点的数值,也不希望它是个分数或是个复数,它应该是个整数。所以在相应函数中(在本例中,就是封装函数 kNN()以及 classify()函数),把它定义成整数相对来说更好。至于要在 kNN()中使用的数据集,它应该是矩阵的形式,因此应该被定义成矩阵。

　　我们从辅助函数开始实现算法,这样你可以熟悉如何在 Julia 中实现一种算法。首先,我们会定义如何计算两个数据点之间的距离,如代码清单 2.2(有更好的方法来实现这个功能,但这种方法更容易理解)所示。

代码清单 2.2　实现 kNN 算法的一个辅助函数,负责计算 x 和 y 两个点之间的距离,x 和 y 用向量表示。

```
In[1]: function distance{T<:Number}(x::Array{T,1}, y::Array{T,1})
dist = 0                          #A
for i in 1:length(x)              #B
    dist += (x[i] - y[i])^2
end
dist = sqrt(dist)
return dist
```

```
end
#A initialize distance variable
#B repeat for all dimensions of x and y
```

我们可以将这些代码写在主方法中，因为它们很短，但是如果我们想换一种距离测量方式，那将怎么办呢？我们可以将代码分成若干个辅助函数，每个函数都可以独立工作，并且易于理解和编辑，这样再做上面的修改就非常容易了。

现在我们进入算法的关键部分：基于计算出的距离，对一个数据点进行分类。我们多次调用距离函数，生成一个一维数组 distances，我们使用这个数组作为 classify() 函数的一个输入。classify() 函数的代码如代码清单 2.3 所示。

代码清单 2.3　实现 kNN 算法的另一个辅助函数，基于一个数据点与数据集中已知数据点之间的距离，对这个数据点进行分类。

```
In[2]: function classify{T<:Any}(distances::Array{Float, 1},
    labels::Array{T, 1, k::Int64}
    class = unique(labels)                          #A
    nc = length(class)                              #B
    indexes = Array(Int,0)                          #C
    M = maxtype(typeof(distances[1]))               #D
    class_count = Array(Int, nc)
    for i in 1:k
        indexes[i] = inmin(distances)
        distances[indexes[i]] = M                   #E
    end
    klabels = labels[indexes]

    for i in 1:nc
        for j in 1:k
            if klabels[j] == class[i]
                class_count[i] += 1
                break
        end
    end
end
index = inmax(class_count)
return class[index]
  end
#A find all the distinct classes
#B number of classes
#C initialize vector of indexes of the nearest neighbors
#D the largest possible number that this vector can have
```

```
#E make sure this element is not selected again
```

现在，可以通过实现主函数（通常称为包装器函数）将所有过程组合起来了。当我们想使用 kNN 算法时，就调用这个函数（我们也可以分别调用每个子函数，这在调试阶段非常有用）。所以，让我们输入代码清单 2.4 中的代码，以完成我们的项目。

代码清单 2.4　实现 kNN 算法的主函数（包装器）。

```
In[3]: function apply_kNN{T1<:Number, T2<:Any}(X::Array{T1,2},
       x::Array{T2,1}, Y::Array{T1,2}, k::Int)
N = size(X,1)                              #A
n = size(Y,1)                              #B
       D = Array(Float, N)                 #C
       z = Array(typeof(x[1]), n)          #D
for i in 1:n
       for j in 1:N
              D[j] = distance(X[j,:], Y[i,:])
       end

z[i] = classify(D, x, k)
end
return z
       end
#A number of known data points
#B number of data points to classify
#C initialize distance vector
#D initialize labels vector (output)
```

2.5.3　算法测试

要应用这个算法，肯定需要一些数据。所以，我们加载前面小节中介绍过的 magic 数据集：

```
In[4]: data = readcsv("magic04.csv")
```

这行代码会将数据保存在一个矩阵中。为了便于处理，我们先将数据重新组织一下，分成输入（特征）和输出（标号）。你可以使用下面的命令来完成这个操作：

```
In[5]: I = map(Float64, data[:, 1:(end-1)])        #A
In[6]: O = data[:, end]                            #B
#A take all the columns of the data matrix, apart from the last one
```

```
and convert everything into a Float. Result = 10-dim Array of
   Float numbers
#B take only the last column of the data matrix. Result = 1-dim
   Array
```

现在，如果你想使用这些数据来测试分类器（这里就是 kNN 算法），那么这些数组都应该分成训练集和测试集。这是一项值得深入研究的技术，所以我们会在后续章节中继续讨论。眼下，我们可以使用基本的随机抽样来完成这个任务。

首先，我们得到训练集数据索引的一个随机集合（比如，数据点总数的一半）。然后，我们分别从 I 和 O 中选取出相应的数据点和它们的标号，并保存在两个数组中。在此之后，我们将剩余的数据点和它们的标号放在另外两个数组中。你可以使用代码清单 2.5 中的代码完成以上的操作（我们希望你能在 IJulia 或其他 JuliaIDE 中输入这些代码）。

代码清单 2.5　kNN 算法实现的测试代码，使用预先加载的 Magic 数据集。

```
In[7]: N = length(O)                     #A
In[8]: n = round(Int64, N/2)             #B
In[9]: R = randperm(N)                   #C
In[10]: indX = R[1:n]                    #D
In[11]: X = I[indX,:]                    #E
In[12]: x = O[indX]                      #F
In[13]: indY = R[(n+1):end]
In[14]: Y = I[indY,:]                    #E
In[15]: y = O[indY]                      #F
#A number of data points in the whole dataset (which is equivalent
   to the length of array O)
#B the half of the above number
#C a random permutation of all the indexes (essential for sampling)
#D get some random indexes for the training set
#E input values for training and testing set respectively
#F target values for training and testing set respectively
#G some random indexes for the testing set
```

现在你可以看看刚刚建立的 kNN 分类器在实战中的表现了。只需运行以下命令：

```
In[16]: z = apply_kNN(X, x, Y, 5)                #A
In[17]: println( sum(y .== z[1]) / n )
println(z[1][1:5], z[2][1:5])                    #B
#A predicted values and the accompanying probabilities (output of
   the classifier)
```

```
#B accuracy rate of classification and small sample of the
   classifier's output
```

在运行这段代码时，你可以在 IJulia 笔记本中看到以下内容（因为进行了随机抽样，所以每次运行的结果都会有些变化）：

```
Out[17]: 0.805888538380652
   Any["g","g","g","g","g"][0.6,0.8,0.6,0.8,0.6]
```

可喜可贺！你已经使用 Julia 完成了你的第 1 次数据科学实验！请一定将这些代码保存在一个 IJulia 笔记本中（或保存为其他格式，比如.jl 文件），因为你以后可能还会用到它们。

2.6 将工作区保存到数据文件

既然你已经得到了一些结果，那么你可能想把它保存在什么地方，以备未来引用或进一步处理。和 R 不同，Julia 不在你退出时保存工作区，如果你想在下次启动 Julia 内核时还能够引用某些特定的变量，最好亲自将它们保存在某个地方。幸运的是，你可以使用下面两种有效的方法来完成这个任务。

- 将数据保存为分隔值文件（例如，.csv 文件），以使其他程序（例如，电子表格程序）可以轻松地访问数据。
- 使用本地 Julia 数据文件格式（.jld），这需要使用相应的扩展包。

每种方法都有各自的优点，我们会在下面的小节中进行更详细介绍。

2.6.1 将数据保存为分隔值文件

这可能是最简单的也是使用得最多的保存方式。这种方法不需要任何扩展包，生成的文件易于其他程序存取，文件格式也是多数人熟悉的格式。你可以使用下面的 writedlm() 函数将数据（比如，一个数组 A）保存为分号分隔值文件，使用分号（;）作为数据域之间的分隔符：

```
writedlm("/data/mydata.dat", A, ";")
```

如你所见，writedlm() 函数的第 1 个参数是文件名（包括路径），第 2 个参数是要保存的数组，第 3 个参数是分隔符。分隔符通常是一个字符，尽管它可以是任意字符串（比如，:）。这个参数的缺省值是一个制表符（用\t 表示），得到的结果是.tsv 文件。然而，你创建的分隔值文件的扩展名是由你来指定的，Julia 不会做任何假定，即使在你看来这是很显然的事情。

分隔值文件的一种特殊情况是.csv 文件，当涉及到数值型数据时，经常使用这种文件来保存数据。你可以通过选择逗号作为分隔符来将数据保存到.csv 文件中，但是有一个更简单的方法：writecsv()函数。你可以按照下面的方法使用这个函数：

```
writecsv("/data/mydata.dat", A)
```

分隔值文件不是最节约资源的保存数据集的方法，但是很多时候，我们必须使用这种方法。当你的数据量不断增加时，或者你希望保留相关变量的元数据的时候，最好使用另一种保存数据文件的方法。因为本书示例使用的数据大小都在可控范围内，所以我们在输出数据时，总是使用分隔值文件。

2.6.2　将数据保存为 Julia 数据文件

很多时候，使用一门语言本身的格式文件来保存数据更容易。例如，Graphlab 使用 SFrames、SArrays 和 SGraphs 文件，R 使用.RData 文件，Matlab 使用.mat 文件。这并不是说其他语言不能使用这些格式的文件，只是说这些文件更适合使用那些创建它们的语言来处理。Julia 数据格式文件（.jld 文件）就是这样一种文件，它由 Simon Kornblith 和 Tim Holy 根据他们自己的需要而开发的，使用的是通用的 HDF5 数据格式。开发这样一种格式的文件可不是闹着玩的，他们花费了很多精力才完成了这项任务。

要使用这种数据格式，你必须先添加 JLD 和 HDF5 扩展包，然后才能使用它们创建.jld 文件来保存数据（比如一个由浮点数组成的数组 A，和一个整数 b）。你可以使用下面的代码来完成这些操作：

```
Pkg.add("HDF5")
Pkg.add("JLD")
using JLD
f = open("mydata.jld", "w")
@write f A
```

```
@write f b
close(f)
```

字符@在 Julia 中有特殊意义，当它应用于一个函数时，会改变函数的语法，使函数功能更加丰富。我们建议你在完全掌握了 Julia 基础知识之后再来深入研究@的用法；大概在你使用 Julia 解决了几个实际问题，并且对本书中介绍的函数完全熟悉之后。

另外，我们可以不使用上面最后 4 行代码，而是用以下的等价代码来替换它们：

```
save("mydata.jld", "var_A", A, "var_b", b)
```

在上面的代码中，引号中的参数对应着输出文件名和变量的存储名（这里我们使存储名和原来的变量名不同，来避免混淆）。如果你想将工作区中的所有变量保存下来，你只需要输入以下命令：

```
save("mydata.jld")
```

如果想提前出保存在.jld 文件中的数据，可以使用以下代码：

```
D = load("mydata.jld")
```

加载.jld 文件会创建一个字典，字典中包含了文件的所有内容，字典中的键就是变量名。如果你想从.jld 文件中只提取出一个特定的变量（例如，这个变量的名称为 "var_b"），那也非常简单，你可以使用以下代码：

```
b = load("mydata.jld", "var_b")
```

还可以使用另外一种方法从.jld 文件中提取变量，如下所示：

```
f = jldopen("mydata.jld","r")
dump(f, 20)
```

这段代码会从.jld 文件中提取出前 20 个变量，并把它们保存在字典中（例如，变量名:变量类型和维度）。当你不确定要提取出哪个变量时，这种方法特别有用。

JLD 扩展包是一个非常新的扩展包，在本书写作时，它的文档还很不完备。我们希望你能主动地对它多了解一些，随着时间的推移，它会越来越完善。这个扩展包非常有价值，因为它可以使数据存储和提取更加容易。你可以通过它的文档获得更多信息，文档的 GitHub 链接为：http://bit.ly/29fVavH。

2.6.3　将数据保存为文本文件

如果数据是高度非结构化的，不适用于前面的任何一种保存方式，那么你可以将数据保存为纯文本文件。但是请注意，将数据保存为文本文件，如果以后想提取数据，就要进行一些额外的工作（我们会在第 6 章中讨论这种情况）。要将数据保存为.txt 文件，只需使用以下代码：

```
f = open("/data/mydata.txt", "w")
write(f, SomeStringVariable)
write(f, AnotherStringVariable)
.
.
.
close(f)
```

在数据文件中，为了在每对连续变量之间留出间隔，你应该在每个字符串后面加上换行符（在 Julia 中用\n 来表示）。所以，如果你想在数据文件（已经打开了）中保存字符串数据"Julia rocks!"，那么你应该做出如下的修改：

```
data = string(data, "\n")
```

当然，这不只限于字符串变量，不管你向文本文件中保存什么类型的数据，最终都会被转换成字符串类型。所以，如果你有一个数组 A，你可以使用如下代码来保存它：

```
A = [123, 34423.23, -322,
     4553452352345234523452345345261709106832734]
f = open(("/data/mydata.txt", "w")
for a in A
write(f, string(a, "\n"))
end
close(f)
```

于是，这个数组就会被保存在 data 文件夹中的 mydata.txt 文件中，每个元素占一行。这样，在文本编辑器中读取文件的内容时会更加容易，而使用其他语言编写脚本来处理这个文件时，也会更加容易。

2.7 帮助

不管你是什么样的专业背景，你总会遇到一些自己搞不定、需要寻求帮助的情况，最常见的情况就是如何使用函数。当遇到这种情况时，先不要急着上Stackoverflow 去提问，你应该先查看一下 Julia 文档。要查看 Julia 文档，只需使用如下命令：

```
help(somefunction)
```

或者，你也可以使用如下方法：

```
? somefunction
```

尽管这个函数的输出不是很简单易懂，但的确很有帮助。这个函数你用得越多，就越容易理解它的输出内容。Julia 的发展日新月异，熟悉它的文档是非常必要的。你应该将其视为全面学习 Julia 的最好资料来源，应该特别关注其中的数据类型、操作符和函数部分。

如果你遇到的是一般性的问题，那么你可以搜索 Julia 手册，它的链接为：http://bit.ly/29bWHU2，也可以搜索 Julia 的维基教科书，它的链接为：http://bit.ly/29cIges。我更喜欢后者，因为其中有更多的示例，也更易于阅读。对于那些主观性的问题（比如"我应该如何评价这段代码的性能？"），你最好还是去咨询专业人士。你可以从 Stackoverflow 开始（使用的标签是"Julia-lang"），Google 上的 Julia 用户群也是一个不错的选择。无论如何，坚持就是胜利！和任何一种新语言一样，Julia 有自己的特点，需要一定的时间来适应和习惯。正因为这个原因，在本书后面的章节中，我们会使代码尽量简化，这样你就可以集中注意力来体会这门语言的精彩之处和价值所在。

2.8 小结

- 要想更加容易地学习和使用 Julia，你应该使用一种 IDE，比如 Juno、IJulia（Jupyter）、Epicenter 等。
- 使用 JuliaBox，你可以很容易地在云上使用 Julia。使用 Google 账户，你可以在服务器上创建和保存 IJulia 笔记本。

● 要进行正式的 Julia 编程，必须安装扩展包。这可以使用 Pkg.add()命令来完成。要安装 abc 扩展包，你只需输入：Pkg.add("abc")。

● 你可以使用 readcsv()函数将.csv 文件加载到 Julia 工作区。例如，可以这样读取 mydata.csv 文件：readcsv("mydata.csv")。

● 你可以使用多种方法从 .txt 文件中加载数据，最简单的方法是：f = open(filename, "r"); lines = readlines(f); close(f)。

● k 最近邻（kNN）是一种简单但是非常有效的机器学习算法，可以用来在任何一种标号数据集（例如，一个具有离散型目标变量的数据集）上执行分类任务。

● 在实现一个相当复杂的算法时，应该将它分解为多个辅助函数。辅助函数必须在主函数（包装器函数）运行之前加载到内存中。

● 你可以使用以下任何一种方法将数据保存到文件中。

　○ **分隔值文件**：writedlm(filename,variable,delimiter)，尽管经常使用单个字符作为分隔符，但它可以是任意可打印的字符串。如果省略了分隔符，就使用制表符作为缺省值。

　○ **Julia 数据文件**：save(filename.jld,"name_for_1st_variable", var1,"name_for_2nd_variable",var2, …)。你必须先将 JLD 和 HDF5 扩展包加载到内存中。

　○ **纯文本文件**：f = open(filename, "w"); write(f, String- Variable1); write(f, StringVarialbe2); …; close(f)。

● 你可以使用 help()命令在 Julia 中搜索函数帮助：help (FunctionName)。

● 对于更加复杂的问题，你可以在 Julia 维基教科书、Julia 文档、Stackoverflow 和 Julia 用户群（线上的或实际的用户群都可以）中寻求帮助。

2.9　思考题

1. 如果你想利用 Juia 的最新功能，那么应该使用哪种 IDE？

2. 如果因为缺少管理员权限，你不能在计算机上安装 Julia，那么你应该使用哪种 IDE？

3．相对于 REPL，使用 IDE（例如，Juno，或 tutorialspoint.com 提供的在线 IDE）有哪些好处？相对于 IDE 和 REPL，IJulia 有哪些优点？

4．为什么应该在程序中使用辅助函数？

5．什么是包装器函数？

6．sqrt()、indmin()和 length()函数的功能是？它们的参数是什么类型？（提示：对每个函数使用 help()命令。）

7．表达式 sum(y = z)/length(y)的取值范围是？

8．假设你有一个数组 A，想将其保存在.csv 文件中，应该如何实现？

9．工作区中有很多不同类型的数组和单值变量。因为操作系统要安装一批系统更新（又来了!），所以你必须关机。你想将最重要的变量保存起来，并保持数据类型不变，以便你能在操作系统更新完成之后继续工作，那么你应如何操作？

10．函数 max()和 maximum()有什么区别？如果想找出两个数值中的最大值，应该使用哪个函数？（提示：再一次使用 help()命令，运行一下示例代码，看看二者到底有什么区别。）

11．如何安装和更新 NMF 扩展包？如何将其加载到内存中？

12．你能使用 kNN 算法分析一下你手头的文本数据吗？说说你的做法。

13．小组中的资深数据科学家认为，在分析数据集时，应该使用曼哈顿距离（又称城市街区距离），而不是欧氏距离（你可以在这个网站获得关于这种距离的更多信息：http://bit.ly/29J8D0Y）。不用重新从头开始实现 kNN 算法，你应该如何操作？

注：以上所有问题的答案都可以在附录 F 中找到。

第 3 章

Julia 入门

本章的目的是带领你熟悉 Julia 语言的特点，掌握足够的知识，以使你能够使用 Julia 解决工作中的问题。同样，我们假定你熟悉编程基础知识，并具有一些使用其他语言的经验。这样，我们就可以将更多精力集中在 Julia 的数据科学应用上面。

当你开发自己的脚本时，还可以使用本章作为参考资料。通过学习本章内容，你可以理解这门语言的逻辑，并能够在需要时独立完成任务。本章包括以下内容。

- 数据类型。
- 数组。
- 字典。
- 基本命令与函数。
- 循环语句与条件语句。

下面就让我们进入这门新语言的殿堂，看看它在数据科学领域内如何大展身手。如果你已经对 Julia 很熟悉了，那么完全可以跳过这部分内容，直接学习第 5 章，也可以只看看本章及下一章最后的练习。

3.1 数据类型

下面我们开始学习 Julia 语言，先看看 Julia 中的内建数据模块，这些数据模块通常被称为数据类型。Julia 中的每个变量都属于一种特定的数据类型，比如整数、字符串、数组等。当然，有些数据类型（比如矩阵或向量）不像你期望的那么容易理解，有些数据类型还可以是其他数据类型的子类型（矩阵和向量都是数值的子类型）。

尽管不是强制性的，但定义变量的类型可以使 Julia 知道将变量值转换为何种类型。当编写复杂的程序时，这一点非常重要，因为这时程序歧义经常会导致错误和不能预料的结果。如果你没有定义变量类型，Julia 会自动指定一个符合变量值的最简单的类型（如果没有变量值，Julia 会将变量类型指定为通用类型"any"）。下面我们通过几个示例来说明数据类型。

```
In[1]: x = 123                      #A
Out[1]: 123                         #B
In[2]: y = "hello world!"           #C
Out[2]:"hello world!"               #D
#A Assign the value 123 to variable x
#B Julia interprets this as an Integer and stores it into x
#C Assign the value "hello world!" to variable y
#D Julia interprets this as a String and stores it into y
```

你可以使用 typeof()命令来检测变量的数据类型。可以对上面示例代码中的变量使用这个命令。

```
In[3]: typeof(x)
Out[3]: Int64                   #A
In[4]: typeof(y)
Out[4]: ASCIIString
#A This could be Int32 as well, depending on your computer
```

Int64 是整数类型的子类（或称子类型），ASCIIString 是字符串类型的一种特殊形式（子类型）。

你可以使用两个冒号来定义变量类型（x::Int64），我们很快就会对此进行介绍。现在，我们可以使用与数据类型同名的相应构造函数来将变量从一种数据类型转换为另外一种。例如，函数 Int32()会将传递给它的任何值转换为 32 位整数（Int32 类型）。所以，紧接着上面的代码：

```
In[5]: z = Int32(x)
Out[5]: 123
In[6]: typeof(z)
In[6]: Int32
```

当然，不是所有的类型都可以互相转换：

```
In[7]: w = Int32("whatever")
Out[7]: ERROR: invalid base 10 digit 'w' in "whatever"
```

表 3.1 给出了 Julia 中主要的数据类型以及示例。

表 3.1   Julia 的主要数据类型

数据类型	示例
Int8	98, -123
Int32	2134112, -2199996
Int64	123123123123121, -1234123451234
Float32	12312312.3223, -12312312.3223
Float64	12332523452345.345233343, -123333312312.3223232
Bool	true, false（请注意，在 Julia 中，这种类型的变量总是小写的）
Char	'a', '?'
String	"some word or sentence", " "
BigInt	345489322374345723984895389498524039834923443523 4532
BigFloat	345489322374345723984895389498524039834923443523 4532.3432
Array	[1, 2322433423, 0.12312312, false, 'c', "whatever"]

为了更好地理解数据类型。我们强烈建议你花一些时间在 REPL 中随意地测试一下这些类型。REPL 是"Read，Evaluate，Print，Loop"的缩写，指代的是现在流行于多数脚本语言中的一种交互式界面。可以多注意一下字符类型和字符串类型，因为它们的构造函数是相同的，只是对于字符类型使用的是单引号（'），而对于字符串类型使用的是双引号（"）。

BigInt 和 BigFloat 类型对于其中的数值大小没有限制，所以非常适合于处理任意大小的数值。但是，它们非常占用内存，所以不要随意地使用这两种数据类型。如果你确实需要使用它们，请一定按部就班地对变量进行初始化。例如：

```
In[8]: x = BigInt()
```

因为 BigInt 和 BigFloat 属于特殊数据类型，所以它们不能通过两个冒号的方法（::）来定义，你必须分别使用 BigInt()和 BigFloat()构造函数来定义这两种变量。如果变量值很小（−128～127），那么可以使用 Int8 数据类型，因为这样可以节省计算机资源。这种数据类型非常适合于计数器变量，以及其他各种处理小整数值的情况（例如，索引）。

3.2 数组

3.2.1 数组基础

数组是 Julia 中的基础数据类型，它使你可以处理任意类型数据的集合，也可以处理不同类型数据组成的集合。和其他语言（比如 R 和 Python）一样数组的索引位于方括号内，方括号也可以用来将一组变量定义为数组。所以，对于数组 p = [1, 2322433423, 0.12312312, "false", 'c', "whatever"]，你可以通过输入 p[3] 来引用它的第 3 个元素（这里它是个浮点数）：

```
In[9]: p = [1, 2322433423, 0.12312312, false, 'c', "whatever"];
    p[3]
Out[9]: 0.12312312
```

与很多其他语言不同（比如 C#），Julia 的索引从 1 开始，而不是从 0 开始。如果你想通过输入 p[0] 来引用数组的第 1 个元素，你会收到一个越界错误。如果你想引用超出了数组最后一个元素的内容，也会收到同样的错误。数组索引必须是整数（但是你也可以使用布尔值"true"来引用数组的第 1 个元素）。要引用数组的最后一个元素，你可以使用伪索引"end"：

```
In[10]: p[end]
Out[10]: "whatever"
```

当你不知道数组的确切维度时，这种方法非常有效。当你在数组中添加和删除元素时，这种情况还是很常见的。和其他语言一样，数组是一种可变的数据结构，这使得它与那些不可变的数据类型（比如元组或某种字典类型）相比，运算速度较慢。所以，如果你追求的是灵活性（例如，一个变量或一个系数列表），那么就应该使用数组。如果你想先初始化一个数组，以后再来填充它，那么你只需要向 Julia 提供数组中元素的数据类型和数组的维度。举例来说，如果你想创建一个 3 行 4 列的数组，并在里面保存 Int64 类型的数据，那么就应该使用以下代码：

```
In[11]: Z = Array(Int64, 3, 4)
Out[11]: 3x4 Array{Int64,2}:
```

```
34359738376 0 1 3
2147483649 4 1 4
         0 5 2 5
```

在初始化时，数组中的内容就是 Julia 分配给这个数组的那部分内存中的数据。如果你发现一个刚刚初始化的数组中全是 0，那么这种情况是非常罕见的。如果你想创建一个更加通用的数组，可以用它来保存所有类型的变量（也包括其他数组），那么在初始化时，应该使用"any"类型：

```
In[12]: Z = Array(Any, 3, 1)
Out[12]: 3x1 Array{Any,2}:
 #undef
 #undef
 #undef
```

在这样的数组中，所有值都是未定义的值（用#undef表示）。你不能使用这种值来进行任何数值计算或其他操作，所以一定要在使用这种数组之前为它分配一些有意义的数据，这样才能避免出现错误信息。

3.2.2 在数组中引用多个元素

通过使用索引，你可以在一次操作中引用数组的多个元素，索引可以是一定范围内的整数，也可以是一个整数数组。例如，如果你想取出 p 中的前 3 个元素，你只需输入 p[1:3]（请注意 1:3 是 1 和 3 之间的闭区间，包括 1 和 3）：

```
In[13]: p[1:3]
Out[13]: 3-element Array{Any,1}:
    1
 2322433423
    0.123123
```

有些时候，因为我们不知道数组的确切长度，所以可以使用"end"来引用数组中的最后一个元素，这种方法我们之前介绍过。所以，如果你想取出 p 中的后 3 个元素，可以使用 p[(end - 2):end]，圆括号用不用都可以，使用圆括号只是为了使代码更容易理解。

我们也可以使用一个整数数组作为索引。如果你想只取出 p 中的第 1 个和第 4 个元素，那么你只需输入 p[[1, 4]]。这时方括号有两层，外面的方括号用来引用数组 p，里面的方括号用来定义包含索引值 1 和索引值 4 的数组：

```
In[14]: p[[1,4]]
Out[14]: 2-element Array{Any,1}:
    1
 false
```

在实际工作中，你应该将需要的索引保存在一个数组中，我们可以称这个数组为 ind，然后使用 p[ind] 来引用所需的元素。这样可以写出更加简洁直观的代码。

3.2.3 多维数组

对于那些维度大于 1 的数组，你必须提供与维数一样多的索引来引用数组元素。举例来说，如果 A 是个 3×4 的矩阵，那么我们可以使用如下代码来创建并填充这个数组：

```
In[15]: A = Array(Int64, 3,4); A[:] = 1:12; A
Out[15]: 3x4 Array{Int64,2}:
 1 4 7 10
 2 5 8 11
 3 6 9 12
```

要取出第 2 行中的第 3 个元素，你需要输入 A[2, 3]。如果你想取出第 3 行中的所有元素，那么你可以输入 A[3,:]（你也可以使用 A[3, 1:end]，但这种方法比较繁琐）。如果你想引用数组中的全部元素，那么你可以输入 A[:, :]，输入 A 也可以得到同样的结果，正如上面的示例所示。顺便说一句，如果你想以一行数据的形式获得 A 中的内容，只需使用 A[:]，这样得到的结果是一个一维数组。

3.3 字典

正如名称所示，字典是一个简单的可以进行查找的表，用来将不同类型的数值组织在一起。和数组一样，字典中也可以包含所有类型的数据，尽管一个给定的字典中通常包含两种类型的数据。与数组不同的是，字典索引不一定是整数。相反，字典的索引（一般称为键）可以是任意类型。与字典的键对应的数据称为字典的值。Julia 使用对象 dict 实现了这种数据结构，dict 实现了键与值之间的映射：{key1 => value1, key2 => value2, ..., keyN => valueN}。运算符=>专门用于这种数据结构，它是函数 pair()的一种简写。它与运算符>=是完全不同的，>=是代数函数"大于等于"的简写。使用如下代码，你可以很容易地创建一个字典：

```
In[16]: a = Dict()                                      #A
Out[16]: Dict{Any,Any} with 0 entries
In[17]: b = Dict("one" => 1, "two" => 2, "three" => 3,
        "four" => 4)                                    #B
Out[17]: Dict{ASCIIString,Int64} with 4 entries:
 "two" => 2
 "four" => 4
 "one" => 1
 "three" => 3
#A This creates an empty dictionary
#B This creates a dictionary with predefined entries (it is still
    mutable). Note that this format works only from version 0.4
    onwards
```

与数组类似，要在字典中查找一个值，只需使用字典名称和键即可，这里的键与数组中的索引功能类似，只是数组必须使用整数作为索引：

```
In[18]: b["three"]
Out[18]: 3
```

当然，如果提供的键不在字典中，那么 Julia 就会抛出一个异常：

```
In[19]: b["five"]
Out[19]: ERROR: key not found: "five"
in getindex at dict.jl:617
```

字典适用于当你想以一种更直观的方式引用数据，但不需要引用一定范围内的数据时的情况，比如一个包含书籍标题和 ISBN 的数据表。

3.4 基本命令与函数

在这一节中，我们通过几个基本命令和函数继续学习 Julia，命令与函数可以使数据类型更有意义和更加可用。应该熟练掌握数据类型、命令与函数，这样你就可以创建自己的应用了。每条命令都会产生某种响应，来表示 Julia 确认了这条命令。如果不想显示确认信息，你可以在命令后面加上一个分号，这样就不会显示确认信息，而是会显示提示符。

3.4.1 print()和 println()

语法：print(var1, var2, ..., varN)，这里所有的参数都是可选的，而且可以是任何类型的数据。println()具有完全相同的语法。

尽管在 REPL 中，输入变量名称后，可以非常容易地检查变量的值，但在实际编程过程中，可不会有这种好事。实际上，通过 print()和 println()，可以很容易地打印出变量值。这两种函数几乎不需要介绍，因为在所有高级语言中，它们的功能几乎都是一样的。

Print()函数只是简单地将变量打印在终端上，紧接着以前打印的内容，这样可以节省空间，并可以定制数据输出格式。Println()函数在打印一个变量后，会紧跟着一个回车，保证接下来打印的内容另起一行。你可以使用 print()和println()打印多个变量（例如，print(x, y, z)， print(x, " ", y)），如下所示：

```
In[20]: x = 123; y = 345; print(x, " ",y)
Out[20]: 123 345
In[21]: print(x,y); print("!")
Out[21]: 123345!
In[22]: println(x); println(y); print("!")
In[22]:123
345
!
```

print()和 println()会将所有变量都转换成字符串，然后将这些字符串连接成一个大字符串。在调试程序和展示程序结果时，这两个函数非常有用。

3.4.2 typemax()和 typemin()

语法：typemax(DataType)、typemin(DataType)

这两个命令向你提供某种数值类型（例如，Int32、Float64 等）的取值范围，这个信息是非常有用的。例如：

```
In[23]: typemax(Int64)
Out[23]: 9223372036854775807
In[24]: typemin(Int32)
```

```
Out[24]: -2147483648
In[25]: typemax(Float64)
Out[25]: Inf
```

当你在处理绝对值很大的数值，并想节约内存的时候，知道数据类型的最大值和最小值是非常方便的。尽管一个 Float64 类型的数据本身占不了多大的内存，但是如果你使用了一个由这种类型的数据组成的大数组，那对内存的影响可就非同小可了。

3.4.3 collect()

语法：collect(ElementType, X)，这里的 X 可以是任意数据类型，对应着一定范围内的数据（通常称为"集合"），ElementType 是你想得到的 X 中的元素的数据类型（这个参数通常省略）。

这是一个使用非常方便的函数，可以以数组的形式返回一个给定对象中的所有元素。如果为了提高 Julia 的性能（比如适用范围），你开发了很多对象，但是这些对象对于高层用户来说非常难以理解（因为在他们的工作中几乎没有机会接触这些对象），这时就非常适合使用 collect()函数。例如：

```
In[26]: 1:5
Out[26]: 1:5
In[27]: collect(1:5)
Out[27]: 5-element Array{Int64,1}:
 1
 2
 3
 4
 5
```

3.4.4 show()

语法：show(X)，这里的 X 可以是任意数据类型（一般是数组或字典）。

这个函数也很有用，可以使你查看一个数组中的内容，函数输出中不包括元数据，可以节省终端屏幕的空间。数组的内容水平显示，这在显示大数组时非常方便。如果你使用其他方法显示大数组，数组的多数内容经常会被省略掉。例如：

```
In[28]: show([x y])
Out[28]: [123 345]
In[29]: a = collect(1:50); show(a)
Out[29]:
    [1,2,3,4,5,6,7,8,9,10,11,12,13,14,15,16,17,18,19,20,21,22,23,24
    ,25,26,27,28,29,30,31,32,33,34,35,36,37,38,39,40,41,42,43,44,45
    ,46,47,48,49,50]
```

3.4.5 linspace()

语法：linspace(StartPoint, EndPoint, NumberOfPoints)，这里的 NumberOfPoints
参数可以省略，默认值为 50。所有的参数都是浮点数或整数。

当你想画出一个数学函数的示意图时，一般需要一个数组，里面保存着自变
量的等距离值。这时就可以通过 linspace()函数来实现这样一个数组。当只有前两
个参数时，比如 a 和 b，函数会返回一个包含 50 个值的列表（其中包含 a 和 b），
其中每个值到下一个值的距离都相等。函数的输出是一个特殊对象，称为 linspace，
但是你可以使用 collect()函数来查看其中的元素。例如，show(collect(linspace(0,
10)))会得到以下结果：

```
[0.0,0.20408163265306123,0.408163265306122246,0.6122448979591837,
    ..., 10.0]
```

如果你想指定结果数组中点的数量，那么你可以加上第 3 个参数 c（必须是
一个整数），来表示点的数量。例如，show(collect(linspace(0, 10, 6)))会得到以下
结果：

```
[0.0,2.0,4.0,6.0,8.0,10.0]
```

3.5 数学函数

3.5.1 round()

语法：round(var, DecimalPlaces)，这里的 var 是你想进行四舍五入的数值变量，
DecimalPlaces 是要保留的小数位数（这个参数是可选的，默认值为 0，四舍五入
到最近的整数）。

与函数名称一样，这个函数对一个给定数值（一般是浮点数）进行四舍五入。

函数的输出与输入的数据类型相同：

```
In[30]: round(123.45)
Out[30]: 123.0
In[31]: round(100.69)
Out[31]: 101.0
```

尽管 int() 也能实现四舍五入的功能（只能返回整数），但 Julia 以后不支持这个功能了（现在的版本还是支持的）。更可能的情况是，在 Julia 以后的版本中，使用 int() 进行四舍五入会抛出一个错误。你可以通过设置小数位数，来定制 round() 函数，得到你想要的结果：

```
In[32]: round(100.69, 1)
Out[32]: 100.7
In[33]: round(123.45, -1)
Out[33]: 120.0
```

因为 round() 函数是应用在浮点数上面的，所以返回值也是浮点数。如果你想返回一个整数，那么你需要使用一个参数来指定整数类型：

```
In[34]: round(Int64, 19.39)
Out[34]: 19
```

如果你想使用函数的输出作为序列中的一个元素，或者作为一个矩阵或多维数组的索引，那么就应该使用这种方法。

3.5.2　rand() 和 randn()

语法：rand(type,dimension1,dimension2,…, dimensionN)，这里的 type 是函数返回值的类型（默认为浮点数），dimensioinX 是函数输出中第 X 维度的随机数的数量。至少要有 1 个维度（这时输出就是一个向量）。参数 type 是可选的。randn() 的语法也基本一样，唯一区别就是没有 type 参数。rand() 函数的结果服从[0, 1]区间的均匀分布，而 randn() 函数的结果则服从 N(0,1) 的正态分布。

这两个函数非常有用，特别是在你想进行模拟分析的时候。它们会为你生成一组随机数。rand() 函数生成的随机数在 0 与 1 之间，并服从均匀分布；randn() 函数生成的随机数服从均值为 0 标准差为 1 的正态分布。如果你需要一组随机数，那么你可以在函数中指定一个整数类型的参数。例如：

```
In[35]: show(rand(10))
Out[35]:
    [0.7730573763699315,0.5244000402202329,0.7087464615493806,0.306
    94152302474875,0.052097051188102705,0.7553963677335493,0.277540
    39163886635,0.3651389712487374,0.2772384170629354,0.96071525140
    21782]
```

如果你需要一个随机数数组，那么只需在函数的参数中再添加一个整数，来表示第 2 个维度的长度。例如：

```
In[36]: show(rand(5,3))
Out[36]: [0.9819193447719754 0.32051953795789445
    0.16868830612754793
 0.5650335899407546 0.6752962982347646 0.6440294745246324
 0.3682684190774339 0.06726933651330436 0.5005871456892146
 0.5592698510697376 0.8277375991607441 0.6975769949167918
 0.7225171655795466 0.7698193892868241 0.4455584310168279]
```

但是，我们并不总是需要 0 和 1 之间的浮点数，我们经常需要整数或布尔值。当你需要随机整数时，只需在整数型的参数前面加上一个表示类型的参数即可：

```
In[37]: show(rand(Int8, 10))
Out[37]: Int8[-111,6,0,-91,105,123,-76,-62,127,25]
```

如果你需要随机的布尔值，那么你可以将 rand()函数的第 1 个参数设为 Bool 类型。例如：

```
In[38]: show(rand(Bool, 10))
Out[38]: Bool[false,true,true,true,true,false,true,true,false,true]
```

我们经常还需要得到一个位于两个给定的值之间的整数数组。这个需求可以通过将 rand()函数的第 1 个参数设定为一个范围来实现。例如，rand(1:6, 10)可以生成一个具有 10 个整数的数组，这些整数都位于 1 和 6 之间：

```
In[39]: show(rand(1:6,10))
Out[39]: [5,2,3,2,3,1,4,5,1,2]
```

这种类型的 rand()函数使用了多分派机制，它使用的方法与编译器后端的方法有一点轻微的差别。rand()函数对于随机过程的模拟非常重要。还有，rand()函数总是基于均匀分布来生成随机数。如果你需要按照正态分布的钟形曲线来生成

随机数,那么你应该使用 randn()函数:

```
In[40]: show(randn(10))
Out[40]: [-0.0900864435078182,1.0365011168586151,
    -1.0610943900829333, 1.8400571395469378,
    -1.2169491862799908,1.318463768859766,
    -0.14255638153224454,0.6416070324451357,
    0.28893583730900324,1.2388310266681493]
```

如果你需要生成几个服从 N(40, 5)的正态分布的随机数,你可以使用下面的方法:

```
In[41]: show(40 + 5*randn(10))
Out[41]:
    [43.52248877988562,29.776468140230627,40.83084217842971,39.8832
    5340176333,38.296440507642934,43.05294839551039,50.350131288717
    01,45.07288143568174,50.14614332268907,38.70116850375828]
```

不用解释,这两个函数的每次运行结果都会有所不同。为了保证函数每次都生成同一个随机数序列,我们应该为 Julia 的随机数生成器设定种子(种子应该是0 和 2 147 483 647 之间的一个数值):

```
In[42]: srand(12345)
In[43]: show(randn(6))
Out[43]:
    [1.1723579360378058,0.852707459143324,0.4155652148774136,0.5164
    248452398443,0.6857588179217985,0.2822721070914419]
In[44]: srand(12345)
In[45]: show(randn(6))
Out[45]:
    [1.1723579360378058,0.852707459143324,0.4155652148774136,0.5164
    248452398443,0.6857588179217985,0.2822721070914419]
```

如果要生成服从任意形式的正态分布的随机数,可以对 randn()函数的输出结果进行线性变换。例如,假设我们需要 10 个随机数,这些随机数应该服从均值 $\mu =$ 40,标准差 $\sigma = 10$ 的正态分布。在这种情况下,我们可以使用以下代码:

```
In[46]: show(10*randn(10) - 40)
Out[46]: [-32.55431668595578,-39.940916092640805,
    -33.735585473277375,-31.701071486620336,-44.81211848719756,
    -42.488100875252336,-39.70764823986392,-41.9736830812393,
    -52.122465106839456,-56.74087248032391]
```

3.5.3 sum()

语法：sum(A, dimension)，这里 A 是一个数组，其中包含着要进行求和的数据，dimension 表示要在哪个维度上进行求和运算（这个参数是可选的，默认值为 1）。

这个函数几乎不需要解释，因为它的功能与大多数编程语言（包括电子表格软件，比如 Excel）中的同名函数完全一样。但是，因为它的使用太普遍了，所以还是需要说明一下。最关键的一点是，它使用数组作为主要的输入。例如：

```
In[47]: sum([1,2,3,4])
Out[47]: 10
```

对于较大的数据集合，比如矩阵，你也可以使用这个函数，但是要加上一个参数：一个整数型的补充参数，表示在哪个维度上进行求和运算。例如，假设你有一个 3×4 的二维数组 A，其中包含着从 1 到 12 的整数：

```
In[48]: A = Array(Int64, 3,4); A[:] = 1:12; show(A)
Out[48]: [1  4  7  10
 2  5  8  11
 3  6  9  12]
```

如果你输入 sum(A)，那么结果就是 A 中所有元素的和。如果沿着行求和（也就是在第 1 个维度上进行求和），那么你应该输入 sum(A, 1)，如果想沿着列求和，那么就应该使用 sum(A, 2)：

```
In[49]: sum(A,1)
Out[49]: 1x4 Array{Int64,2}:
 6  15  24  33
In[50]: sum(A,2)
Out[50]: 3x1 Array{Int64,2}:
 22
 26
 30
```

sum() 函数处理的数组不一定必须由整数或浮点数组成，也可以由布尔值组成，因为在 Julia 中 "true" 和 1 是等价的。例如：

```
In[51]: sum([true, false, true, true, false])
Out[51]: 3
```

这是仅有的一种例外，sum()函数的结果与输入具有不同的数据类型。

3.5.4 mean()

语法：mean(A, dimension)，这里 A 是一个数组，其中包含着要进行求均值的数据，dimension 表示要在哪个维度上进行求均值运算（这个参数是可选的，默认值为 1）。

这又是一个尽人皆知的函数，在各种编程语言中，这个函数的功能都是一样的。不出所料，这个函数只能计算一个数组的算术平均数。数组中只能包含数值型数据（浮点数、整数、实数或复数）或布尔型数据。如果数组中的值是数值型的，那么输出可以是浮点数、实数或复数（取决于具体的输入类型）；如果数组中是布尔值，那么结果就是一个浮点数。以下是这个函数的几个在实际应用中的例子：

```
In[52]: mean([1,2,3])
Out[52]: 2.0
In[53]: mean([1.34, pi])
Out[53]: 2.2407963267948965
In[54]: mean([true, false])
Out[54]: 0.5
```

同 sum()函数一样，可以在 mean()函数中使用附加参数 mean(A, 1)，会沿着矩阵 A 的行求均值。

3.6 数组与字典函数

3.6.1 in

语法：V in A，这里的 V 是一个可能存在于数组 A 中的一个值。

在数组中搜索一个特定值时，这个命令非常方便。举例来说，假设你有一个数组 x = [23, 1583, 0, 953, 10, -3232, -123]，你想看看 1234 和 10 是否在这个数组之中。这时你就可以使用 in 命令进行检查：

```
In[55]: 1234 in x
Out[55]: false
In[56]: 10 in x
```

```
Out[56]: true
```

这个命令适用于各种类型的数组，并总是返回一个布尔值作为输出。尽管你可以使用它来在字符串中搜索一个特定字符，但是有更好的方法来完成这个任务，我们会在第 4 章中介绍。

3.6.2 append!()

语法：append!(Array1, Array2)，这里的 Array1 和 Array2 是具有同样维度的数组。Array2 也可以是一个数值（1×1 数组）。

在进行数组合并时，这个函数非常有用。这里的数组可以是任何类型的值。例如：

```
In[57]: a = ["some phrase", 1234]; b = [43.321, 'z', false];
In[58]: append!(a,b); show(a)
Out[58]: Any["some phrase",1234,43.321,'z',false]
```

请注意一下圆括号之前的感叹号。这种形式的函数会对第一个参数进行修改，所以在使用时应多加注意。这样做的原因是不需要使用另一个参数作为输出（如果你想使用也可以）。

3.6.3 pop!()

语法：pop!(D, K, default)，这里的 D 是一个字典，K 是要搜索的键，default 是当字典中没有这个键时函数要返回的值。最后一个参数是可选的。pop!(A)，这里的 A 是一个数组（或是任意其他形式的集合，除字典以外，因为字典需要特殊的语法，如前所述）。尽管 pop!()可以用来处理数组，但在处理大数组时，可能会有性能问题。

在处理字典时，经常需要在取出一个元素的同时从字典中删除这个元素。这个操作就可以通过 pop!()函数来实现。这个函数对字典中的值不做任何要求，所以适用范围很广。我们使用下面的示例代码来看一下：

```
In[59]: z = Dict("w" => 25, "q" => 0, "a" => true, "b" => 10, "x"
       => -3.34);
In[60]: pop!(z, "a")
```

```
Out[60]: true
In[61]: z
Out[61]: Dict{ASCIIString,Any} with 4 entries:
 "w" => 25
 "q" => 0
 "b" => 10
 "x" => -3.34
In[62]: pop!(z,"whatever", -1)
Out[62]: -1
```

请注意函数返回了"−1"，因为元素"whatever"不存在于字典 z 中。如果需要的话，我们可以让函数返回任意内容，比如一个完整的字符串"can't find this element!"。

3.6.4 push!()

语法：push!(A, V)，这里的 A 是个一维数组，V 是一个值。和 pop!()的情况一样，在处理大数组时，我们建议你慎重使用这个函数。

push!()函数实现的功能与 pop!()正好相反，它的参数是一个数组和一个新元素。所以，如果我们想将元素 12345 添加到数组 z 中，我们应该运行以下代码：

```
In[63]: z = [235, "something", true, -3232.34, 'd'];
In[64]: push!(z,12345)
Out[64]: 6-element Array{Any,1}:
  235
   "something"
 true
 -3232.34
  'd'
 12345
```

3.6.5 splice!()

语法：splice(A, ind, a)，这里的 A 是一个数组（或一般意义的集合），ind 是你要检索的索引，a 是替换值（可选）。

splice!()是 pop!()函数的扩展：不只可以取出集合中的最后一个元素，它可以取出你需要的任何一个元素。需要取出的元素由变量 ind（一个整数）来指定。当这个函数应用于集合 A（一般是一个数组，也可以是一个字典，或任意其他类型的集合）时，会自动从集合中删除取出的元素。

如果你想保持 A 的长度不变，你可以在删除索引的位置放入一个替换值（一般是很容易识别的值，比如一个特殊字符，对于数值集合，可以放入-1）。这时就需要使用第三个参数 a，它完全是可选的。所以，在前面的数组 z 中，你可以通过输入下面的代码来删除其中的第五个值（字符 d）：

```
In[65]: splice!(z, 5)
Out[65]: 'd'
In[66]: show(z)
Out[66]: Any[235,"something",true,-3232.34,12345]
```

你还可以使用其他内容替换掉"true"，比如"~"，因为这是一个不常见的字符。你可以在自己的应用中使用它来表示"这个索引值已经被使用"。以上操作可以使用下面的命令实现：

```
In[67]: splice!(z, 3, '~')
Out[67]: true
In[68]: show(z)
Out[68]: Any[235,"something",'~',-3232.34,12345]
```

3.6.6   insert!()

语法：insert(A, ind, a)，这里的 A 是一个数组（或一般意义上的集合），ind 是你要检索的索引，a 是插入值。

这个函数与 splice() 很相似，在语法上完全相同，区别是当它应用于一个集合时，不会从集合中删除任何内容，它也没有任何可选的参数。与函数名称的意义一样，它向给定的集合 A 中索引值为 ind 的位置插入一个值 a。所以，如果你想将字符串"Julia rocks!"插入前面的的数组 z，作为其中的第 4 个元素，只需使用下面的代码：

```
In[69]: insert!(z, 4, "Julia rocks!")
Out[69]: 6-element Array{Any,1}:
  235
   "something"
   '~'
   "Julia rocks!"
 -3232.34
```

```
12345
```

当然，从原来的第 4 个元素开始，每个元素都要向后移动一个位置，使数组的长度增加 1。

3.6.7 sort()和 sort!()

语法：sort(A, dim, rev, …)，这里的 A 是一个数组，dim 表示在哪个维度上进行排序（如果 A 是多维数组），rev 是个布尔型的参数，表示是否按逆序进行排序（默认值是"false"，表示按从小到大的顺序进行排序）。

这个函数用处很大，特别是在处理仅包括字母和数字的数据的时候。与函数名称的意义一样，也与其他语言中的同名函数一样，sort()函数接受一个数组，然后使用某种排序方法对数组中的数据进行排序（缺省时，使用快速排序法对数值型数组排序，使用合并排序法对其他类型的数组排序）。如果你不想保留原来的数组，那么你可以使用 sort!()函数，它可以完成同样的排序功能，但是会使用排好序的数组替换掉原来的数组。下面我们使用这两个函数为数组 x = [23, 1583, 0, 953, 10, -3232, -123]进行排序：

```
In[70]: x = [23, 1583, 0, 953, 10, -3232, -123];
In[71]: show(sort(x))
Out[71]: [-3232, -123, 0, 10, 23, 953, 1583]
In[72]: show(x)
Out[72]: [23, 1583, 0, 953, 10, -3232, -123]
In[73]: sort!(x); show(x)
Out[73]: [-3232, -123, 0, 10, 23, 953, 1583]
```

如果你想按从大到小的顺序对数组进行排序，那么就要在函数中使用 rev 参数：sort(x, rev=true)。当然，sort()函数也完全可以对字符串进行排序：

```
In[74]: show(sort(["Smith", "Brown", "Black", "Anderson",
    "Johnson", "Howe", "Holmes", "Patel", "Jones"]))
Out[74]: ASCIIString["Anderson", "Black", "Brown", "Holmes",
    "Howe", "Johnson", "Jones", "Patel", "Smith"]
```

3.6.8 get()

语法：get(D, K, default)，这里的 D 是想从中取值的字典名称，K 是查询所用的键，default 是当字典中不存在该键时函数返回的缺省值（防止产生错误信息）。
最后一个参数是可选的。

有些时候，字典中不存在你要查找的键。为了避免产生错误信息，你可以设
定在这种情况下 Julia 返回的缺省值。如下所示：

```
In[75]: b = Dict("one" => 1, "two" => 2, "three" => 3, "four" => 4);
In[76]: get(b, "two", "String not found!")
Out[76]: 2
In[77]: get(b, "whatever", "String not found!")
Out[77]: "String not found!"
```

3.6.9 keys()和 values()

语法：keys(D)和 values(D)，这里的 D 是字典名称。

你可以使用 keys()函数和 values()函数分别得到字典中的所有键和所有值。

```
In[77]: b = Dict("one" => 1, "two" => 2, "three" => 3, "four" => 4);
In[78]: keys(b)
Out[78]: Base.KeyIterator for a Dict{ASCIIString,Int64} with 4
    entries. Keys:
 "one"
 "two"
 "three"
 "four"
In[79]: values(b)
Out[79]: ValueIterator for a Dict{ASCIIString,Any} with 4 entries.
    Values:
 1
 2
 3
 4
```

3.6.10 length()和 size()

语法：length(X)，这里的 X 是一个数组、字典或字符串（也可以用于数值型
和布尔型数据，但是总会返回"1"）。

这是目前为止，在处理数组时最常用的函数，因为它可以给出一个给定的数
组中元素的数量（以整数的形式）。我们看看这个函数应用在前面的数组 x 以及一
个 4×5 的随机数矩阵上面的结果：

```
In[80]: x = [23, 1583, 0, 953, 10, -3232, -123];
In[81]: length(x)
Out[81]: 7
In[82]: length(rand(4,5))
Out[82]: 20
```

这个函数还可以用来得到一个给定的字符串的长度，也就是其中字符的数量。所以，如果你想看看字符串"Julia rocks!"有多长，可以使用下面的代码：

```
In[83]: y = "Julia rocks!"
In[84]: length(y)
Out[84]: 12
```

3.7　其他函数

3.7.1　time()

语法：time()

如果有人想知道，从 UNIX 时间戳开始（1970 年 1 月 1 日午夜）到现在经过了多少秒，time()函数可以帮助你回答这个问题。这个确切数字对你来说可能没有太大的意义（除非你恰好出生在那个时刻，那就太酷了！），但是获得精确的时间戳（精确到毫秒）对于计时来说是非常重要的。这个函数不需要参数，并总是返回一个浮点数：

```
In[85]: t = time()
Out[85]: 1.443729720687e9
```

不幸的是，这个函数对用户很不友好。不过，对于那些适合它的应用，它的表现还是不错的（多数是那些用来做性能评测的代码）。实际上，Julia 编程中最常用的一个命令@time，就是基于这个函数实现的。没有这个命令，就完全不可能使用 Julia 来评价程序性能。

3.7.2　条件语句

if-else 语句

这种语句通常被称为条件判断语句，是大多数算法（数据科学算法及其他算法）中的基本语句。基本上，if-else 语句的作用就是在一个给定条件为真的情况下执行一段代码，否则就执行另一段代码。这就使程序具有了极大的灵活性，可以实现更加精巧的程序结构。如果你能够将 if 语句组合起来使用（嵌套的 if 语句），那么效果会更好。下面我们用几个例子来说明对 if-else 语句的使用：

```
In[99]: x = 2; y = 1; c = 0; d = 0;
In[100]: if x >= 1
            c += 1
         else
          d += 1
         end;
In[101]: show([c, d])
Out[101]: [1,0]
In[102]: if x == 2
         c += 1
         if y < 0
     d += 1
         else
     d -= 1
         end
          end;
In[103]: show([c, d])
Out[103]: [2,-1]
```

else 语句是可选的。还有，分号也不是必需的，但是因为涉及到两个变量，所以加上分号可以避免在两个条件语句之间产生混淆。你可以将 else 语句与一个新的 if 语句合并成一个 elseif 语句，来完成更细致的筛选：

```
In[104]: x = 0; c = 0; d = 0;
In[105]: if x > 0
            c += 1
         elseif x == 0
            d += 1
         else
            println("x is negative")
         end
In[106]: show([c, d])
Out[106]: [0,1]
```

你可以使用一种被称为三元运算符的东西来简化 if-else 语句的结构，当需要

将 if-else 语句的最终结果赋给一个变量的时候，这种方法非常有用。三元运算符
的形式为：varible = condition?(value if conditioni is "true") : (value if condition is
"false")。其中圆括号只是为了使这个表达式更清晰易读，其实完全可以省略。举
例来说，以下两个代码片段在功能上是完全等价的：

```
Snippet 1
In[107]: x = 123;
In[108]: if x > 0
         "x is positive"
       else
         "x is not positive"
       end
Out[108]: "x is positive"

Snippet 2
In[109]: x = 123; result = x > 0 ? "x is positive" : "x is not
      positive"
Out[109]: "x is positive"
```

如果 x 是负数，那么同样的条件会得到不同的结果：

```
In[110]: x = -123; result = x > 0 ? "x is positive" : "x is not
      positive"
Out[110]: "x is not positive"
Note that the ternary operator can be nested as well:
In[111]: result = x > 0 ? "x is positive" : x < 0 ? "x is negative"
      : "x is zero"
```

3.7.3 string()

语法：string(var1, var2, …, varN)，这里的 varX 是任意类型的变量。所有的参
数都是可选的，尽管这个函数在至少有 1 个参数的时候才有意义。

可以使用 string()函数将某种类型的数据转换成字符串：

```
In[86]: string(2134)
Out[86]: "2134"
```

而且，string()函数还可以将多个变量转换成字符串之后再连接在一起：

```
In[87]: string(1234, true, "Smith", ' ', 53.3)
Out[87]: 1234trueSmith 53.3
```

在准备数据进行输入输出处理时，这个函数特别有用。它还可以使格式化更容易，并可以使你有效地处理特殊字符。在后面的章节中，我们会讨论更多关于字符串的函数。

3.7.4 map()

语法：map(fun, arr)，这里的 fun 是一个函数，这个函数会应用在数组 arr 中的每一个元素上。可以使用这个函数写出更加优雅的代码，它也是实现更高级的程序结构（例如，并行化）的关键因素。

因为数据转换是一个非常频繁的操作，所以 Julia 开发者们实现了一个函数来专门进行数据转换。这个函数与 Python 中的 apply()函数（主要用于比较老的 Python 版本，以及 Graphlab Create 的 Python API 中）以及 R 中的 lapply()和 sapply() 函数在功能上是等价的。下面是一个例子：

```
In[88]: show(map(length, ["this", "is", "a", "map()", "test"]))
Out[88]: [4, 2, 1, 5, 4]
```

在这个例子中，map()函数计算出给定数组中每个字符串的长度，最终结果也是一个数组。

因为 Julia 本来就很快，所以这个函数几乎不能带来性能上的提高。但是，相对于 Julia 出现以前的那些语言，使用这个函数可以使编程更加方便。

3.7.5 versioin()

语法：version()。

这条命令的功能与它的名称一样，要想看一下你正在使用的 Julia 内核是哪个版本（不管是通过 REPL，还是通过 IDE），这是最简单的方法。这个信息一般不是很重要，但是如果你使用的扩展包太老（可能会过时）或太新的话，还是应该确认一下版本，以使它们能够正常运行。

3.8 运算符、循环语句与条件语句

在这一小节中，我们看一下在 Julia 中，for 循环、while 循环和 if-else 语句是

如何实现的。但是，在开始学习这些语句之前，我们还是应该先介绍一下 Julia 运算符的使用方法。离开了运算符，就不可能实现迭代和条件判断的结构。

3.8.1 运算符

运算符是一种带有两个参数（同一类型）的逻辑函数，它返回一个布尔值。有些运算符可以组合起来使用，表达出更为复杂的逻辑结构。在所有重要的语言中，运算符都是一种基本要素，是实现重要算法的基础。一般有两种运算符：比较运算符和逻辑运算符。前者用来对两个数值、字符串或字符变量进行比较；后者只能用于比较布尔值。但是，所有运算符都只能返回布尔型的结果。

1. 比较运算符（<, >, ==, <=, >=, !=）

语法：A < B，这里的 A 和 B 是同一数据类型的变量，所有的比较运算符都是这种使用方式。

比较运算符用来进行各种类型的比较操作。例如，a < 5、a == 2.3、b > -12312413211121、a <= "something"、b >= 'c'、a != b + 4 等，都是比较操作。唯一需要注意的是，运算符两端的变量必须是可以互相比较的。例如，在第一个比较操作（a < 5）中，a 必须被转换为整数（即使它本来不是整数），否则使用比较运算符就会产生错误。当使用这些运算符来比较字符串或字符类型时，是按照字母顺序进行比较的：

```
In[89]: "alice" < "bob"
Out[89]: true
In[90]: "eve" < "bob"
Out[90]: false
```

在比较的时候，字母的大小写会有影响，因为大写字母和小写字母相比，会被认为是更小的。你可以这样验证一下，如果将字母转换为整数（基于 ASCII 码），就会得到一个特定的值。所有的大写字母在 ASCII 码表中都排在小写字母前面，所以它们的码值更小。

2. 逻辑运算符（&&, ||）

语法：A && B，这里的 A 和 B 是布尔值。||也使用同样的语法。尽管&&与&在底层机制上有些区别，但在实际的逻辑运算中，它们可以互相替代。||和|运算

符也一样。

&&和||运算符对应着 AND 和 or 逻辑操作，它们相辅相成，对于变量的检测非常重要。这些检测必须返回一个布尔型变量，因为只有这样才能进行逻辑比较。&&运算符只有在两个参数均为真的情况下，才返回 true，在其他情况下均返回 false。例如，如果 x 是一个整数变量，那么你可以使用下面的代码，来判断它是否位于 1 和 100 之间：(x > 1) && (x < 100)或者(x >1) & (x < 100)：

```
In[91]: x = 50; y = -120; z = 323;
In[92]: (x > 1) && (x < 100)
Out[92]: true
In[93]: (y > 1) && (y < 100)
Out[93]: false
In[94]: (z > 1) && (z < 100)
Out[94]: false
```

圆括号可以省略，但是可以使整个表达式更容易理解。当你连续使用多个运算符时，更应该加上圆括号，例如：(x > 1) && (y > 1) && (z != 0)。

||运算符的使用方法与&&基本相同，只是当任意一个参数为真（或者两个都为真）时，就返回 true，而只有在两个参数都为假时，才返回 false。例如：(x <= -1) || (x >= 1)会覆盖所有的 x 绝对值大于 1 的情况：

```
In[95]: x = 0.1; y = 12.1;
In[96]: (x <= -1) || (x >= 1)
Out[96]: false
In[97]: (y <= -1) || (y >= 1)
Out[97]: true
```

运算符也可以嵌套，表达出相当复杂的逻辑结构，这时必须加上一些圆括号：((x > 1) && (z > 1)) || ((x == 0) && (y != 1))。

3.8.2 循环语句

一般来说，循环语句可以使你在不用写太多行代码的情况下，有选择地重复执行一些命令，来修改变量的值，或者深挖数据。在像 Matlab 这样的高级语言中，很少使用循环语句，因为效率不高。但是，在 Julia 中，循环语句则快如闪电，效率超高。这是因为 Julia 所有的代码都是以计算机能够理解的底层方式编译过的，不像 Matlab 那样，是由计算机解释运行的。

1. for 循环

这是最常用的，也可能是最简单的一种循环语句。for 循环的基本功能是，使用一个变量在给定的范围内进行迭代，在每次迭代中，都重复执行循环内部的所有语句。Julia 按照以下形式实现 for 循环：

```
for v = x:s:y
    [some code]
end
```

这里的 v 是变量名，x 和 y 是 v 可以取的第一个值和最后一个值，s 是步长（一般可以省略，默认值为 1）。所有这些参数都必须是整数类型。知道了这些之后，可以看看下面的 for 循环语句，试着弄清楚这个语句对变量 s 做了哪些操作，s 是 Int64 类型的，被初始化为 0。

```
In[97]: s = 0
    for i = 1:2:10 #1
      s += i      #2
      println("s = ", s)
    end
#1 Repeat for values of i ranging from 1 to 10, with a step of 2
    (i.e. only odd numbers in that range)
#2 Just like pretty much every other programming language, Julia
    uses a += b, a -= b, a *= b, etc. as shortcuts for a = a + b, a
    = a - b, a = a * b, etc. respectively.
```

因为在 1:10 的范围内有 5 个奇数，所以 for 循环中的代码被重复执行了 5 次。在每次迭代中，s 都被加上一个奇数，然后在一行中打印出来。所以在循环结束时，s 的值是 25。在脚本执行过程中，你可以跟踪一下 s 的值。

2. while 循环

while 循环与 for 循环很相似，但在使用上更灵活一些，因为这种循环的结束条件是一个逻辑表达式。while 循环的条件表达式由一个或多个前面介绍过的运算符组成，只要表达式的结果为 "true"，就继续循环。while 循环的一般格式如下所示：

```
while condition
    [some code]
end
```

条件表达式中一般会包含一个变量，这个变量会在循环内部的代码中使用。重要的是，必须确保表达式中的值会发生变化（就是说会变成"false"），否则的话，循环中的代码就会不断地被执行（死循环）。下面就是一个有效的 while 循环示例，循环使用初始值为 1 的变量 c 来进行：

```
In[98]: c = 1
    while c < 100
      println(c)
      c *= 2
    end
```

这段小程序的功能是，将 c 中的值不断翻倍，并打印出来，直到 c 值超过 100。如果 c 具有另一个初始值（比如-1），那么循环就永远不会结束。还有，你可能会遇到以 while true 开始的 while 循环，如果我们不小心的话，这种循环就可能成为死循环。即使遇到了这种情况，我们也是有办法的，其实这也是一种常用的编程方法，随后我们就会介绍这种方法。

3.8.3 break 命令

有些时候，我们不需要对循环中的每次迭代都做出处理（特别是优化算法性能时）。在这种情况下，我们可以使用 break 命令来跳出循环。正如下面的例子所示，这时一般需要使用 if 语句。在这个例子中，Julia 解析一个一维数组 x，直到找到一个等于-1 的元素之后，就打印出相应的索引（i），然后使用 break 命令跳出循环：

```
In[113]: X = [1, 4, -3, 0, -1, 12]
    for i = 1:length(X)
      if X[i] == -1
        println(i)
        break
      end
    end
```

3.9 小结

● 数据类型在 Julia 中特别重要，使用数据类型，可以使我们开发出的程序和函数具有更好的性能，并在表达上更加精确。

- 你可以将数据从一种数据类型转换为另一种数据类型，使用与目标数据类型同名的函数即可（例如，Int64()可以将一些类型的数据转换为 Int64 类型）。

- 与 Python 和多数其他语言不同，Julia 的索引从 1 开始，不是从 0 开始。

3.10 思考题

1. 你看过附录 B 中列出的 Julia 教程和参考资料了吗？

2. Julia 中的函数（做了代码性能优化）是否优于其他语言中的相应函数？

3. 假设你想创建一个列表，保存在一段文本中遇到的不同的（唯一的）词以及词的数量，你应该使用哪种数据结构来保存它们，可以最容易地进行随后的数据存取？

4. 在一个函数中，精确定义每个输入参数的数据类型有意义吗？会产生不良后果吗？

第 4 章

Julia 进阶

本章会帮助你熟悉 Julia 语言中的高级技术，使你能够使用 Julia 完成更加个性化的任务。本章主要包括以下内容。

- 字符串处理基础。
- 定制函数。
- 实现简单算法。
- 创建完整解决方案。

4.1 字符串处理

因为数值型数据一般比较容易处理，所以数据工程中的最大问题经常被归结为字符串处理。在当今的海量数据中，大部分是由字符串组成的，这使得字符串更是无处不在。除此之外，因为任何数据类型都能以这样或那样的方式转换成字符串，所以字符串成为了功能最为丰富的数据类型。因此，我们必须对字符串进行特别关注。

尽管字符串处理是一个相当广阔的领域，我们还是先介绍一些最为基础的函数，然后引导你通过各种资源对这个问题进行更深入的研究。在使用 Julia 处理字符串时，我们需要一直注意的问题是字符串中的基本单位是字符类型（不是字符串），不能直接与字符串进行比较。

如果想引用字符串中的某个部分，只要像解析数组那样，使用一个整数或一个整数数组作为索引，去引用你需要的那部分字符就可以了。例如：

```
In[1]: q = "Learning the ropes of Julia"
In[2]: q[14:18]
Out[2]: "ropes"
```

```
In[3]: q[23]
Out[3]: 'J'
In[4]: q[[1,6,10,12]] #1
Out[4]: "Lite"
#1 Note that the outer set of brackets are for referencing the q
    variable, while the inner ones are for defining the array of
    indexes (characters) to be accessed in that variable. If this
    seems confusing, try breaking it up into two parts: indexes =
    [1, 6, 10, 12] and q[indexes].
```

上面的第一次引用，我们得到了一个字符串，第二次引用，我们得到了一个字符。下面我们看看几种更强大的字符串处理方法。

4.1.1 split()

语法：split(S1, S2)，这里的 S1 是要分割的字符串变量，S2 是用作分隔符的字符或字符串。S2 可以是一个空字符串（""）。

这是一个非常有用的命令，可以将一个字符串变量转换为一个字符串数组，以便使用更加系统化的方法来处理这个字符串数组。举例来说，假设你有一个句子（里面是很多字符串），你想得到一个由其中的单词组成的列表。那么你可以使用 split(s)或 split(s, " ")来轻松地完成这个任务：

```
In[5]: s = "Winter is coming!";
In[6]: show(split(s))
Out[6]: SubString{ASCIIString}["Winter","is","coming!"]
```

如果你想得到一个由句子中的字符组成的列表，只需使用""作为分隔符的字符串即可：

```
In[7]: s = "Julia";
In[8]: show(split(s, ""))
Out[8]: SubString{ASCIIString}["J","u","l","i","a"]
```

一般来说，在使用这个函数时，需要两个参数：你想分析的字符串以及分隔符字符串（当然，它不会出现在输出中）。如果省略了第二个参数，那么就使用空格作为默认值。在分析各种各样的文本以及组织文本数据时，这个函数特别有用。

4.1.2   join()

语法：join(A, S)，这里的 A 是个数组（可以是任意类型），S 是连接符字符串。S 可以是个空字符串（""）。

基本上，这个函数的功能与 split() 函数是相反的，它可以方便地将数组中的元素连接在一起。数组中的所有元素会先转换为字符串，所以如果数组中有布尔型变量的话，会保持原样（而不是先转换为 1 或 0）。

如果仅进行这样的转换，那么用处不大，因为最终结果是一个既特别长，又难以理解的字符串。这就是要使用连接符字符串的原因，所以在函数中一般要指定第二个参数。因此，如果你想将数组 z 中的所有元素连接起来，并在每两个元素之间放一个空格的话，你只需输入"join(z, " ")"。使用前面例子中的数组 z，我们可以得到：

```
In[9]: z = [235, "something", true, -3232.34, 'd', 12345];
In[10]: join(z, " ")
Out[10]: "235 something true -3232.34 d 12345"
```

4.1.3   正则表达式函数

语法：r"re"，这里的 re 是某种形式的正则表达式。

与其他语言不同，Julia 没有特别丰富的用于字符串处理的扩展包。部分原因就是 Julia 内置了正则表达式功能，可以完成与字符串搜索相关的所有任务，毫无疑问，字符串搜索是字符串处理中最重要的部分。

我们已经介绍了在知道字符索引的情况下引用字符串中各个部分的方法。但是，在多数情况下，字符索引是不知道的，我们需要智能地解析字符串，来找到我们需要的内容。正则表达式以一种独特的字符串处理方式，使这种需求成为可能。

我们不会过多介绍正则表达式对象是如何创建的，因为这样会涉及到一门全新的语言。如果你对此感兴趣，可以自己钻研一番，花些时间来学习一下那些晦涩难懂的正则表达式结构，推荐两个站点：http://www.rexegg.com 和 http://bit.ly/1mXMXbr。如果你学习完了基础知识，可以在交互式的正则表达式编辑器中练习一下正则表达式的纯代码，比如 http://www.regexr.com 和

http://www.myregexp.com。

与 Julia 的其他部分不同，要想使用正则表达式，不一定要很透彻地掌握它们。在网上有很多常用的正则表达式代码，所以你根本不需要重新再写一遍。因为正则表达式在编程中使用得非常普遍，所以你可以将它们按原样用到 Julia 中。

在你对正则表达式有了一个基本的认识之后，可以看看 Julia 如何在相应的（内置的）正则表达式函数中优雅地使用正则表达式，这是这一小节中最重要的内容。但是，在使用正则表达式函数之前，你需要先定义某种形式的正则表达式。例如：pattern = r"([A-Z])\w+"是一个用来识别所有以大写字母（拉丁语系）开头的单词的正则表达式。请注意，正则表达式字符串（双引号内的部分）前面有一个 r，它表示后面的内容是一个正则表达式，Julia 应该按正则表达式的语法来解释这部分内容。

尽管大多数涉及正则表达式的任务都可以使用传统的字符串搜索代码来完成，但是我们不推荐使用传统的方法。使用传统的字符串搜索代码来完成搜索任务，不但会耗费大量的时间和精力，还会面临巨大的出错风险，有可能产生出令人难以理解的代码，并最终损害程序的性能。因此，花费一些时间来学习正则表达式是完全值得的。请记住，你不需完全掌握它们，就可以体会到其中的妙处。我们建议你从简单的正则表达式开始，在有一定经验之后，再使用得更深入一些。还有，在网上总可以找到一些已经写好的正则表达式，稍作修改就可以满足你的需要。

1. ismatch()

语法：ismatch(R, S)，这里的 R 是你想使用的正则表达式，S 是一个字符串变量，正则表达式将应用在这个变量上面。R 应该使用字符 r 作为前缀（例如：r"[0-9]"）。

这是一个非常有用的正则表达式函数，它在一个给定的字符串上面检查是否存在一个正则表达式模式。所以，如果你有一个字符串 s = "The days of the week are Monday, Tuesday, Wednesday, Thursday, Friday, Saturday, and Sunday"，还有一个正则表达式 p = r" ([A-Z])\w+"，那么我们可以按以下方式使用 ismatich()函数：

```
In[11]: ismatch(p, s)
```

```
Out[11]: true
In[12]: ismatch(p, "some random string without any capitalized
        words in it")
Out[12]: false
```

不出你的所料，ismatch()函数返回一个布尔值，也就是"true"或"false"。你可以将返回的布尔值保存在相应的变量里，或者为了节省时间，也可以在条件语句中直接使用。

2. match()

语法：match(R, S, ind)，这里的 R 是你想使用的正则表达式，S 是一个字符串变量，正则表达式将应用在这个变量上面，ind 是搜索的起始点。最后一个参数是可选的，默认值为 1（也就是从字符串开头进行搜索）。

如果你使用 ismatch()函数确定了在一个字符串中存在某种字符模式，那么你会想再进一步，找出符合这个模式的子串和这个子串在字符串中的确切位置。在这种情况下，你就应该使用 match()函数。所以，对于前面的例子，你可以按下面的方式来应用 match()函数：

```
In[13]: m = match(p, s)
Out[13]: RegexMatch("The", 1="T")
In[14]: m.match
Out[14]: "The"
In[15]: m.offset
Out[15]: 1
```

从这个例子可以看出，match()函数的输出是一个对象，包含了在给定字符串中对正则表达式模式的第一次匹配的信息。其中最重要的部分是实际匹配的子字符串（对象的.match 部分），以及子串在原字符串中的位置（对象的.offset 部分）。你可以通过以下方式来引用对象的各个部分：ObjectName.AttributeName。

3. matchall()

语法：matchall(R, S)，这里的 R 是你想使用的正则表达式，S 是一个字符串变量，正则表达式将应用在这个变量上面。

很多时候，除了模式的第一次匹配，你还会需要更多的匹配。在前面的例子中，很明显初始字符串（s）中存在很多单词符合给定的正则表达式模式（p）。如果我们需要所有的匹配，那么应该怎么办呢？答案就是使用 matchall()函数。初始字符串中包含了一周内的每一天，在它上面应用 matchall() 函数，你就可以得到所有匹配的子字符串，以数组的形式返回：

```
In[16]: matchall(p, s)
Out[16]: 8-element Array{SubString{UTF8String},1}:
 "The"
 "Monday"
 "Tuesday"
 "Wednesday"
 "Thursday"
 "Friday"
 "Saturday"
 "Sunday"
```

尽管这个例子看上去用处不大，但当你想在一段文本中查找姓名或其他特殊单词（比如产品编码）时，matchall() 不失为一种简单而有效的方法。

4. eachmatch()

语法：eachmatch(R, S)，这里的 R 是你想使用的正则表达式，S 是一个字符串变量，正则表达式将应用在这个变量上面。

这个函数可以解析出字符串中所有的匹配对象，就像在每个对象上面调用 match() 函数一样。它可以使整个搜索和输出过程更加有效，从而使代码更加简洁快速。要想最大程度地发挥这个函数的作用，应该将它和 for 循环结合起来使用，这样就可以对所有找到的元素进行处理。因此，如果我们想处理前面例子中的字符串 s，其中包含了一周内的每一天，以及正则表达式 p，它表示大写字母开头的单词，我们应该使用如下的代码：

```
In[17]: for m in eachmatch(p, s)
            println(m.match, " - ", m.offset)
        end
Out[17]: The - 1
Monday - 26
Tuesday - 34
Wednesday - 43
Thursday - 54
Friday - 64
Saturday - 72
Sunday - 86
```

这个简单的程序可以得到所有的匹配字符串，以及它们在原字符串中相应的位置。稍作修改，你就可以将这些信息保存在数组中，以便通过各种方式对其进行处理。

4.2 定制函数

4.2.1 函数结构

尽管 Julia 提供了大量内置函数，但总有一天你会需要编写自己的函数。当执行定制化的任务时，按照自己的需求修改现有的函数，可以节省大量的时间。在 Julia 中，即使是定制函数，速度也超级快，这就是 Julia 的好处。如果想创建自己的函数，那么你应该遵循以下的程序结构：

```
function name_of_function(variable1::type1, variable2::type2, ...)
    [some code]
    return output_variable_1, output_variable_2, ...    #A
end
#A return(output) is also fine
```

如果你需要，可以使用任意多的（输入）变量，甚至一个不用也可以。每个参数的类型是可选的，但为每个输入变量设定类型是一种好的做法，因为这样可以使函数运行得更加流畅，并能实现多分派。

如果你使用数组作为输入，那么也可以在数组类型后面的花括号中设定数组元素的类型（其他变量也可以使用这种方法）：

```
function name_of_function{T <: Type}(var1::Array{T,
    NumberOfDimensions}, var2::T, ...)
    [some code]
    return output
end
```

函数的输出（也是可选的）使用 return()命令（可以加圆括号，也可以不加）来实现。

对于简单的函数，可以只使用一行代码来实现：

```
res(x::Array) = x - mean(x)
```

4.2.2　匿名函数

如果你想创建一个只用一次的函数（或者你只是有点偏执，不想让其他人在没有得到你的许可的情况下使用你的函数），那么你可以使用俗称的"匿名函数"。简单地说，匿名函数就是那些一创建就使用，不作为对象保存在内存中的函数，在使用完之后，匿名函数就不可访问了。下面我们通过一个示例来说明这个概念：

```
In[18]: mx = mean(X)
 x -> x - mx
```

这个简单的函数在前面出现过，只不过现在被分成了两部分：计算变量 X 的均值以及从每个元素 x 中减去这个均值。这个函数没有名称，因为它是匿名函数。匿名函数的理念就是因为它的存在时间不长，所以没必要费心给它取个名字。

匿名函数的使用还是很普遍的，至少对于经验丰富程序员来说是这样的。它经常用来对数组中的值进行转换，就像我们前面讨论过的那样（参见 map() 函数）。具体代码如下：

```
In[19]: X = [1,2,3,4,5,6,7,8,9,10,11];
        mx = mean(X);
        show(map(x -> x - mx, X))
Out[19]: [-5.0,-4.0,-3.0,-2.0,-1.0,0.0,1.0,2.0,3.0,4.0,5.0]
```

4.2.3　多分派

多分派的含义是，使用同一函数通过不同的方法处理不同类型的数据。换句话说，函数 fun(a::Int) 与函数 fun(a::String) 可以是完全不同的处理过程，尽管这两个函数具有相同的名称。如果你想使函数功能更加丰富，又不想记住它的十几个变体的名称，那么这种方法就非常有用。多分派可以使代码更加直观易懂，不论是在 Julia 的基础包中还是扩展包中都有广泛的应用。所以，对于前面一节中的残差函数，如果想使它也可以处理单个数值，那么可以定义如下：

```
In[20]: res(x::Number) = x
res (generic function with 2 methods)
```

Julia 会识别出这个函数已经存在了一个对于数组的版本，并将这个新定义看

作是使用这个函数的一种新方法。于是，下次调用函数的时候，Julia 会根据输入
参数的类型来匹配正确的方法：

```
In[21]: show(res(5))
Out[21]: 5
In[22]: show(res([1,2,3,4,5,6,7,8,9,10,11))
Out[22]: [-5.0,-4.0,-3.0,-2.0,-1.0,0.0,1.0,2.0,3.0,4.0,5.0]
```

多分派适合于创建（或扩展）可以接受任意类型输入的通用函数（例如
length()）。但是，需要特别注意一下，在大量具有相同名称的函数之中，你很容
易迷失自己。你写了一些代码，就不得不一次又一次的运行，一点一点的修改。
如果你重新写一个函数，只是稍微改动一下输入类型，那么 Julia 会将其看作是一
个全新的函数。在调试脚本时，这会是一个问题，这就是为什么我建议你在遇到
这种情况时重新启动 Julia 内核的原因。

下面就是一个适合多分派的典型案例：你已经创建了一个过于具体的函数（例
如，fun(Array{Float64, 1})），现在的想法是，如果使用与定义的类型不一样的输
入（例如，[1, 2, 3]，一个整数数组），这个函数也能正确运行。在这种情况下，
你可以简单地创建另一个函数 fun(Array{Int64, 1})，使用这个函数来处理输入是
整数数组的情况，这样就可以使函数的功能更丰富了。

4.2.4 函数示例

我们通过一个简单示例，将前面关于定制函数的知识总结一下。这个函数用
来计算两个字符串 X 与 Y 之间的汉明距离（Hamming distance）。紧随函数声明之
后的，是一行注释，用 "#" 来表示，简单说明了这个函数的目的。一般来说，你
可以将 "#" 放在程序中的任何地方，但要注意 Julia 是不会检查和解释 "#" 后面
的任何内容的。

```
In[23]:function hdist(X::AbstractString, Y::AbstractString)
  # Hamming Distance between two strings
    lx = length(X)
    ly = length(Y)
    if lx != ly                        #A
      return -1
```

```
        else                        #B
          lettersX = split(X, "")    #C
          lettersY = split(Y, "")    #C
          dif = (lettersX .== lettersY)   #D
          return sum(dif)
        end
  end
#A strings are of different length
#B strings are of the same length
#C get the individual letters of each string
#D create a (binary) array with all the different letters
```

请记住，如果你想在数组中使用更通用或更抽象的数据类型（例如，表示实数的 Real，表示所有数值类型的 Number），那么你必须在函数声明之前或函数声明其中定义这个类型。举例来说，如果你想使用上面的函数处理任意类型的字符串，就应该按照以下方式定义：

```
function hdist{T <: AbstractString}(X::T, Y::T)
```

请特别注意这条规则，当你开始编写自己的函数时，这条规则会救你于水火之中。否则，你就会不得不严重依赖多分派机制，不得不考虑所有的可能性，使开发多功能函数的过程变成一种浪费时间与生命的过程。

要调用一个函数，你必须使用 function_name(input)这种形式。如果你只输入了 function_name，Julia 会认为你想获得这个函数的高阶视图（然而这并没有什么太大的用处）。通过 methods(function_name)，你可以获得这个函数的更多细节，包括函数的所有版本（或称"方法"），以及每种版本需要的输入类型。例如：

```
In[24]: methods(median)
Out[24]: # 2 methods for generic function "median":
median{T}(v::AbstractArray{T,N}) at statistics.jl:475
median{T}(v::AbstractArray{T,N},region) at statistics.jl:477
```

4.3 实现简单算法

下面我们看看如何使用 Julia 优雅而有效地实现对偏度的处理。从统计学中你可能已经知道，偏度是一种度量方式，对数据分布的特点具有重要参考意义。下面我们讨论一下偏度的类型：负偏、正偏和零偏。

如何确定偏度的类型归结于对分布的均值和中位数的比较。因为这些度量方式可以应用于不同类型的数值，所以输入应该是个一维数组。所以，确定偏度类型的程序应该就像代码清单 4.1 中的函数那样。

代码清单 4.1   用 Julia 实现的简单算法示例：偏度类型

```
In[25]: function skewness_type(X::Array)        #A
        m = mean(X)                             #B
        M = median(X)                           #C
        if m > M                                #D
            output = "positive"
        elseif m < M
            output = "negative"
        else
            output = "balanced"
        end
        eturn output                            #E
    end
#A Function definition. This method applies to all kinds of arrays.
#B Calculate the arithmetic mean of the data and store it in
    variable m
#C Calculate the median of the data and store it in variable M
#D Compare mean to median
#E Output the result (variable "output")
```

尽管上面的程序使用一维数组可以运行得很好，但多维数组会使函数无所适从。为了解决这个问题，我们可以修改一下第一行，使函数可以接受的输入更具体一些：

```
function skewness_type{T<:Number}(X::Array{T, 1})
```

我们可以使用各种不同的分布来测试一下这个函数，确保它以我们期望的方式工作：

```
In[26]: skewness_type([1,2,3,4,5])
Out[26]: "balanced"
In[27]: skewness_type([1,2,3,4,100])
Out[27]: "positive"
In[28]: skewness_type([-100,2,3,4,5])
Out[28]: "negative"
```

```
In[29]: skewness_type(["this", "that", "other"])
Out[29]: ERROR: 'skewness_type' has no method matching
    skewness_type(::Array{Any,1})
In[30]: A = rand(Int64, 5, 4); skewness_type(A)
Out[30]: ERROR: `skewness_type` has no method matching
    skewness_type(::Array{Int64,2})
```

4.4 创建完整解决方案

现在，假设我们需要创建一个更加复杂的程序，其中包括不止一个函数，来处理数据集中的缺失值。下面我们将演示如何将各种函数合为一个整体（称为"解决方案"），如何有效地设计解决方案，以及如何开发相应的函数。为了完成这个目标，我们需要将这个问题分解成几个更小的部分，然后将每个部分作为一个独立环节去解决。举例来说，假设我们需要使用众数来填充离散型数据集中的缺失值，使用中位数来填充连续型数据集中的缺失值。构建解决方案的一种方法就是画出工作流程图，如图 4.1 所示。

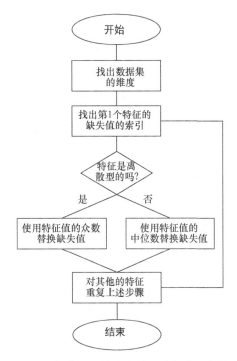

图 4.1 在数据集中处理缺失值的一种解决方案的流程图

在这个解决方案中，我们使用以下函数，所有函数都是定制开发的，目的就是满足特定的需求。

has_missing_values()：用来检查某个特征是否有缺失值的函数。输入是个一维数组，数组元素类型为"any"。输出是个布尔值（如果特征中有缺失值，则为"true"，否则为"false"）。这个函数用来确定特征中是否包含一个或多个缺失值。

feature_type()：用来确定特征是离散型还是连续型。输入与前面的函数相同，输出是一个字符串变量，值可以是"discreet"或"continuous"。这个函数是必需的，用来确定填充缺失值时要使用的方法。

mode()：用来求出一个离散型变量的众数的函数。尽管在 Distributions 扩展包中，计算众数的函数已经存在，但为了进行练习，我们在这里还是重新实现这个函数。这个函数的输入和前面两个函数相同，输出是一个数值，表示这个变量的众数。这个简单的函数可以为我们找出在一个给定的离散型特征中出现次数最多的元素。

main()：包装器函数，用来将所有辅助程序集成在一起。函数输入是一个二维数组，数组元素类型为"any"，函数输出为一个同样大小的数组，并且根据特征类型填充了所有的缺失值。这个函数就是最终用户用来处理包含缺失值的数据集的函数。

在这个解决方案中，我们假设缺失值在数据矩阵中是用空白值来表示的。进行了这些设计之后，解决方案就完成了，如代码清单 4.2～代码清单 4.5 所示。所有的空行和缩进都不是必需的，只是为了使代码更清晰易读。

代码清单 4.2　缺失值解决方案辅助函数代码：mode()

```
In[31]: function mode{T<:Any}(X::Array{T})
        ux = unique(X)            #1
        n = length(ux)            #2
        z = zeros(n)              #3
        for x in X                #4
          ind = findin(ux, x)     #5
          z[ind] += 1             #6
        end
        m_ind = findmax(z)[2]     #7
        return ux[m_ind]          #8
      End
```

```
#1 find the unique values of the given Array X
#2 find the number of elements in Array X
#3 create a blank 1-dim array of size n
#4 iterate over all elements in Array x
#5 find which unique value x corresponds to
#6 increase the counter for that unique value
#7 get the largest counter in Array z
#8 output the mode of X
```

代码清单 4.3　缺失值解决方案辅助函数代码：missing_values_ indexex()

```
In[32]: function missing_values_indexes{T<:Any}(X::Array{T})
        ind = Int[]                 #1
        n = length(X)               #2
        for i = 1:n                 #3
         if isempty(X[i])           #4
           push!(ind, i)            #5
         end
        end
        return ind                  #6
     end
```

```
#1 create empty Int array named "ind" for "index"
#2 find the number of elements in Array x
#3 repeat n times (i = index variable)
#4 check if there is a missing value in this location of the X
   array
#5 missing value found. Add its index to "ind" array
#6 output index array "ind"
```

代码清单 4.4　缺失值解决方案辅助函数代码：feature_type()

```
In[33]: function feature_type{T<:Any}(X::Array{T})
        n = length(X)                              #1
        ft = "discreet"                            #2
        for i = 1:n                                #3
          if length(X[i]) > 0                      #4
            tx = string(typeof(X[i]))              #5

            if tx in ["ASCIIString", "Char", "Bool"]  #6
                ft = "discreet"                    #7
                break                              #8
            elseif contains(tx, "Float")           #9
                ft = "continuous"                  #10
            end
```

```
        end
      end
    return ft                              #11
  end
```

```
#1 find the number of elements in array X
#2 set feature type variable to one of the possible values
#3 do n iterations of the index variable i
#4 check if the i-th element of X isn't empty
#5 get the type of that element
#6 is its type one of these types?
#7 feature X is discreet
#8 exit the loop
#9 is the type some kind of Float?
#10 feature X is continuous (for the time being)
#11 output feature type variable
```

代码清单 4.5　缺失值解决方案主函数代码：main()

```
In[34]: function main{T<:Any}(X::Array{T})
      N, n = size(X)                           #1
      y = Array(T,N,n)                          #2
      for i = 1:n                               #3
        F = X[:,i]                              #4
        ind = missing_values_indexes(F)         #5
        if length(ind) > 0                      #6
          ind2 = setdiff(1:N, ind)              #7
          if feature_type(F) == "discreet"      #8
              y = mode(F[ind2])                 #9
        else
          y = median(F[ind2])                   #10
        end
        F[ind] = y                              #11
      end
      Y[:,i] = F                                #12
    end
    return Y                                    #13
  end
```

```
#1 get the dimensions of array X
#2 create an empty array of the same dimensions and of the same
   type
#3 do n iterations
#4 get the i-th feature of X and store it in F
```

```
#5 find the indexes of the missing values of that feature
#6 feature F has at least one missing value
#7 indexes having actual values
#8 is that feature a discreet variable?
#9 calculate the mode of F and store it in y
#10 calculate the median of F store it in y
#11 replace all missing values of F with y
#12 store F in Y as the i-th column
#13 output array Y
```

正如你所期望的，有多种方法可以实现这个解决方案，有的方法甚至更加优雅。我们给出的方法可能是代码量最小的实现方式，但有些时候，为了使代码更容易理解，牺牲简洁性也是值得的。我们建议你仔细研读这部分内容，并在各种数据集上试验这个解决方案，看看它是如何工作的，努力搞清楚我们新引入的那些函数的细节。

这个解决方案的各个组成部分都可以单独使用，但是为了运行 main()函数，你必须先将这些辅助函数加载到 Julia 中（通过输入相应部分的代码）。为了测试这些函数，请自己建立一个简单的数据集（最好是各种不同的数组，每种数组都是不同的类型）并在这个数据集上运行main()函数：

```
data = readdlm("my dataset.csv", ',')
main(data)
```

如果你时间充裕，我们建议你分别测试每一个函数，确保你完全理解了它们的功能。如果你对 Julia 具有了更多的经验，可以回过头来再看看这个解决方案，看看是否可以对它做出一些改善，或者以更有意义的方式对它进行重构。

4.5 小结

- 在 Julia 中，字符串处理主要是通过正则表达式函数来进行的，比如 match()、matchall()和 eachmatch()。

- 在 Julia 中，正则表达式的前缀是 "r"。例如：r"([A-Z])\w+"是一个用来识别以大写字母开头的单词的正则表达式。

- 在定义一个使用通用类型或抽象类型输入的函数时，你必须事先定义好输入类型（一般在函数的输入参数之前）。可以使用如下的方式: function F{T <: TypeName}(Array{T})，这里的 TypeName 就是输入类型的名称（一般第一

个字母要大写)。

● 在开发一个完整的解决方案时,为要实现的算法建立工作流程图,列出所有必需的函数,是一种好的做法。在运行包装器函数(主函数)之前,必须将所有辅助函数加载到内存中。

4.6 思考题

1. 你可以使用同样的函数来处理类型完全不同的数据吗?如果可以,应该使用 Julia 语言的哪种特性?

2. 考虑一下前面的 hdist()函数,为什么它不能使用'a','b'作为输入?它们的距离不能为 1 吗?[①]

3. 是否可以将前面的 mode()函数扩展一下,使它能够处理像 234(一个单独的数值,不是一个数组)这样的输入,并将这个输入做为输出返回?做这样的修改需要利用 Julia 语言的哪种特性?

4. 写一个简单的函数,在一段给定的文本中计算单词的数量(假设在文本中没有换行符)。在完成之后,使用一些文本来测试它(你可以在博客文章或电子书中随机找几个段落)并评价函数的性能。

5. 写一个简单的函数,在一段给定的文本中计算字符的数量,并计算出非空格字符的比例。

6. 写一个完整的解决方案,以一个数值型数组作为输入(你可以假设数组中都是浮点数),给出由数组形成的文本中所有数字的分布(也就是说,其中有多少个 0,多少个 1,等等)。并计算其中哪个数字出现的次数最多?最简单的实现方法是写一个函数,统计出在一个给定字符串中字符 x 有多少个,然后在包装器函数中将所有的统计结果累加起来并进行输出。如果你需要的话,也可以使用其他的辅助函数。

---

① 原文为 counters()函数,但在前面找遍了,也没找到作者所说的 counters()函数。根据附录 F 中的答案,应为 hdist()函数。——译者注

第 5 章
Julia 数据科学应用概述

Julia 对于我们的数据科学应用有很大的帮助，在对此进行深入研究之前，我们先看看数据科学的工作流程，以对数据科学有个全面的认识。在本章中，我们先从整体上介绍数据科学的各个流程，然后在随后的章节中对各个流程进行详细讨论。

5.1 数据科学工作流程

与其他类型的数据分析（例如统计学）不同，数据科学在发展过程中形成了一整套流程，各个环节之间不但彼此联系紧密，而且都对最终结果有非常大的影响，最终结果是要在工作结束之后分享给用户或客户的。就像我们在第 1 章中介绍的那样，Julia 几乎适合应用在数据科学的所有阶段，这使它成为了完成数据科学项目的理想工具。我们以前面介绍过的数据科学示意图的一个增强版本来开始本章的内容，如图 5.1 所示。

一般来说，数据科学最终会形成两种结果：创建一种由数据驱动的应用（一般称为数据产品）或产生出有实用价值的知识。这两种结果具有同样的研究价值，尽管某种特定的数据流会更容易形成产品，而另一种数据流会更容易产生知识。为了得到这些最终结果，数据科学家需要按照图中给出的各个步骤，并基本上按照图中的顺序开展工作，并对最终结果给予特别的关注。

前三个阶段一般被统称为数据工程。在整个流程中，Julia 非常适用于完成这几个阶段中的所有任务，甚至不需使用任何扩展包。数据工程是我们要重点关注的，因为它通常要占用数据科学家 80%的工作时间，而且一般被认为是数据科学流程中最有挑战性的部分。

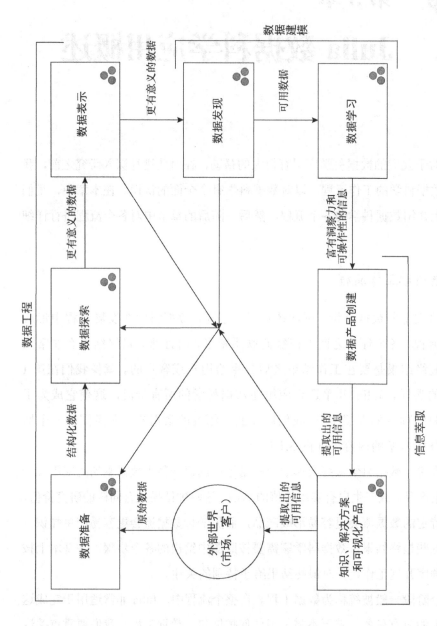

图 5.1 数据科学各个阶段的示意图，表示出了各个阶段互相之间的联系。连接各个节点的线段的方向不是固定不变的，在整个过程中，相邻的两个阶段之间经常是互相影响的。还有，我们对这些阶段进行了分类，这样有利于你更好地理解和掌握

数据工程后面的两个阶段可以被当作是整个流程中的数据建模部分，也是数据科学中最有意思的部分。在这两个阶段中，Julia 同样表现突出。因为在这两个阶段中，有很多资源密集型的工作，Julia 的高效率是个巨大的优势。但是，Julia 的基础功能已经不适合这几个阶段了，它严重依赖于为相关任务专门开发的扩展包，才能发挥作用。

在最后两个阶段中，你辛苦工作的最终结果会被公之于众。这两个阶段可以统称为信息萃取。实际上，这部分流程并没有一个官方名称，也没有被正式地研究过。但是，这两个阶段与其他阶段同等重要，并与其他两类中的阶段具有本质不同，需要使用特别的方法进行研究。

在本章中，我们会在一个比较高的层次上来研究流程的每个阶段，看看一个阶段是如何与其他阶段结合在一起的，以及如何影响最终结果。与此同时，我们还要使用一个真实的数据集，用案例研究的方法介绍如何将各个阶段转换为实际行动。在这个案例研究中，我们建立了一个虚构的公司，这个公司正计划为各个销售商提供的星球大战相关产品进行一次促销，它建立了一个星球大战主题的博客，吸引了许多粉丝。这个公司从收集调查数据入手，对用户进行随机抽样，然后询问他们对于星球大战特许商品的看法，要回答的问题一般是"我们应该向某种人群推销哪种商品？""你期望从某个特定客户那里获得多少利润？"，诸如此类。

Jaden 是这个公司中的数据科学家，最近开始使用 Julia 进行工作。Jaden 的第一印象是，这些问题都与变量 FavoriteProduct 和 MoneySpent 有关，这两个变量应该是我们的目标变量。下面我们来看看他是如何在这个项目上面应用数据科学全过程的，这个项目在公司内部的代号是"激发原力"。

"激发原力"项目的具体内容位于本章附带的 IJulia 笔记本中，我们建议你在学习本章的过程中，时不时地看一下这个笔记本。这个笔记本会使你更好地从整体上把握这个项目，并知道如何将本章中提出的概念转换为 Julia 代码。最后，这个项目还有一些改善的空间，因为它的代码不是最优的。这是因为在实际工作中，很少有足够的资源能令我们写出最好的代码，数据科学不是一门精确的科学（特别是在商业环境中）。在玩中学是一种很好的学习方式，所以，尽情地与这个笔记本玩耍吧，但也别忘了在看到可以改进的地方时，对其进行优化。

5.2 数据工程

5.2.1 数据准备

这是一个基础阶段，尽管不像其后的各个阶段那样具有趣味性和创造性。对这个阶段给予足够的重视可以使你顺利地开始随后的各个阶段，因为你已经为一个强壮的数据分析奠定了坚实的基础。你可以将这个阶段看作实际工作中清理工作台的过程，排列好你的文档和笔记，确认所有的设备工作状态良好，虽然没有太多乐趣，但却是必须的，如果你想度过富有成效的一天的话！

数据准备的首要任务就是对数据进行清洗，并将数据保存在数组、矩阵或数据框中。数据框是一种常用的数据容器，最初在 R 中实现。它是一种严格的二维数据格式，可以通过名称来轻松地引用变量，而不需要使用索引。与传统的数组类型相比，它可以使用户以一种更为丰富多彩的方式来处理数据。

对于那些数值型的数据（比如比率变量），在数据清洗过程中，还可能需要对它们进行标准化，将其变换到一个固定的区间（一般是[0, 1]，或者(0, 1)，或者 0 附近的一个具有固定分散程度的区间）。后者是最常用的标准化方法，它的做法是先从变量中减去均值（μ），再用结果除以标准差（σ）。对于字符串类型数据的标准化，一般需要处理其中字符的大小写，通常是都变换成小写字符。特别地，对于自然语言处理（Natural Language Processing，NLP）的应用，还需要应用以下技术进行处理。

- 词干提取：只保留每个单词的词干部分，而不保留单词本身。举例来说，对于 running、ran 和 run，统一转换成为 run，因为它们都是由词根 run 派生出来的。
- 除去停用词：停用词对于数据分析完全没有意义，比如"a"、"the"、"to"等等。你可以在网址 http://bit.ly/29dvlrA 中找到各种停用词列表。
- 除去多余的空格、制表符（\t）、回车符（\r）和换行符（\n）。
- 除去标点符号和特殊字符，例如"~"。

对缺失值的处理是数据清洗中的一项重要工作。对于由字符串组成的数据，需要除去一些特定的字符（例如，电话号码中的括号和短横线，金融数据中的货币符号）。这个过程非常重要，因为它是在数据表示阶段以及流程的其他部分对数据进一步处理的前提和基础。

对离群点的处理是数据准备中的另一项重要工作，因为这些特殊的数据点很容易使模型发生偏离，尽管它们之中可能包含着重要的信息。离群点需要特别的关注，因为分辨出离群点是完全无用的还是非常重要的不是一件容易的事情。尽管这个过程可以使用统计学方法很容易地完成，但一些数据科学家更希望在数据探索阶段就识别出离群点。对离群点处理得越早，余下的阶段就越顺利。

通常情况下，在数据准备阶段需要进行的工作不是那么确定的，它取决于我们最终要在数据中提取何种信息。尽管可以部分实现自动化（例如，文本清洗、变量标准化），但数据准备整个过程的自动化处理却非常难以实现，这就是原因之一。

在以后的工作中，你可以不断地重新回到这个阶段，对数据进行更加严密的处理，以保证数据更加适合应用的要求。因为这个过程很容易发生混乱，所以应该将你在整个数据准备过程中进行的一切工作细节都记录下来（最好在你使用的代码中也用注释做一下记录）。由始至终，这都是非常必要的，当有人对你的数据分析过程提出疑问，或者你想在另一个数据流上重复你的这次数据分析过程时，你都会发现，记录详细的文档是非常有用的。在第 6 章中，我们会更加详细地讨论数据科学流程的这部分内容，以及其他与数据工程相关的过程。

在我们的案例研究中，数据准备过程包括为每个变量填补缺失值，以及对数值型变量（就是 MoviesWatched、Age 和 MoneySpent）进行标准化。

数据准备阶段的输出结果并不一定是那些可以作为统计模型或机器学习算法输入的精炼数据。很多时候，数据还需要经过进一步的处理才行。只有在经过数据工程下一个阶段的处理之后，你对数据理解得更加透彻了，才会更加赞同我的这个观点。你可以试着使用这个阶段产生的数据去拟合模型，但是非常有可能得不到任何有价值的结果。为了确保能够更好地利用处理过的数据，你应该更好地去理解数据，这就需要我们进行数据探索。

5.2.2　数据探索

对于大多数人来说，在任何数据科学项目中，数据探索这个结果开放的流程阶段是其中最引人入胜的部分。它包括使用结构化的数据计算描述性统计量，在非结构化的数据中寻找某种模式，以及创建可视化元素帮助你理解现有数据。在非结构化的数据中发现的模式可以转换为特征，然后以定量的方式加入到为项目建立的数据集中。

数据探索还可以使你总结出一些问题，这些问题通常被称为假设，可以通过数据寻找答案。在观察数据时，你会凭直觉产生一些结论，使用假设可以对这样的结论进行科学检验，揭示出隐藏在数据流下面的有用信息。检验包括统计检验和推理检验，你需要将从数据中发现的结论同项目整体联系起来。这就是很多人认为数据探索阶段是一个具有创造性的过程的原因。数据探索阶段也会产生一些混乱，其中的可视化元素更像是一种"草图"，而不是那种完美的最终产品。

这部分流程还包括一项任务，就是精心选择哪些数据来执行分析任务。在某种程度上，数据探索是一个手工选择变量来解决问题的过程。

当这个过程可以自动化，特别是在结构化的数据集中的时候，它就被称为"关联规则提取"，这是数据分析中一个很流行的领域。但是，自动进行数据探索可能会导致疏忽和遗漏，因为缺少了数据科学家的火眼金睛和奇思妙想。如果你想生产出真正有价值的数据科学产品，那么手工作业是必不可少的。很简单，数据科学家的直觉对于数据探索过程起到的作用是不可替代的。在第 7 章中，我们会对数据探索进行更加深入的讨论。

回到我们的公司，Jaden 正在努力寻找各个变量之间的潜在的有价值的关系，特别是特征和某个目标变量之间（例如，每个年龄段的平均收入与 MoneySpent 之间的相关性，表示在图 5.2 中的统计图中）。他还为每个研究过的变量创建了直方图，比如 FavoriteProduct 的直方图，如图 5.3 所示，从中可以看出分类之间存在着显著的不平衡。

　　尽管没有可操作性，但所有这些信息都可以帮助 Jaden 更深入地理解数据集，更恰当地选择要使用的模型和验证方法。还有，如果在这个阶段创建的某种图片非常有意义的话，他可以对其进行完善，然后用在可视化产品阶段。

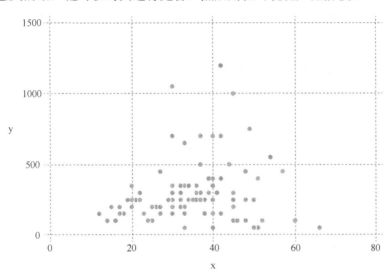

图 5.2 "激发原力"项目在数据探索阶段的一个可视化结果。尽管不是很精致（因为 Jaden 饰唯一使用它的人），但它表示出了一个有趣的模式，为解决问题提供一些思路

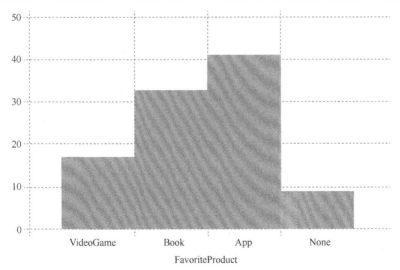

图 5.3 "激发原力"项目在数据探索阶段的另一个可视化结果。这幅图说明了数据集中各个分类之间是根本不平衡的，后面会看到，这幅图非常有意义

5.2.3 数据表示

数据表示定义了数据集各个变量中的数据编码方式。数据表示非常有用，特别是对于大数据集（大数据集是数据科学主要的处理对象），因为好的数据表示可以更有效地利用现有资源，特别是内存。这非常重要，因为尽管现在有丰富的资源（例如，各种云），但资源还不是免费的，所以好的资源管理一直是一种优势。此外，恰当地表示数据还可以使你开发出轻量级的模型，使模型的速度更快，持久性更好。当有了更多数据的时候，你可以对模型进行重用，不需做出很大的修改。

选择正确的变量类型确实是有意义的，就是因为这个原因，在从外部数据源导入数据时，或开发新的特征时，都必须声明变量的类型。例如，如果你要使用一个特征从一段文本中捕获特定关键字的数量，那么你最好使用 8 位或 16 位的无符号整数，而不是使用 Int64 类型，因为相对于前面的数据类型，Int64 要消耗掉 4 倍或 8 倍的内存，而且占其中一半的负值是你在这个特定的特征中永远也用不到的。

数据表示还有助于理解现有的数据，也有利于使用最好的方式来处理数据（例如，使用恰当的统计检验，或使用正确类型的统计图）。举例来说，假如你有一个数值型的属性，只能取相对较小的离散值。在这种情况下，使用整型变量来表示这个属性就是更有意义的，一个 16 位的整型变量就可以了。还有，如果想在统计图中画出这个特征，你就应该避免使用折线图和散点图，因为会有很多数据点具有相同的值。

数据表示还包括从现有数据中创建特征。在处理文本数据时，这是一个必要的过程，因为从文本数据中很难直接得出什么结论。即使是一些基本特性（例如，按字符计算的长度，包含的单词的数量）也能揭示出有用的信息，当然你还需要进行更深层次的挖掘，以找出更具有信息量的特征。这就是为什么文本分析技术（特别是自然语言处理，NLP）严重依赖于强壮的数据工程，特别是数据表示的原因。

在信号处理领域，包括对来自于医疗仪器和各种传感器（比如加速计）的数据的处理，特征创建也是非常重要的。尽管这种信号本身可以使用某种分析方法来处理，但一般来说，在经过一些预处理之后（例如，将信号转移到频域，或应用傅里叶变换），通过某种特征可以更有效地捕获信号中的关键信息。

在我们的案例中，Jaden 需要在名义变量的表示方面做一些工作。特别地，我们可以看到 FavoriteMovie 和 BlogRole 变量的取值多于 2 个，可以被分解为二值变量组（例如，BlogRole 可以被转换为 IsNormalUser、IsActiveUser 和 IsModerator）。另外，Gender 变量可以被修改为单个的二值变量。

遗憾的是，在数据科学流程中，数据表示阶段何时结束没有一个清晰的界限。你可能会花费数天时间，努力使数据集的表示达到最优，并开发出新的特征。如果你认为应该适可而止了（有些时候，你的老板会大发善心，提醒你该结束了），你就可以前进一步，开始另一个更加妙趣横生的数据科学任务，比如数据建模。

5.3 数据建模

5.3.1 数据发现

如果数据集已经组织得井然有序，其中的变量你也烂熟于心，那么你就可以进行流程下一步的数据建模工作了，从数据发现开始。在数据的特征空间中，或者某种分类的数据点在空间的分布方式中，往往隐藏着一些模式。数据发现的目标就是揭示出这些隐藏的模式。

数据发现与数据探索的联系非常紧密，数据中的模式经常在数据探索阶段就开始显露头角。举例来说，假设你运行了一次相关性分析，发现某种特征与目标变量高度相关。这次分析本身就是一种数据发现，你可以将这个发现应用要建立的预测模型中。还有，你可能会发现某些变量彼此之间是高度相关的，这样你就可以除去一些变量（请记住这个原则，大道至简）。

假设的形成与检验也是这部分流程的基本工作。这时，良好的统计学背景就可以派上用场了，因为它可以使你准确地找出变量分组具有显著差异的情况，以及变量分组之间的有意义的区别。这些发现都有助于你建立最后的模型，在模型中，你会将所有的数据发现合并为一种可用于预测的工具。

有些时候，即使我们使用现有技术尽了最大努力，也不能从数据中得到我们所期望的结果。在这种情况下，我们应该使用一些更加高级的方法，包括数据降维（我们会在第 8 章中介绍）、可视化技术（第 7 章）和分组识别（第 9 章）。还有，某种模式可能只有在与现有特征组合起来时才变得明显（我们会在第 6 章中对此进行更多的讨论）。在这个阶段中经常使用的一种技术是因子分析，它的目标是找出哪个特征对最终结果（目标变量）具有最大的影响，以及具有多大的影响。

熟练的数据发现来自于经验和实践。它要求深思熟虑地对数据进行钻研，并不只是在数据上应用现成的技术。它是整个数据科学流程中最有创造性的部分，也是建立可用模型的关键环节。为了持续地改善模型，我们要经常对这个阶段进行回顾，实际上，这个阶段的工作是无止境的。

在对案例研究中的数据集进行了更深入的分析之后，我们发现，总体来说没有一个变量可以很好地预测 FavoriteProduct，尽管有些变量确实与它的某些值相关。还有，除了 Age 之外，没有变量与 MoneySpent 具有很强的相关性，尽管它们之间的联系是非线性的。

5.3.2　数据学习

数据学习是在各种统计学和机器学习技术的帮助下，对在前一阶段发现的模式进行智能分析的过程。数据学习的目标是建立一个模型，通过这个模型的泛化过程可以从数据中得出一些有意义的结论。在这个定义中，泛化（generalization）指的是从数据集中分辨出高阶模式（例如，规则形式）的能力，它使你能够使用具有同样属性（特征）的未知数据进行精确的预测。

模型的泛化不是一项容易的任务，它需要对模型进行多轮的训练和测试。很多时候，为了进行有价值的泛化，你可能需要建立多个模型，有时甚至需要将多个模型组合起来使用。模型泛化的最终目的是揭示出隐藏在数据后面的深层次模式，并使用这个模式在其他数据上进行精确的预测。用来预测的数据与训练模型时使用的数据是不同的。

　　无需多说，模型的泛化能力越好，它的可应用性（价值）就越高，这就是人们将大量精力和关注投入到这个阶段的原因。现在有一种强烈的趋势，人们已经不满足于发现一般的比较明显的模式，而是致力于对数据进行更深层次的探索（于是就有了"深度学习"这个名词，它使用更加复杂的神经网络模型来完成这个任务）。

　　计算机可以通过两种不同的方式从数据中进行学习：使用未知目标变量（可以是连续的，也可以是离散的）学习，或从数据本身学习（没有目标变量）。前者一般被称为监督式学习，因为这种学习过程会受到人工干预和监督。后一种方式被称为无监督学习，我们一般先使用这种方法在数据上进行试验（有时在数据探索阶段就开始了）。

　　这个阶段中的一项重要内容是（特别是对于无监督学习的情况）模型的验证。我们使用训练数据建立了模型后，要检验一下这个模型在未用于模型训练的数据上的效果有多好。换句话说，我们要检验一下模型的泛化能力，看看它的精确度有多少，或者通过测量模型预测正确的次数（分类模型），或者通过计算模型对目标变量的估计的误差（回归模型）。在任一种情况下，验证过程通常会生成一些统计图表，来深刻而又直观地表示出模型的性能。

　　数据学习是数据科学流程中的基本环节，因为它是整个分析过程的支柱。没有真正的统计学习过程，你就很难创造出有价值的数据产品，也很难得出超越基础数据分析的结论，基础数据分析一般使用传统的包括切片与切块的交叉分析方法来进行。尽管它通常是最具挑战性的一个阶段，但同时它也是最充满乐趣的一个阶段，这个阶段要求很高的创造性，特别是处理带有噪音的数据时。我们会在第 10 章和第 11 章中更加深入地讨论这个数据科学阶段，同时介绍决策树、支持向量机、k 均值等更多的数据学习方法。

　　再回到我们的案例研究中来，数据学习应用可以分为两个部分：首先是一个分类问题（使用前 5 个变量预测 FavoriteProduct 名义变量），然后是一个回归问题（使用同样的特征集合预测数值型变量 MoneySpent 的值）。你可以查看一下我们创建的模型的表现（以分类问题为例），通过图 5.4 中所示的受试者工作特征（Receiver Operating Characteristic，ROC）曲线可以表示出模型性能。

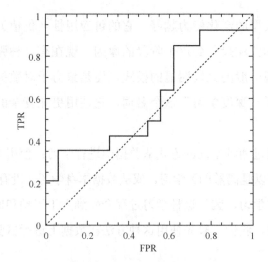

图 5.4 ROC 曲线，从中可以看出为"激发原力"项目开发的最好的
分类模型（随机森林模型）的表现

5.4 信息萃取

5.4.1 数据产品创建

这个流程阶段包含了若干种任务，最终创建出一个应用程序、applet、仪表盘或其他数据产品。这个阶段汇集了前面各个流程环节的所有成果，并以一种直观的方式将其呈现给所有人。不仅如此，数据产品还可以供支持你研究的机构来重复使用，为使用产品的用户带来真正的价值。如你所料，数据产品随着时间的变化需要更新换代，或扩充功能，产品部署之后仍然需要你的支持！

要创建一种数据产品，你需要使数据科学流程自动化，并使你开发的模型产品化。你还必须设计并实现图形界面（一般是网页界面，在云上实现）。数据产品的关键因素是易用，所以在创建数据产品时，必须使它的性能和易用性达到最优。

数据产品的例子很多，比如各种网站的推荐系统（例如，Amazon、LinkedIn），一些零售网站的个性化界面（例如，HOME Depot），一些用于移动设备的 APP（例如，Uber），等等。基本上，任何可以运行在计算机之类的智能设备上、并能够使用某种数据模型的东西，都可以认为是数据产品。

数据产品的开发包括各种不同的阶段，不是每个阶段都要依赖编程语言，尽管如此，Julia 还是可以应用在某些特定的阶段中。但是，这需要使用 Julia 中更为特殊和更为复杂的部分，已经超出了本书的范围。

我们的星球大战产品公司创建的数据产品可以是一个应用程序，营销团队可以使用这个应用程序将正确的产品带给正确的客户。这个应用程序还可以计算出客户愿意支付、符合预期的金钱数量。基于这样的数据产品，公司可以制定出有的放矢的高效的营销战略。

5.4.2　知识、交付物与可视化产品

数据科学流程的这个最终阶段非常重要，因为它具有最高的可见度，并提供整个流程的最终成果。这个阶段包括成果可视化、提交展示资料、撰写报告以及演示开发完成的数据产品。

从数据科学工作中总结出来的知识应该是可操作的：这些知识不只是提供有趣的信息，还应该有实际的用途，可以为决策提供依据，使决策能够提高组织机构的效能，并最终将价值传递给组织机构和它的客户。通过模型运行结果、图形以及其他分析发现，可以对知识进行直观的解释和支持。

在数据产品的交付过程中，应该是它易于被目标群体接受，还要从目标群体中获取反馈意见，并根据反馈意见作出改进，在必要的时候，还需要改变流程和扩充功能。

尽管在流程的各个阶段都可以应用数据可视化技术（特别是在数据探索阶段），但是在最后阶段中创建出一个完善的有吸引力的可视化产品，是将你的发现展示给那些对数据科学不了解的人的一种最有效的方法。这时候的可视化产品应该比前面几个步骤中的更完善，更引人瞩目，它应该具有完备的标记、标题和注释，令人一目了然，对于各种知识层次的人，不管他在数据分析或相关领域具备什么样的经验，都应该易于上手，方便使用。

知识、交付物与可视化产品可以是数据科学流程的最后一个阶段，但是它也可以开启一轮新的循环。你的发现经常会引发出更多、更新的假设和问题，需要你通过另外一项数据分析任务来回答这些问题和假设。新的循环可能会要求你在不同类型的数据上使用以前的模型，导致你对模型进行修正。

Jaden 终于可以总结一下他的数据分析结果了。图 5.5 展示了一种分享知识的

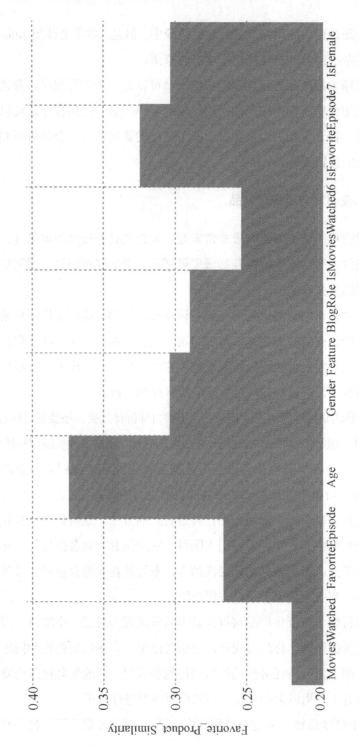

图 5.5 "激发原力"项目最后阶段的可视化数据产品。这里展示的是在
分类模型中每个特征的相对重要程度

方法，可以用来分享 Jaden 从他的分析工作中获得的知识。而且，前面阶段中创建的数据产品也可以进行 beta 测试了，可以使用像图 5.5 中那样的可视化产品来与项目的相关人等进行分享了。

5.5 保持开放型思维

尽管人们做了很大努力，开发了很多扩展包来增强 Julia 数据科学流程，但我们不应该完全依赖这些扩展包。原因是，与 Python、R 和其他高级语言不同，Julia 不需要依赖于 C 工作，所以，如果你发现需要一个没有被现有的扩展包实现的工具，那么不要犹豫，立即着手开发一个就可以了。

数据科学过程经常是一团乱麻，为了开发产品或获取知识，将不同平台的代码拼凑在一起也不是什么稀奇的事情。Julia 有能力解决所有数据科学中的问题，所以可以避免这种东拼西凑的问题。不过，如果你想仅在流程的某个具体阶段中使用Julia，也完全可以在其他平台中调用 Julia 脚本，比如 Python 和 R。当然，反过来也一样，如果想从 Julia 中调用 Python、R、甚至 C 语言的脚本，可以更加轻松地实现（参见附录 D，获取完成这些操作的详细介绍）。

最后，请记住数据科学流程不是一成不变的。由于这个领域还在不断发展，有些步骤可能会被合并，也可能会有新的步骤添加进来。所以，在应该数据科学流程时，我们应该保持开放型的思维。

5.6 在实际问题中应用数据科学流程

我们考虑一下前面章节中讨论过的 spam 数据集，因为对于任何使用过电子邮件的人来说，它都是一个熟悉的概念。这个数据集中包含了几百封文本形式的电子邮件，这些邮件被分成两类：正常邮件（"ham"）和垃圾邮件。如你所料，后一类中的邮件数量是非常少的。下面我们看看如何在这个案例上应用数据科学流程的各个阶段。

5.6.1 数据准备

首先，我们要对数据进行结构化。要完成这个任务，我们必须确定要在数据产品中使用电子邮件的哪个部分，我们的数据产品就是一个垃圾邮件筛选器，可供用户在计算机或智能手机中使用。如果我们想比较快的完成这部分工作，就要尽可能少地使用特征。

完成数据结构化的一种方法是，重点关注电子邮件中包含足够信息来确定一封邮件是正常邮件还是垃圾邮件（"spam or ham"）的部分：邮件标题。我们都收到过类似标题的邮件，比如"免费试用伟哥"，或"性感珍妮期望与你约会"，我们一眼就能看出这些都是垃圾邮件。所以，如果我们的数据产品能够识别足够多的类似标题的邮件，那么它在垃圾邮件检测方面就可以起到真正的作用。

要为这个任务准备好数据，我们需要从电子邮件中提取出只与标题相关的内容。在仔细检查了各种邮件文件之后，你可以知道邮件标题前面总有一个字符串"Subject:"，这使得邮件标题非常容易识别。所以，在流程的这个阶段，我们需要提取出一行中这个字符串后面的内容。为简单起见，我们还可以除去所有的特殊字符，并将所有字符转换成小写。

还有，电子邮件的位置（就是保存邮件的文件夹）也表明了这封邮件是否是垃圾邮件，所以我们可以将这个信息保存在一个变量里（例如，"IsSpam"）。我们还可以将正常邮件分别标记为"easy_ham"或"hadr_ham"，并将这个类别变量命名为"EmailType"，以对邮件类型进行更细致地区别，尽管这样做会使后面的模型更复杂一些（当你掌握了我们在这里使用的更简单一些的方法后，应该这样试验一下）。

5.6.2   数据探索

在我们将数据整理得井井有条之后，就可以对其进行更彻底的探测。要完成这项任务，我们要检查各种不同的特征（例如，单词数量、单词长度、是否含有特殊词等），并看一下在不同类别（最简单的情况，就是垃圾邮件和正常邮件）之间，这些特征的值是否会有些区别。我们还会生成各种统计图，试着去理解一下特征空间。在这个阶段，我们还要检查一些统计量（例如，均值、众数和中位数），并进行一些检验，来看看我们观测到的区别是否是显著的。

举例来说，如果我们发现在垃圾邮件类别中，标题行的平均长度明显更长，那么我们就可以使用标题行的长度作为一个特征，并以同样方式检查一下其他特征（例如，单词的最大长度）。在这个阶段，我们还可以试验一下词频分析，并删掉那些出现的过于频繁，以至于毫无信息量的单词（例如，"a"，"the"等）。这样的词被称为"停用词"，是文本分析中非常重要的一部分。

5.6.3　数据表示

在流程的这个阶段，我们要考虑一下如何以一种既有效率又容易理解的方式对特征中的信息进行编码。我们应该使用整型变量来表示那些与可数对象相关的特征（例如，标题中单词的数量），使用布尔型变量来表示那些仅有两个值的特征（例如，是否包含"re"这个前缀），并使用浮点型变量表示可能带有小数值的特征（例如，标题中单词的平均字符数量）。

因为仅凭计数不能表示出一个热门词语的意义的发展变化，所以我们需要再深入一下，使用更专业的统计学方法来解决这个特殊的问题。举例来说，我们可以试一下相对风险度（Relative Risk）或优势比（Odds Ration），这是两个可以从列联表中导出的连续型度量指标。或者，我们可以还是按照原来的方式使用计数，但要在随后的过程中对特征进行标准化。在这个阶段中，不要因为创建了过多特征而难为情，因为所有的努力都会对模型有所帮助。如果有些特征确实没什么用处，那么在进行统计检验时，也能找出这些无用的特征。

5.6.4　数据发现

当我们深入研究了信息丰富的数据集之后，事情会变得越来越有趣。我们通过对数据集的进一步理解从中提取出了特征，现在要使用这些特征做试验了。在流程的这个阶段，一般要使用一些机器学习技术（比如聚类），或者数据降维技术（因为对一个这样的多维数据集进行可视化是不现实的）。使用机器学习技术可能会发现某些单词同时出现的频率比较高，我们可以使用一个特征来解释这种现象。

在数据发现阶段，我们还要对特征进行评价，试图优化特征空间，确保随后建立的模型能够识别出尽可能多的垃圾邮件。使用目标变量（IsSpam）作为参照，我们要对每个潜在的特征进行评价，这样我们才能确定哪个特征是最有价值的，以及哪个特征是可以忽略的（因为它们只能给模型带来噪声，就像"停用词"一样）。如果我们认为对数据集的研究和对特征空间的优化都已经足够了，那么我们就可以开始下一步，将所有成果总结概括为一个可以供计算机进行学习的过程。

5.6.5　数据学习

在这个阶段，我们会对所有的数据发现进行检验，看看我们是否能够根据它们创建一个（数学或逻辑）模型。我们的想法是教会计算机去分辨垃圾邮件和正常邮件，尽管这种能力是完全机械化的，不能进行太多的解释。

模型结果的可解释性是非常重要的，因为数据科学项目的管理者必须能够理解并表达出模型的关键因素（比如某个特征的重要性）。无论如何，我们的模型和几年前最高水平的严格基于规则的系统（一般称为"专家系统"）相比，要更加灵活，也更加精巧。

在数据学习阶段，我们会建立一个模型（或一系列模型，取决于我们投入了多少时间），模型使用前一阶段创建的特征，预测一封邮件是否是垃圾邮件，还会提供一个可信度评分。我们会使用手头的电子邮件数据来训练这个模型，使它具有高度的泛化能力，在应用于其他邮件数据上时，能够给出精确的预测。这一点非常重要，因为这就是我们用来评价模型的标准，也是我们在实际工作中使用模型的依据。对已知数据的预测很精确，没有什么大用，因为我们的邮箱基本不可能再次收到同样的邮件。只有模型能够精确识别出一封陌生邮件是垃圾邮件还是正常邮件，它才具有"真正的"价值。

5.6.6　数据产品创建

如果我们确信模型已经非常可靠了，那么就可以准备做出一些真正有价值的东西，才对得起这项艰苦的工作。在这个阶段，我们会正式使用低级语言（一般是 C++或 Java）重新实现模型。如果模型全部是用 Julia 实现的，那这一步就完全没有必要了。这说明 Julia 可以提供从头至尾的解决方案，节省你的时间和精力。

我们需要添加一个美观的图形界面，这个使用任何一种语言都可以实现，然后与 Julia 脚本联系起来。我们可以使用快速应用开发（RAD）平台来建立这个界面。这些平台是高级的软件开发系统,使用很少的代码,或者根本无需代码,就可以很容易地实现全部编程功能。这种系统与常规的产品级的编程语言相比,功能没有那么复杂和全面,但非常适合创建用户界面。可以使用这种平台创建界面,再使用另一种语言在后台干脏活和累活,将二者结合起来使用。现在流行的 RAD 平台有 Opus Pro 和 Neobook。

在创建数据产品时,我们还可以利用一些其他的资源,它们一般存在于云环境中,比如 AWS/S3、Azure、或者是私有云。要实现这个要求,我们需要使代码并行化,保证我们可以使用所有可用资源。如果我们只是需要一个小规模的垃圾邮件检测系统,那么就没有必要这样做。但是,如果我们想使产品更有价值,供更多用户使用,那么早晚有一天我们会扩大产品的规模。

5.6.7 知识、交付物和可视化产品

最后,我们要通报一下我们所做的事情,并且收集可信的证据,来证明垃圾邮件检测的效果。我们还会创建一些有趣的可视化产品,来说明模型的性能和数据集的性质(在数据发现阶段之后就可以开始)。当然,我们需要做一两次集中展示,可以写一个报告来介绍整个项目,并虚心听取来自于用户的批评和建议。

基于前面的所有工作,以及提供项目资金的机构对我们工作的评价,我们需要重新回到项目开始阶段,看看需要采取什么措施,可以使产品更好一些。这些措施可能包括添加一个新特征(这里使用这个词的商业意义),比如自动生成报告或数据流分析,最可能的目标是实现更高的精确度和更好的性能。

最后,在这个阶段,我们还会总结反思一下在整个项目过程中得到的经验和教训,努力从这次工作中获得更多的领域知识。我们还要研究一下,这项垃圾邮件检测工作如何能够帮助我们发现在应用整个流程方面的不足之处,以使我们成为更加出色的数据科学家。

5.7 小结

- 数据科学项目的最终结果或者是一种数据产品(例如,数据驱动的应用程序,仪表盘程序),或者是具有可操作性的知识,可以为分析数据的组

织机构提供价值。

- 数据科学流程由 7 个独立的阶段组成，可以分成 3 个大的阶段。
- 数据工程。
  - ○ **数据准备**：确保数据是标准化的，没有缺失值，字符串数据具有一致的大小写，不包含任何不必要的字符。
  - ○ **数据探索**：创造性地与数据进行交流，以使我们理解数据集的结构和数据集中变量的用途。这需要大量的可视化工作。
  - ○ **数据表示**：使用正确类型的变量来表示数据，并开发出能有效捕获数据中的信息的特征。
- 数据建模。
  - ○ 数据发现：通过使用统计检验和其他方法，准确捕捉到数据中的模式，这些模式经常隐藏在特征空间的结构之中。
- 数据学习：对前一阶段中的所有发现进行智能分析和消化吸收，并训练计算机在新的陌生数据上重复这些发现。
  - ○ 信息萃取。
  - ○ **数据产品创建**：使用前面阶段中创建的模型，开发易于使用的程序（一般是 API、APP 或仪表盘程序）。
- 知识、交付物和可视化产品：可视化程度最高的一个阶段，包括与数据科学项目相关的所有信息沟通，方式有可视化产品、报告、集中展示等等。
- 尽管数据科学流程的各个环节一般是按顺序进行的，但为了提高和改善最终结果，我们也经常需要对某个阶段进行回顾和重复。
- 基于你获取的知识和提出的新问题，数据科学流程一个循环的结束经常意味着一个新循环的开始。
- 对于数据科学流程的各个阶段，Julia 都有相应的扩展包，如果你在其中找不到合适的工具，你完全可以自己开发一个，不用担心对系统性能的影响。
- 尽管 Julia 可以胜任数据科学流程的各个阶段，你也完全可以将它与其他编程语言结合起来使用，比如 Python 和 R，如果需要的话（参见附录 D）。

● 数据科学流程是一个不断发展变化的过程。现有的步骤不是一成不变的。因此，我们要抓住数据科学的本质：将原始数据转换为可用的形式，为最终用户创造出具有真正价值的产品。

5.8 思考题

1．什么是数据工程？它是必需的吗？

2．数据准备阶段的重要性是什么？

3．数据科学与其他数据分析的主要区别是什么？

4．对于以下数据，你如何进行数据准备："The customer appeared to be dissatisfied with product 1A2345 (released last May)."

5．数据探索阶段需要做什么工作？

6．数据表示阶段包括哪些过程？

7．数据发现包括哪些工作？

8．什么是数据学习？

9．什么是数据产品创建？

10．在知识、交付物和可视化产品阶段，需要做什么工作？和数据产品创建阶段有什么不同？

11．数据科学流程是一个线性流程吗？解释一下。

12．什么是数据产品？它为什么很重要？

13．举出几个数据产品的例子。

14．在流程的最后阶段创建的可视化产品与在数据探索阶段创建的可视化产品有什么不同？

15．流程的所有阶段都是不可或缺的吗？为什么？

第 6 章

Julia 数据工程

正如我们在前面的章节中讨论过的，数据工程包含了数据科学流程的前几个阶段，它的主要任务是对数据进行预处理（数据准备）和生成特征。数据工程提取出数据中最具有信息量的部分，并将它们准备好，以供进行更深入的分析。它可以使你在分析过程中最大可能地发现有用的知识。对于复杂的、具有噪声的数据，数据工程特别有用，因为这种数据不做处理的话，很难应用在随后的数据分析过程中。

在对数据进行工程化处理时，我们要遍历数据集，并对数据集的变量进行可视化。我们还要对这些变量之间的关系以及它们与目标变量之间的联系进行统计学上的评估，这是在下一章中要介绍的内容，因为这需要使用一个特殊的扩展包。眼下，我们要把重点放在数据准备和数据表示上面，这两项工作都可以通过 Julia 基础包来实现。本章还可以使你练习一下 Julia 编程，并对数据具有更深层次的理解。

本章包括以下几个内容。

● 通过定制函数，在另外一种类型的文件中存取数据，比如.json 文件。

● 通过去除无效值和填补缺失值，对数据进行清洗。

● 使用 Julia 语言的高级功能，这在定制化的任务中更加有用。

● 使用各种方法进行数据转换。

● 在不同类型的文件中保存数据，以便在随后的阶段中进行处理，也可以供其他应用程序使用。

6.1 数据框

数据框是一种流行的数据结构，R 分析平台最先引入了这个数据结构。相对于传统的数据结构（例如矩阵），数据框的主要优点是可以处理缺失值，还可以兼容多种数据类型。数据框还有一个额外优点，就是可以为变量命名，并可以通过名称引用变量，而不需使用索引值。这个优点对于行变量和列变量同样有效。数据框还可以通过分隔值文件轻松地加载，比如.csv 文件，将其中的内容保存到这种文件也是一个简单直接的过程。

要想使用数据框，你需要添加并加载相应的扩展包，这个扩展包的名称就是DataFrames，同时还需要做一下扩展包更新，如下所示：

```
In[1]: Pkg.add("DataFrames")
Pkg.update()
In[2]: using DataFrames
```

你可以在它的网站上获取关于这个扩展包的更多信息：http://bit.ly/29dSqKP。

6.1.1 创建并填充数据框

你可以用如下代码在 Julia 中创建数据框：

```
In[3]: df = DataFrame()
```

或者，如果你已经将数据保存在一个数组中了，你可以通过如下的代码将数据保存到数据框中：

```
df = DataFrame(A)
```

这里的 A 是一个数组，其中包含着你想要存入数据框中的数据。

另一种填充数据框的方式是向其中添加 DataArray。DataArray 是DataFrames 扩展包中的另一种数据结构，它是一个具有名称的一维数组。和数据框一样，数据数组中也可以包括缺失值。可以使用类似数据框的方式创建一个 DataArray：

```
da = DataArray()
```

或者，为了使它更加实用，可以在创建的同时进行填充：

```
In[4]: da = DataArray([1,2,3,4,5,6,7,8,9,10])
```

所以，如果你有多个数据数组，例如 da1 和 da2，那么你可以将它们放到一个数据框中，并命名为 var1 和 var2，如下所示：

```
In[5]: df[:var1] = da1
       df[:var2] = da2
```

每个数据数组名称前面的冒号是一个运算符，告诉 Julia 冒号后面是一个符号变量。每当 Julia 看到:var1，它都会知道你是在引用名为 var1 的一个列。一开始你可能不太习惯，但是相对于 Python 的 pandas 扩展包和 Graphlab 中使用引号的方法（例如，df["var1"]），这确实是一种更加有效的引用列的方法。

6.1.2　数据框基础

下面，我们学习一下如何能够有效地操作数据框，以便有效地使用数据框来进行数据工程。

数据框中的变量名

因为数据框的一大卖点就是具有方便易懂的变量名称，所以我们先来看看这个。要想知道数据框中变量的名称，你需要使用 name()命令：

```
In[6]: names(df)
Out[6]: 2-element Array{Symbol,1}:
     :var1
     :var2
```

看到命令的结果之后，我们发现为变量选择的名称一点也不直观。要想将它们修改为更有意义的名称，我们可以使用 rename!()命令：

```
In[7]: rename!(df, [:var1, :var2], [:length, :width])
```

这个命令还有一个不带"!"的版本：rename()。它具有同样的功能，只是不对应用命令的数据框做任何修改。因为相对于前面的命令，它不具有任何优势，所以在处理单个数据框时，应该尽量不使用这个命令。一般情况下，最好使用rename!()命令，而不是 rename()命令，除非因为某种原因，你想为数据框创建一个拷贝。

在为数据框中的变量重新命名之后，我们意识到第 2 个变量实际上应该是"height"，而不是"width"。要修改这个名称，我们需要再次使用 rename!()命令，这一次不使用数组作为输入，多分派机制允许我们使用另外一种方法：

```
In[8]: rename!(df, :width, :height)
```

尽管这个命令通过某种方式修改了数据框,但它没有修改数据框中的任何数据。在本章后面的内容中,我们会学习修改数据框中实际内容的命令。

6.1.3　引用数据框中的特定变量

要引用数据框 df 中的一个特定变量,就像在数组中引用变量一样,直接引用即可。但请确保将变量名作为符号变量使用:

```
In[9]: df[:length]
```

如果变量名本身是个变量,你需要先使用 symbol() 函数对其进行转换:

```
In[10]: var_name = "height"
    df[symbol(var_name)]
```

你还可以通过索引值来引用一个给定变量,就像在数组中一样。这种方法实用性比较差,因为列索引不是很明显(你需要先查看一下数据框,或运行一个探索性的命令)。但是,如果你不清楚变量的名称,而且只是想看看数据框是否被正确地填充,那么可以使用这种方法(例如,df[1]可以向你展示数据框 df 中第 1 列的数据和变量)。

6.1.4　探索数据框

如果你清楚了数据框中有什么变量,并且已经将变量名修改成了比 X1 和 var1 更有意义的名称,那么就可以对数据框中的实际内容进行探索了。你可以使用不同的几种方法来进行探索,很难说哪种方法好还是不好。但是,不管你使用哪种方法,有几种命令总是很方便的。首先,作为一名数据科学家,你必须特别注意数据类型,使用下面的命令,你可以轻松地查看数据类型:

```
In[11]: showcols(df)
3x2 DataFrames.DataFrame
| Col # | Name   | Eltype | Missing |
|-------|--------|--------|---------|
| 1     | length | Int64  | 0       |
| 2     | height | Int64  | 0       |
```

在带有很多不同变量的大数据集中，这种方法特别有用。作为一种额外的好处，你还得到了一些表示每个变量中的缺失值数量的元数据。

为了对变量有更好的感觉，对变量数据进行一个小抽样是非常有帮助的，一般使用前面几行数据。与 R 和 Python 一样，我们可以使用 head()命令查看前 6 行数据：

```
In[12]: head(df)
```

如果还不够，我们可以使用 tail()命令看一下最后 6 行数据，这又是一条 R 和 Python 用户非常熟悉的命令：

```
In[13]: tail(df)
```

因为对数据的惊鸿一瞥还不足以帮助我们对变量有充分地了解，我们还可以请求 Julia 对数据框进行一个概括总结，通过 describe()命令：

```
In[14]: describe(df)
```

这个命令返回的是一些描述性统计量。你还可以使用前面章节中介绍过的命令，按照你的需要对每个变量进行检查，提取出相应的描述性统计量。但是由于多分派机制，可以直接对数据框使用这些命令，从而将信息集合到一起，这样是非常有帮助的。

6.1.5 筛选数据框

很多时候，相对于整个数据框来说，我们对其中的部分数据更感兴趣。所以，和数组一样，我们必须知道如何在数据框中选取数据。在数据框中选取数据的方法与在数组中是相同的，唯一的区别就是在数据框中你可以通过名称来引用变量：

```
In[15]: df[1:5, [:length]]
```

这行代码的输出是另一个数据框，其中包含的是变量 "length" 的第 1 行和第 2 行数据。如果你省略了变量名称外面的方括号，例如 df[1:2, :length]，那么你就会得到一个数据数组。这非常有趣，然而，在选取那些事先难以确定的行数据的时候，数据框筛选的真正价值才能体现出来。就像对数组进行筛选一样，在筛选数据框时也可以使用条件语句。所以，如果我们想找出所有 length 大于 2 的情况，我们可以使用如下代码：

```
In[16]: df[df[:length] .> 2, :]
```

逗号后面的冒号告诉 Julia 我们需要所有变量中的数据。对于代码中比较长的那个表达式，如果你不习惯的话，理解起来有些难度，还会因为输入问题导致错误。简化表达式的一个好方法是引入一个索引变量，比如 ind，用它来代替条件语句。当然，它是一个二值变量，不会占用多少资源：

```
In[17]: ind = df[:length] .> 2
        df[ind, :]
```

6.1.6 在数据框变量上应用函数

如果你想对数据框中单个变量应用某个函数，那么只需应用在相应的数据数组上即可，就像对一般的数组一样。如果想对多个变量或者整个数据框应用某个函数，那么就需要使用 colwise() 命令：

```
In[18]: colwise(maximum, df)
```

如果 df 中有很多变量，你只想在 length 和 height 变量上应用函数，比如 mean()，那么你可以使用下面的代码：

```
In[19]: colwise(mean, df[[:length, :height]])
```

在数据框上应用函数时，不会改变数据框本身。如果想使修改永久保存下来，那么需要进行一个额外的操作，将 colwise() 函数的结果赋给一个相关变量。

6.1.7 使用数据框进行工作

既然我们已经学习了关于数据框的基本操作，下面就来看一下如何使用它们对数据进行更好的理解。首先，我们先使用数据框处理一种稍微复杂一些的情况，即数据集中有一些缺失值。

当你发现数据集中有缺失值的时候，真是令人头疼，但这种情况非常普遍，必须面对。好在，数据框设计得非常好，适合解决这个问题。DataFrames 扩展包中有一种专门表示缺失值的数据类型：NA（表示不可操作或不可用）。这些 NA

值会引起一些严重的问题，即使数量很少。因为你对这些变量的任何操作都会失效：

```
In[20]: df[:weight] = DataArray([10,20,-1,15,25,5,10,20,-1,5])
     df[df[:weight] .== -1,:weight] = NA
     mean(df[:weight])
Out[20]: NA
```

这段代码返回了 NA，因为 mean()函数不能处理带有缺失值的数据数组，少量的缺失值影响了整个数组。如果想除去缺失值，你必须使用某种有意义的形式替换掉它们（可以使用带有缺失值的变量的数据类型），或者干脆删除带有缺失值的那行数据。你也可以删除整个变量，如果这个变量中大部分都是缺失值，但是最好不要丢失数据集中的一些信息。

最有效的策略是使用一些有意义的值替换掉缺失值，比如使用变量的中位数、均值或众数。要完成这个操作，我们要先在数据框中找出缺失值（标记为 NA），这可以使用 isna()函数实现：

```
In[21]: isna(df[:weight])
Out[21]: 10-element BitArray{1}:
     false
     false
     true
     false
     false
     false
     false
     false
     true
     false
```

要想使结果更加直观，我们可以将 isna()函数和 find()函数结合起来使用：

```
In[22]: find(isna(df[:weight]))
Out[22]: 2-element Array{Int64,1}:
     3
     9
```

所以，我们发现在第 3 行和第 9 行中有缺失值。现在，我们准备使用别的内容将缺失值替换掉。一般来说，最好的选择是使用变量的均值（对于分类问题，我们需要考虑使用每个变量所属的类别）。为了确保均值与原来变量中的值在类型上是一致的，我们对均值进行四舍五入，并转换为 Int64 类型：

```
In[23]: m = round(Int64,mean(df[!isna(df[:weight]), :weight]))
In[24]: df[isna(df[:weight]), :weight] = m
        show(df[:weight])
[10,20,14,15,25,5,10,20,14,5]
```

6.1.8 修改数据框

我们在前面说过，在处理缺失值时，还有一种方式可以选择：删除整个行或整个列。相对于简单地填充缺失值来说，这种方式使用的比较少，因为有缺失值的行与列中仍然可以包含有价值的信息。但是，如果你需要修改数据框的时候（因为这样或那样的原因），可以使用 delete!( )命令轻松地实现：

```
In[25]: delete!(df, :length)
```

如果你想修改行数据，可以使用 push!()和@data()命令：

```
In[26]: push!(df, @data([6, 15]))
```

通过这行代码，我们添加了一个新的数据点，其中 length = 6，weight = 15。尽管数组不支持 NA（只有 DataFrame 和 DataArray 对象才支持这种数据类型），你还是可以在@data()中使用它们。

如果你想删除某些行，可以使用 deleterows!()命令来完成这个操作：

```
In[27]: deleterows!(df, 9:11)
```

或者，你可以使用一个索引数组来代替上面代码中的范围，这样做有些特别的优点：

```
In[28]: deleterows!(df, [1, 2, 4])
```

6.1.9 对数据框的内容进行排序

数据框可以看做是数据库中的一张数据表。这样的话，对数据框中的内容进行排序就是一种常用而且方便的操作，还可以使其中的数据更加易于处理。要完成这个任务，有两个函数特别有用，这就是 by()和 sort!()。by()函数对数据框中一个给定的变量按照唯一值进行分组，并按照降序进行排序，然后计算出每个分组中实例的数量。它经常和 nrow()函数组合起来使用，这个函数在数据框中创建一个新行。例如：

```
In[29]: by(df, :weight, nrow)
Out[29]:
    weight x1
1    5     1
2    10    1
3    14    1
4    20    1
5    25    1
```

如果你想基于一个变量（或变量组合）来对数据框中的所有数据进行排序，那么应该使用 sort!()函数：

```
In[30]: sort!(df, cols = [order(:height), order(:weight)])
```

这行代码首先基于 height 变量，再基于 weight 变量，对数据框 df 中的所有数据进行排序。因为对于 height 变量来说没有重复的值，所以在这种情况下，排序条件的第二部分是冗余的，尽管如此，对于这个数据集中更大的样本来说，它还是有意义的。

6.1.10 数据框的一些补充建议

还有一种有趣的数据框类型是 SFrame，一种可扩展的表格与图形数据结构，由 Turi Inc.（以前称为 Dato）开发，用于 Graphlab 大数据平台。SFrame 被设计用来处理特别大的、超出计算机内存范围的数据集。它使用本地硬盘，既可以对传统的基于表格的数据，也可以对图形数据进行可扩展的数据分析。尽管在 Julia 中，SFrame 还处于测试阶段，但你应该关注一下，因为它的功能丰富，可以在多个平台之间提供无缝数据转换。如果你想在 Julia 中试试 SFrame，那么可以使用 SFrames 扩展包，在这里可以找到：http://bit.ly/29dV7fy。

数据框自从初次发布以来，已经被人们广泛接受（特别是在统计学家之间），尽管如此，在所有的分析工作中，它也并不总能表现出显著的优势。所以，如果你正致力于一种新的数据处理算法，那么可能还需要使用传统的数组结构。还有，数组应该在速度上比数据框快。如果你需要做大量的循环，那么就不应该使用数据框，或者应该将数据框与数组结合起来使用，这样才能兼顾二者的优点。

在加载与保存数据时，特别是处理缺失值时，数据框特别有用。在下一节中，我们要学习如何在输入/输出过程中使用数据框。

6.2 导入与导出数据

6.2.1 使用.json 数据文件

在第 2 章中，我们看到了如何从.csv、.txt 和.jld 文件中加载数据。但是，我们经常需要使用其他数据格式的半结构化数据，.json 文件就是这样的一种数据格式，它经常用于在各种不同的应用之间保存和传递所有类型的数据。你可以使用 JSON 扩展包，将.json 文件中的数据加载到变量 X 中：

```
In[31]: Pkg.add("JSON")
In[32]: import JSON
In[33]: f = open("file.json")
        X = JSON.parse(f)
        close(f)
```

请注意，我们本来可以使用"using JSON"来代替"import JSON"，那样的话代码也能工作，但最好不要使用这种方式，因为 JSON 扩展包中有些功能会和 Julia 基础包中的功能发生冲突。还有，.json 文件中的内容被解析之后，会保存在一个字典类型的变量中，这样做的优点是.json 文件中的数据也是字典结构的。而且，JSON 扩展包中的 parse()函数也可以应用在包含 json 格式数据的字符串上。

6.2.2 保存数据到.json 文件

因为数据通常都是保存在表格中的，所以将数据保存到.json 文件不是一种很常见的操作。但是如果有这个需求的话，Julia 也完全可以满足。使用下面的代码，可以将字典变量 X 中的数据导出到.json 文件中：

```
In[34]: f = open("test.json", "w")
        JSON.print(f, X)
        close(f)
```

这段代码创建的 test.json 文件与我们前面使用的 file.json 文件有些不同。原因在于，JSON 扩展包是以一种紧凑的方式导出数据的，省略了所有多余的空格和换行符，这在其他数据文件中是非常常见的。你可以在这个网址看到关于这个扩展包的介绍：http://bit.ly/29mk8Ye。

6.2.3　将数据文件加载到数据框

数据框和数据文件联系得非常紧密，所以从一种形式转换到另一种形式是一个非常简单直接的过程。如果你想将数据从文件中加载到数据框，你最好的选择是 readtable()命令：

```
In[35]: df = readtable("CaffeineForTheForce.csv")
```

如果你知道在数据文件中缺失值是如何表示的，并且还想节省一些时间，那么在将数据集加载到数据框中时，就可以对缺失值进行处理，使用下面的代码：

```
df = readtable("CaffeineForTheForce.csv", nastrings = ["N/A","-",
    ""])
```

这个命令会加载 Caffeine for the Force 数据集，并将其中的缺失值使用下面的一个或多个字符串来表示："N/A""-"和""（空字符串）。

你可以使用 readtable()命令将所有类型的分隔值文件加载到数据框中。

6.2.4　保存数据框到数据文件

如果你想将数据框中的数据保存到文件中，那么你应该使用 writetable()命令：

```
In[36]: writetable("dataset.csv", df)
```

这个命令将数据框 df 保存到一个名为 dataset.csv 的逗号分隔值文件中。我们可以使用同样的命令将数据框保存到另一种格式的文件中，不需要使用任何其他参数：

```
In[37]: writetable("dataset.tsv", df)
```

你可以看到，新文件中的值是由制表符隔开的。不幸的是，DataFrames 扩展包支持的分隔值文件种类不多，所以如果你试图将数据框保存为一种它识别不了的文件，它就将数据框导出为.csv 文件。

6.3 数据清洗

如果要对数据进行清洗，你必须对数据中不合适的部分做出处理，或者在数据结构（一般是数组或数据框）中留出缺口。我们要做的第一件事就是处理缺失值，这个在本章前面我们讨论过。此外，根据数据类型的不同，我们需要采取不同的方法来清洗数据。

6.3.1 数值型数据的清洗

在清洗数值型数据时，需要处理离群点：这些讨厌的数据点通常是一个或多个变量的极值，也是最能使模型发生偏离的因素。去除变量中的极端值是非常有帮助的，特别是在那些使用基于距离的方法的模型中。像深度网络和极端学习机这样的复杂的技术都是要完全去除离群点的影响的。在数据清洗阶段就处理离群点是一种好的做法，因为一个精心设计的数据集会使数据建模阶段取得更加丰富的收获。

数据科学家们对待离群点的态度可以说是爱恨交织，不像对缺失值那样明确清晰。尽管数据分析方法经过了多年的发展和完善，但始终没有一项万无一失的确定离群点的方法，对于是否应该消除离群点，科学家们也各执己见。这是因为某些离群点中确实包含着非常重要的信息，不能被忽视（毕竟，现在对离群点的去除是一种自发式的操作，这对数据分析过程的影响还没有显露出来）。

下面看看我们怎样才能找出离群点，并如何决定是否应该去除它们（或使用某种更有意义的值替换掉它们，这也是很常见的情况）。这个过程是比较简单的，所有的变量都服从某种分布（有的符合统计学理论，有的则不符合）。所以，根据分布的性质，有些点应该比其他点更可能出现在这个分布中。如果某个点极其不可能出现在这个分布中（几率小于 1%），那么就可以认为这个点是离群点。

如果我们有一系列数值型变量，那么在辨别离群点时，有必要考虑将这些变量都进行标准化。我们会在下一节讨论这个问题。眼下，我们只讨论对于单个的变量如何找出极端的值。你可以查看一下"激发原力"案例研究中相关的部分，在那里找出了几个离群点。

当离群点被识别出来后，经常被其他值替换掉，比如变量的最大值或最小值。如果这两个值看上去都不合适（例如，我们确定离群点是由输入错误而导致的），我们还可以像处理缺失值那样，使用变量的均值或中位数。对于分类问题，在替换离群点之前，还要考虑一下数据点的类别。如果我们的数据非常多，将离群点一并删除也不是不可以的。我们可以参考一下"激发原力"案例研究中的例子，看看在相应的数据集中离群点是怎样处理的。

6.3.2 文本型数据的清洗

文本型数据的清洗比较简单，但是更花费时间。文本清洗的理念是在文本中去除"不相关"的字符，包括但不限于以下内容：

- 标点符号。
- 数字。
- 符号（"+""*""<"等）。
- 多余的空格。
- 特殊字符（"@""~"等）。

根据实际应用的不同，我们还可能会除去字典中没有的词、姓名、停用词等与我们要解决的问题不相关的任何内容。

如果我们有一段给定的文本（保存在变量 S 中），那么可以使用以下方法有效地剥离大多数不相关字符：

```
In[38]: Z = ""
    for c in S
    if lowercase(c) in "qwertyuiopasdfghjklzxcvbnm "
      Z = string(Z,c)
    end
    end
```

上面的代码片段返回了一个变量 Z，这个字符串变量中剥离了所有不在字母表中和非空格的字符。这个方法并不完美（还存在重复的空格，以及其他不需要的字符模式），但是可以作为一个好的开始。在下面一节中，我们看看如何通过标准化使文本数据更加实用。

6.4　数据格式化与转换

　　清洗后的数据集更具有可用性，但是还没有完全准备好（尽管你可以使用它来进行建模了）。为了更好地打磨一下，我们要对数据集进行格式化，这样可以节省大量的宝贵资源。要格式化数据集，你必须检查每个变量，按照变量中数据的类型确定合适的格式化策略。格式化完成之后，通常还需要做一些数据转换（例如，数据标准化）来确保数据中包含更加明确的信息。下面，我们就按照不同的数据类型，更详细地介绍这些步骤。

6.4.1　数值型数据的格式化

　　数值型数据的格式化非常简单。基本上，就是先确定某个变量最适合哪种数据类型，然后在这个变量上应用这个数据类型就可以了。如何确定数据类型呢，要靠领域知识和直觉。一本优秀的统计学教材会给你很大帮助。如果你确定了使用哪种数值型变量，就可以使用 convert() 这个 Julia 命令来进行格式化：

```
In[39]: x = [1.0, 5.0, 3.0, 78.0, -2.0, -54.0]
   x = convert(Array{Int8}, x)
    show(x)
    Int8[1,5,3,78,-2,-54]
```

　　在这个例子中，Julia 接受了一个浮点数数组，并将其格式化为 8 位整数数组。你也可以使用其他类型的整数，这取决于具体的数据。举例来说，如果这个变量的取值可能会大于 128，那么你就必须使用 Int16 或者范围更大的整数类型。无论如何，浮点数不是最好的类型，因为变量中没有一个元素看上去不能用整数来表示。但是，如果你打算使用这些数据进行距离计算，那么你可以继续使用浮点数类型，只要缩小一下取值范围就可以了：

```
In[40]: x = convert(Array{Float16}, x)
```

6.4.2　文本数据的格式化

　　文本数据格式化的主要方法是将其转换为合适的字符串子类型。特别地，你需要确定文本数据是否应该编码。使用默认的字符串类型 AbstractString，通常可以完成所有的文本处理应用。

在一些特殊情况下，你必须分析单个字符，这时就需要将数据转换为 Char 类型。但是请注意，一个 Char 变量只能包含一个字符。一般来说，你应该将 Char 作为数组的一部分来使用（例如，Array{Char}）。请一定牢记，即使一个长度为 1 的字符串中的内容与一个 Char 变量中的内容完全一样，Julia 也不会认为它们是相等的：

```
In[41]: 'c' == "c"
Out[41]: false
```

所以，如果你想避免这种混淆和错误，你应该使用下面的 convert() 函数：

```
convert(Char, SomeSingleCharacterString)
```

或者，相反的情况：

```
convert(AbstractString, SomeCharacterVariable)
```

幸运的是，string() 函数设计得更仔细，当你需要聚合字符串变量时，你可以使用 AbstractString 变量（或它的任何子类型）和 Char 变量的任意组合。

6.4.3 数据类型的重要性

尽管我们在第 2 章中讨论过这个问题，但数据类型需要慎重选择这个问题怎么强调都不过分，特别是在处理大规模数据集的时候。不恰当的数据类型会浪费大量宝贵的存储空间（特别是 RAM）。这还不是最坏的情况，因为错误的数据类型会引起一些奇怪的错误或异常，导致我们浪费另一种宝贵的资源：时间。所以，在为数据集选择变量类型时要深思熟虑。一组定义良好的变量会使我们受益良多。

6.5 对数值型数据进行转换

数值计算是 Julia 的一个很大优势，也是数据转换的核心（请注意字符串变量也可以看做是以特殊方式编码的数值）。数据转换是数据工程的核心环节，这就是 Julia 特别适合数据工程的原因。

这一点请牢记，有些人认为 Julia 在数据科学中没有什么用，因为没有足够成熟的扩展包，我们可以使用上面的内容来反驳他们。持有这种观点的人忽视了这样一个事实，那就是数据科学中的一大部分任务是不需要扩展包的。Julia通过自己擅长的数值计算，以及不断增长的扩展包数量，证明了这些人是错误的。这些扩展包中很大一部分都是关于数值转换的。

对于数值型数据，需要进行多种数据转换任务。这里我们重点介绍最重要的几种：标准化、离散化或二值化，以及二值变量的连续化。

6.5.1　标准化

这个过程对一个变量进行转换，使转换后的变量中的元素与其他变量中的元素比起来，既不是特别大，也不是特别小。统计学家非常喜欢这种数据转换，因为转换过程中要使用统计学技术。但是，这里所说的标准化要比统计学教材上的描述深入得多。

一个好的标准化过程应该可以开发出几个新的特征（例如，$\log(x)$，$1/x$），显著提高基本分类器或回归器的表现。这些特征可以使用传统的标准化技术，也可以不使用，取决于具体的数据。无论如何，标准化技术可以改善数据集，特别是当你想使用基于距离的方法来构建模型，或者构建多项式模型的时候。

在数据科学中，有3种主要的标准化技术，每种技术都有自己的优点和缺点。

（1）Max-min 标准化：这种方法相当简单直接，对计算能力的要求也不高。它使用变量的最大值和最小值作为边界，将变量的值转换为[0, 1]之间的值。这种方法的主要问题是如果变量中存在离群点，那么所有标准化后的值都会聚集在一起。在 Julia 中，典型的实现方法为：

```
norm_x = (x - minimum(x)) / (maximum(x) - minimum(x))
```

（2）均值-标准差标准化：这是最常用的方法，相对来说，对计算能力的要求也不高。它使用均值和标准差作为参数，标准化后的值集中在 0 周围，而且离 0 也不是很远（通常处在-3 和 3 之间，标准化后的变量中没有非常极端的值）。这种方法的主要缺点是会得到负值，使得标准化后的变量不适合做某种转换处理，比如 $\log(x)$。标准化后的变量也没有固定的边界。下面是在 Julia 中的实现方法：

```
norm_x = (x - mean(x)) / std(x)
```

（3）S 曲线标准化：这是一种非常有趣的方法，对计算能力的要求比另外两种方法要高很多。它可以消除离群点的影响，标准化后的结果在（0，1）之间。但是，因为具体数据的原因，这种方法可能会得到一个聚集在一起的标准化变量。通过选择恰当的参数，它可以得到一个几乎完美无缺的标准化变量，既有实际意义，又便于应用各种转换方法（例如，log(x)）。但是，要找到这些合适的参数，需要使用高级数据分析方法，这已经超出了本书的范围。在 Julia 中，可以非常简单地实现基础的方法：

```
norm_x = 1 ./ (1 + exp(-x))
```

不管你选择使用哪种标准化方法，都应该做好笔记，记下你使用的参数，不管它是否合适（例如，在均值-标准差标准化方法中，记下转换过程中你使用的均值和标准差）。这样，在得到新数据时，你可以使用同样的转换过程，然后将它们与标准化后的数据集平滑地合并在一起。

6.5.2 离散化（分箱）与二值化

连续型变量非常棒，但有些时候我们需要将其转换为定序变量，甚至一些二值变量的集合。设想一下，假如有个带有很多缺失值的变量，或者一个两极分化特别严重的变量（从某种调查问卷中提取出来的变量经常有这种情况）。在这种情况下，连续型变量所提供的过于详细的信息其实没有什么用。如果变量 age 的值都聚集在 20、45 和 60 附近，那么你就可以将这个变量转换为一个三值变量 age_new，其中的值为 young、middle_age 和 mature。

将连续型变量转换为定序变量的过程称为离散化，或者分箱（就像将变量的所有值装进几个箱子一样）。使用这种操作的一个具体例子是创建直方图，在下一章中我们会介绍这部分内容。

要进行离散化操作，你只需定义好每个新值的边界。所以，在上面那个 age 变量的例子中，你可以设定 age <= 30 的人为 young，age > 55 的人为 mature，其余的人为 middle_age。边界具体应该取什么值应该根据数据来确定。一般地，如果你想分成 N 个箱子，那么需要 N – 1 个边界值，但是，也没有一定的规则。

将离散型变量转换为二值变量集合也同样是一个简单直接的过程。你只需为每个离散值创建一个二值变量（实际上，如果你愿意，可以不用创建最后一个二值变量，因为它不会提供更多的信息）。举例来说，在前面的 age_new 变量的例子中，你可以将它转换为 3 个二值变量的集合：is_young、is_middle_age 和 is_mature：

```
In[42]: age_new = ["young", "young", "mature", "middle-aged",
    "mature"]
    is_young = (age_new .== "young")
    is_middle_aged = (age_new .== "middle-aged")
    is_mature = (age_new .== "mature")
    show(is_young)

    Bool[true,true,false,false,false]
```

你还可以以这种方式处理缺失值：

```
In[43]: age_new = ["young", "young", "", "mature", "middle-aged",
    "", "NA",
    "mature", ""]
    is_missing = (age_new .== "") | (age_new .== "NA")
    show(is_missing)

    Bool[false,false,true,false,false,false,true]
```

如果缺失值有多种表示方式，那么你可以将它们都放在数组 NA_denotations 中，并使用下面的代码处理缺失值变量：

```
is_missing = [age_value in NA_denotations for age_value in age_new]
```

6.5.3 二值变量转换为连续型变量（仅对于二值分类问题）

有些时候，我们需要更细的粒度，但是我们只有一堆二值变量（这些变量通常来于原始数据，不是来于另一个连续型变量）。幸运的是，存在将二值变量转换为连续型变量的方法，至少在需要预测一个二值变量的问题中是可以的，这些经常被称为"二值分类问题"。

将二值变量转换为连续型变量的最常用的方法是相对风险度转换（想获得更多信息，参见 http://bit.ly/29tudWw）。另外一种常用的方法是优势比（参见 http://bit.ly/29voj4m 获取详细信息）。我们将这些方法的实现作为一个练习留给你。

（提示：创建一个表格，其中包含你要转换的二值变量和分类变量的所有四种可能组合。）

6.5.4　文本数据转换

对于文本数据，Julia 进行转换时也得心应手。具体来说，你可以改变文本的大小写（全部变成小写或全部变成大写），也可以将整段文本转换为一个向量。下面我们分别对这两种情况进行更详细的介绍。

6.5.5　大小写标准化

在普通文本中，字符的大小写经常是不同的，这会给文本处理增加困难。解决这个问题的最常用的方法就是大小写标准化，也就是说，将文本中的所有字符都改变为同样的大小写。我们通常将所有字符改变为小写形式，因为小写形式已经被证明了是更加易于阅读的。令人高兴的是，Julia 中已经内置了这样的函数，我们已经见过几次了：

```
In[44]: S_new = lowercase(S)
Out[44]: "mr. smith is particularly fond of product #2235; what a
         surprise!"
```

相反，如果你想将所有字符转换为大写，那么你可以使用 uppercase( )函数。非字母表字符会保持原样，这使得 lowercase( )和 uppercase( )成为了一对功能丰富的函数。

6.5.6　向量化

这里的向量化与 R、Matlab 或其他类似语言中的可以提高性能的向量化没有任何关系。实际上，在 Julia 中我们最好不要进行像 R 中的这种向量化，因为根本没有什么用（使用 for 循环会快得多）。我们这里所说的向量化是指将文本中的一系列字符串（或称"词袋"）转换为更具分析性的由 0 和 1 组成的向量（也可以是布尔值向量，或者一个位值数组向量）。尽管这种操作会耗费比较多的内存资源，但在任何文本分析工作中，这种操作都是必要的。

下面，我们使用一个由 4 个句子组成的简单数据集，看看如何对文本进行向量化：

```
In[45]: X = ["Julia is a relatively new programming language",
    "Julia can be used in data science", "Data science is used to
    derive insights from data", "Data is often noisy"]
```

第一步是构建这个数据集的词汇表：

```
In[46]: temp = [split(lowercase(x), " ") for x in X]
    vocabulary = unique(temp[1])
    for T in temp[2:end]
     vocabulary = union(vocabulary, T)
     end
    vocabulary = sort(vocabulary)
    N = length(vocabulary)
    show(vocabulary)

    SubString{ASCIIString}["a","be","can","data","derive"
    ,"from","in",
    "insights","is","julia","language","new","noisy","often",
    "programming","relatively","science","to","used"]
```

下一步，我们根据这个词汇表创建一个矩阵，并使用文本向量化的结果去填充它：

```
In[47]: n = length(X)
    VX = zeros(Int8, n, N) # Vectorized X
    for i = 1:n
     temp = split(lowercase(X[i]))
     for T in temp
       ind = find(T .== vocabulary)
       VX[i,ind] = 1
     end
    end
    println(VX)
    Int8[1 0 0 0 0 0 0 0 1 1 1 1 0 0 1 1 0 0 0
      0 1 1 1 0 0 1 0 0 1 0 0 0 0 0 0 1 0 1
      0 0 0 1 1 1 0 1 1 0 0 0 0 0 0 0 0 1 1 1
      0 0 0 1 0 0 0 0 1 0 0 0 1 1 0 0 0 0 0]
```

这里我们选择了 8 位整数作为输出的数据类型，但是如果我们愿意的话，也可以使用布尔值或位值数组。还有，我们应该从词汇表中删去停用词，这样可以使整个向量化过程和最终结果更简洁一些（也更可能实用一些）。

文本数组 x 的向量化表示 VX 是一个非常紧凑（密集）的矩阵。这是因为词汇表规模非常小（只有 19 个词）。但是，在大多数实际问题中，词汇表中单词的数量是非常大的，这会生成一个巨大的 VX 矩阵，而且是非常稀疏的（就是说其中的绝大多数元素都是 0）。为了改进这个问题，我们经常使用某种分解技术或特征选择技术。

6.6　初步的特征评价

特征评价是数据分析中非常有意思的一个环节，它可以使我们对单个特征的价值有更加深入的了解，这非常重要。其实，特征评价就是通过一个直观的方式，对特征在预测模型中的重要性进行测量，测量的结果可以用来表示这个特征的预测能力。我们应该知道每个特征的预测能力，如果想在随后的阶段中使用大量耗费技术能力的方法，这个问题就更重要了。我们用来进行特征评价的方法严重依赖于具体的问题，特别是目标变量的性质。所以，我们分两种情况来讨论特征评价问题，这就是连续型目标变量（回归问题）和离散型目标变量（分类问题）。

6.6.1　回归

对于回归问题，有两种主要的特征评价方法。

● 检查回归模型系数的绝对值，比如线性回归模型，支持向量机模型（SVM），或决策树模型。

● 计算特征与目标变量之间的相关性的绝对值（特别是基于排序的相关性）一般来说，上面的两个值越大，这个特征就越重要。

6.6.2　分类

对于分类问题，特征评价就不那么简单了，因为没有一种能得到大家普遍认可的分类方法。现在有大量方法可以用来精确地评价分类问题的特征，其中最重要的几种方法如下。

● **区分指数（Index of Discernibility）**：这种度量方式是专门为了测量区分

能力开发的。尽管它最初是用来评价整个数据集的,但也适用于单个特征与所有种类的分类问题。它的取值在[0, 1]之间,并且是基于距离的。现在这种度量方式的公开可用版本有球形区分指数(Spherical Index of Discernibility,最初的度量方式)、调和区分指数(更简单、更快的一种指数)和基于距离的区分指数(更快,更可扩展)。

● **费舍尔判别比(Fisher's Discriminant Ratio)**:这种度量方式与线性判别分析相关,也可以用作进行特征评价的测量。它只能用于单个特征,很易于计算。

● **相似度指数(Similarity Index)**:这种度量方式比较简单,仅用于离散型的特征。它的取值在[0, 1]之间,计算起来非常快。

● **杰卡德相似度(Jaccard Similarity)**:这是一种简单而强大的度量方式,也只能用于离散型特征。它的取值为[0, 1],计算快速,并注重于目标变量的单个分类。

● **互信息(Mutual Information)**:这是一种经过精心研究而得出的度量方式,既可以用于离散型变量,也可以用于连续型变量。它得到一个正值,计算起来也非常快(但是在用于连续型变量时,就不那么容易了,因为要考虑复杂的区间)。它也很容易进行标准化,这样它的值就位于[0, 1]。

尽管不是一种常用的方式,我们也可以将以上两种(或多种)度量方式结合起来,以得到一种更为强壮的特征评价方式。如果你想在评价特征的同时看看多种特征组合在一起的效果,那么只能使用区分指数。

6.6.3 特征评价补充说明

不管你选择了哪种度量方式,都请注意这个问题,这就是尽管特征的估计值能够反映它的实际效能,但不是绝对的。对于一个强壮的分类模型,差的特征也被证明了是必不可少的,因为它们可以填补其他特征的信息空白。所以,在实际问题中,没有一种特征评价方式可以 100%精确地预测出特征的价值。但是,你可以使用特征评价有效地从数据集中除去那些明显无用的特征,以节省资源,并使随后的阶段更容易进行。

6.7 小结

- 数据工程是数据科学流程中的一个必备环节，尽管很花费时间，也很枯燥无味，但长远来看，能为你节省大量的时间。

- 数据框是一种流行的数据结构，它可以有效地处理缺失值（以 NA 表示），缺失值可以通过 isna() 函数识别出来。向数据框中加载数据非常容易，使用 readtable() 命令即可，将数据框保存为分隔值文件也非常容易，使用 writetable() 即可。

- 要想使用 .json 文件中的数据，可以使用 JSON 扩展包和其中的 parse() 命令。你可以使用这个扩展包中的 print() 命令创建一个 .json 文件。从 .json 文件中提取出的数据是保存在字典对象中的。

- 数据清洗是一个复杂的过程，根据数据类型的不同，包括以下步骤。
  - **数值型数据**：去除缺失值，处理离群点。
  - **文本数据**：去除不必要的字符，去除停用词（在进行文本分析时）

- 数据格式化（将每个变量转换为最合适的类型）非常重要，因为可以节省存储资源，并有助于在随后的阶段中避免错误。

- 数据转换是数据工程中的常见操作，它的具体操作取决于数据的类型。
  - **数值型数据**：标准化（使所有特征的值可以互相比较）、离散化（将连续型特征转换为离散型特征）、二值化（将一个离散型特征转换为一组二值变量），以及将二值特征转换为连续型特征（仅适用于二值分类问题）。
  - **文本数据**：大小写标准化（使所有字符都大写或者都小写）和向量化（将文本转换为二值数组）。

- 特征评价对理解数据集是非常必要的。根据你随后想建立的模型的类型，有多种策略可以完成特征评价，其中最重要的如下。
  - 区分指数——连续型特征。
  - 费舍尔判别比——连续型特征。
  - 相似度指数——离散型特征。

○ 杰卡德相似度——离散型特征。

○ 互信息——既适用于离散型特征，也适用于连续型特征。

6.8 思考题

1．在数据科学项目中，数据工程具有哪些重要性？

2．数据框与矩阵相比，有哪些主要的优点？

3．如何从 .json 文件中导入数据？

4．假如你必须使用大于计算机内存容量的数据文件来进行数据工程，那么你该如何进行这项工作？

5．数据清洗要做什么？

6．在数据工程中，数据类型为什么特别重要？

7．你应对数值型数据进行怎样的转换，才能使所有的变量在取值上具有可比性？

8．在解决文本分析问题时，你认为 Julia 中的哪种数据类型是最有用的？

9．假设你有一些文本数据，你要对其进行数据工程。每条记录中都有一个字符串变量，其中或者包含关键字或关键短语，或者不包含。你应如何有效地保存这个文件，才能使你以后可以使用这个文件，并分享给其他同事？

10．你应如何评价 OnlineNewsPopularity 数据集中的特征？你应如何评价 Spam 数据集中的特征？

第 7 章
探索数据集

如果数据已经塑造成型，下面就可以对数据集展开探索了。数据探索可以使你揭示出隐藏在噪声下面的各种信息，这些噪声会伤害数据集。在一些必需的探测工作之后（这也是数据探索过程的一部分），你就可以开始按照自己的需要构造特征，丰富数据集，使工作渐入佳境。

在你取得任何成果之前，你必须先"倾听"数据，试着分辨出其中的信号，为你将要研究的数据领域建立一张心理地图。通过这些工作，不但能对数据集有一个宏观的了解，而且能使你对以下问题有个更好的推测，这些问题就是可以建立哪些特征、需要使用什么模型和应该在哪些工作中花费更多的时间。这样，就可以使整个数据探索过程更有效率。

在本章中，我们要介绍如何使用描述性统计、统计图形以及更高级的统计方法（特别是假设检验）来获得对数据集的深入了解和深刻领悟，从而形成对数据集的分析策略。

7.1 倾听数据

在倾听数据的过程中，需要对变量进行检查，找出变量之间潜在的联系，并适当地执行一些比较和对照。这些任务看上去似乎非常枯燥，实则不然。实际上，多数资深数据科学家认为这是数据科学中最有创造性的一个环节。原因可能是因为这个过程既需要精密的分析（主要是统计分析），又需要很多可视化工作。无论如何，这些工作都能激发出你的好奇心，引导你对数据提出各种问题。其中一些问题可以继续进行科学处理，直至形成假设和检验，这是数据探索过程中的另一必备环节。

这个过程不像看起来那么容易。数据探索开始于对现有数据的观测，继之以对隐藏信息的搜索。这些工作为数据发现铺平了道路，在后面的章节中我们会详细讨论数据发现。眼下，让我们把精力集中在数据探索的主要任务上：描述性统计、假设检验、可视化以及将所有工作合成为一个研究案例。

在第 5 章中我们已经知道，所有这些工作的目的都是为了获取数据集中传递出来的信息，并确定如何利用这些信息。还有，数据探索还可以让我们对数据集中变量的质量进行评价，并对后续工作有一定了解。

本章要使用的扩展包

在开始数据探索之前，我们先看看在本章中要使用的扩展包：StatsBase（统计）、Gadfly（所有的可视化）和 HypothesisTests（一个很棒的统计学扩展包，专门用来进行假设检验，是目前做假设检验的唯一选择）。你可以在这个网址对 HypothesisTests 扩展包进行更深入的研究：http://bit.ly/29f0hb6。安装所有扩展包，并将它们加载到内存中，每个扩展包都可以帮助我们完成前面提到的那些任务。

```
In[1]: Pkg.add("StatsBase")
       Pkg.add("Gadfly")
       Pkg.add("HypothesisTests")
In[2]: using StatsBase
       using Gadfly
       using HypothesisTests
       using DataFrames
```

我们建议你学习一下每个新扩展包的补充说明中的参考资料，以对这些扩展包的功能有更好的了解。在学习了本章的内容之后，你还可以到每个扩展包的网站上去学习一下示例程序。这可以使你更熟悉扩展包中的各种参数，但这些已经超出了本书的范围。

7.2　计算基本统计量和相关性

我们对一个数据集计算基本的统计量和相关性，以此来开始我们的数据探索工作。我们使用第 2 章中介绍过的 magic 数据集。首先，我们从.csv 文件中导入数据集，并保存在矩阵变量 X 中：

```
In[3]: X = readcsv("magic04.csv")
```

与前面的章节一样，我们希望你在 IJulia 中运行本章中的所有代码，当然你也可以在任何一种 IDE 甚至 REPL 中运行代码，这取决于你的编程习惯。

你应该还能记起第 2 章中的内容，这个数据集由 11 个变量组成：10 个连续型变量（输入变量）和一个二值变量（目标变量）。还有，.csv 文件中没有标题。首先，我们需要对数据进行一些基本的预处理，以使 Julia 可以识别出变量：一些数值型变量（在本例中，是输入变量）和一个分类变量（在本例中，是目标变量）。我们在做数据预处理的时候，可以将数据集划分为输入和输出两个数组（分别称为 I 和 O），使它们具有如下的形式：

```
I Array:
28.7967     17.0021     2.6449      0.3918      0.1982      27.7004
    22.011      -8.2027     40.092      81.8828
31.6036     11.7235     2.5185      0.5303      0.3773      27.2722
    23.8238     -9.9574     7.3609      205.261
162.052     137.031     4.0612      0.0374      0.0187      117.741
    -64.858     -45.216     77.96       257.788
23.8172     9.5728      2.3385      0.6147      0.3922      27.2107
    -7.4633     -7.1513     10.449      117.737
75.1362     30.9205     3.1611      0.3168      0.1832      -5.5277
    28.5525     21.8393     4.648       357.462
O Array:
g
g
g
g
g
```

你可以使用代码清单 7.1 中的代码片段来完成这个任务。

代码清单 7.1　对 magic 中的数据做数据准备，以进行数据探索

```
In[4]: N, n = size(X)                  #1
    I = Array(Float64, N, n-1)
    O = X[:, end]
    for j = 1:(n-1)
      for i = 1:N
    I[i,j] = Float64(X[i,j])           #2
      end
    end
```

```
#1 Get the dimensions of the X Array (N = rows / data points, n =
columns / features)
#2 Transform the data in the X Array into Floats
```

7.2.1 变量概要

对数据的观察除了能知道数据中没有缺失值和输入变量是浮点型之外，不会再有更多收获了。但是，我们由此确实可以对数据提出几个问题。每个变量的中心点在哪里？它的分散程度如何？它服从什么形状的分布？变量之间是如何互相联系的？为了回答这些问题，我们需要使用一些基本的统计技术，也就是说，我们要得出变量概要和相关性矩阵。得到这些问题的答案之后，我们就可以用更有效率和更有意义的方式来处理数据了。

你可以使用下面的命令来得到数据集中变量的概要：

```
describe(x)
```

这里的 x 是一个数组或是一个数据数组/数据框（可以是数据集中的一个变量，也可以是整个数据集）。这个命令会显示出一个描述性统计量列表：均值、中位数、最大值、最小值，等等。

我们可以使用如下的代码，对 magic 数据集中的所有变量应用 describe()命令：

```
In[5]: for i = 1:size(I,2)
           describe(I[:,i])
       end
```

因为目标变量是字符类型，所以使用 describe( )命令得不到什么有用的信息。实际上，describe()会抛出一个错误，因为它不支持字符变量（如果你还是想计算它的描述性统计量，可以将其转换成一个离散型的数值变量）。我们可以将 O 转换成一个 describe()命令可以处理的类型，但这样做没有什么实际意义。举例来说，如果得出目标变量的均值是 0.5，那么这个统计量能够反映目标变量的什么信息呢？几乎没有。

很明显，这个数据集中的多数变量都具有正的偏斜度（你可以使用我们在第 3 章中建立的 skewness_type( )函数来再次确认一下，在这个函数的输出中会有很多"positive"字符串）。如果想得到更精确的偏斜度估计值，你可以对这些变量中的任意一个使用 skewness( )函数。对于第一个变量，代码如下：

```
In[6]: println(skewness(I[:,1]))
```

使用另一个函数 summarystats()也可以得到与 describe()同样的信息，唯一区别就是 summarystats()会生成一个对象，将所有信息都保存在里面（这个对象是 SummaryStats 类型，如果你想知道的话）。如果你想引用某个变量的某种统计结果，这个函数就非常适合。例如，假如你想使用输入数据中第一个变量的均值，可以使用如下代码：

```
In[7]: summarystats(I[:,1]).mean
```

请注意，summarystats()只支持数组结构，所以如果你想在一个 DataArray 上使用这个函数，就必须先使用下面的通用命令将其转换为数组：

```
convert(Array, DataFrameName[:VariableName])
```

通过上面的操作，我们得到了很多新数据，不免有些杂乱。如果一个资深数据科学家看到这种情况，免不了要做些标准化工作。但是，这不应该影响我们的探索过程。这些描述性统计量只是些数值变量，比如相关性矩阵中的那些变量，根本不会影响到最初那些要探索的变量。

7.2.2　变量之间的相关性

那句著名的格言"大道至简"在数据科学中也同样适用，特别是对于数据集。这是因为数据集中经常存在冗余的特征。除去冗余特征的一种最常用的方法就是考虑数据集中变量之间的关系。要想做到这一点，我们需要计算相关性。

皮尔逊相关性 r（亦称皮尔逊相关系数 ρ）是迄今为止最常用的测量相关性的工具。尽管在 Julia 中实现非常简单，我们还是再看一下实现的方式。如果你想获得更多信息，你可以查看一下这个很棒的页面，这里面介绍得非常深入彻底：http://bit.ly/29to3US。下面是具体的实现方式：

```
cor(x,y)
```

这里的 x 和 y 是具有同样维度的数组。

```
cor(X)
```

这里的 X 是整个数据集（Array{T, 2}, where T <: Number）。

所以，在我们的例子中，对输入数据应用 cor( )会得到如下的结果：[1]

`In[8]: C = cor(I)`

你也可以使用 print(cor(I))命令将结果打印在控制台中，但这样的输出就不是很容易理解了。尽管皮尔逊相关性应用非常广泛，但还是有许多需要改进之处（除非你要处理的数据非常完备，并且非常近似于某种分布）。最大的问题是它非常容易受到数据集中离群点的影响，另外它也不太适合处理对数数据。

皮尔逊相关性的优点是计算速度非常快，但我们应该更注重它的内在意义，而不应只关注表面上的速度，除非你是个数学家（皮尔逊相关性与其他方式相比，更像是一种指导性原则）。现在已经有了皮尔逊相关性的几种替代方式，可以不受数据分布的影响，如下所示。

● 斯皮尔曼秩相关系数（Spearman's rank correlation）：可以使用 corspearman(x, y)命令实现。如想获得更多信息，可以访问这个网站：http://bit.ly/29mcSwn。

● 肯德尔秩相关系数（Kandell's tau rank correlation）：可以使用 corkendall(x, y)命令实现。如想获得更多信息，可以访问这个网站：http://29pJztd。

如果你发现成对的变量彼此之间高度相关（比如变量 1 和变量 2，变量 3 和变量 4，变量 4 和变量 5，等等），那么应该对这些变量给予特别的关注，因为你可能会从每对变量中删除一个。一般来说，如果相关性的绝对值大于等于 0.7，就认为是高度相关。

所有这些相关性的测量方式都是应用于连续型变量的。至于名义变量，我们必须使用一种完全不同的测量方式（需要将每个变量转换为二值变量）。常用的测量方式有相似度指数（Similarity Index）或简单匹配系数（Simple Matching Coefficient），参见 http://bit.ly/29nneL9。还有杰卡德相似度（Jaccard Similarity）或杰卡德系数（Jaccard Coefficient），参见 http://bit.ly/29n41vH。杰卡德系数特别适合于具有不平衡分类的数据集。

---

[1] 原文中只有一个命令，没有输出结果。——译者注

7.2.3　两个变量之间的可比性

让我们暂停一下数据探索工作，学习一点理论知识，来帮助我们更加明智地选择比较两个变量的方法。因为两个变量都在同一个数组中，所以 Julia 很容易使用它们进行数学计算，但这并不一定意味着可以随意使用这两个变量。如果你想将这两个变量组合成一个特征，或者使用它们进行一些统计检验，就更应该注意这一点。那么，两个变量应该如何互相比较呢？我们总结了如下几种可能性。

- 两个变量具有（或轻微）不同的类型，例如，Float64 和 Int64。在这种情况下，你不能直接比较它们，但可以通过绘制统计图的方式来比较它们。
- 两个变量具有同样的数值类型，但具有明显不同的方差。在这种情况下，你可以比较它们，也可以创建各种包含它们的统计图，但是你不能使用它们进行统计检验。还有，也不应该删除其中任何一个，即使这两个变量很相似（即彼此高度相关）。
- 两个变量具有同样的数值类型，而且具有基本相同的方差。在这种情况下，两个变量的相似程度是最高的。除了可以对它们进行一般的数据整理和绘图操作之外，还可以使用它们进行各种统计检验。
- 两个变量都是分类变量。在这种情况下，我们还是可以对它们进行比较，不管它们的取值如何。这时你可以使用更加专业的技术，比如卡方检验。

以上的理论不能直接应用于数据集，但是学习并牢记这些理论是非常有用处的，可以使你具有更强的辨别能力。

7.3　绘制统计图

绘制统计图在数据探索过程中是不可或缺的，主要原因就是统计图非常直观，各种信息一目了然。此外，统计图还可以帮助你对数据有更深入的了解，还非常适合对工作进行总结（例如，非常适合汇报时使用）。在 Julia 中，有很多方法可以创建统计图，最常用的方法是使用 Gadfly 扩展包。其他方法包括崭露头角的 Plotly 可视化平台（http://bit.ly/29MRdKD），Python 中的可视化包 Bokeh，以及 Julia 团队开发的另外两种工具：Winston（http://bit.ly/29GCtOM）和 Vega （http://bit.ly/2a8MoRh）。如果你熟练掌握了 Gadfly，我建议你在闲暇之余研究一下其他几种绘图方式。

在使用统计图时，没有一定之规。只要你能描绘出想表达的意思，可以使用任意形式的统计图。当然，有些统计图要比其他统计图更适合某种特定的情境，但需要你在数据探索领域获得更多经验后，才能理解这个问题。一般来说，你需要为统计图命名（通常写在标题中）并将其保存为可打印的形式（一般为.png，.gif，或.jpg 文件，.pdf 文件也是一种选择）。

7.3.1 图形语法

在创建图形时，我们应该知道这一点，在大多数软件中，建立图形的过程是非常标准化的。这种创建图形的标准是由 Leland Wilkinson 提出的，并在他的著作《The Grammar of Graphics》（1999 and 2005）中进行了详细阐述。Gadfly 遵循了这种标准，所以我们详细地介绍一下。

基本上，一张统计图可以看作是一个对象集合，其中的对象用来描述统计图想要表示的数据。每种对象都代表一个图层，在创建统计图的函数内定义（当然，用来创建统计图的数据也是一个图层）。这些图层包括以下几种。

- 图形属性映射（guide）。
- 几何对象。
- 统计变换。
- 位置调整（scale）。
- 数据。

你可以在后面几个小节的示例中，通过与其相对应的对象试着识别出这些图层。

7.3.2 为可视化准备数据

在开始绘制统计图之前，我们需要对数据进行格式化，并将它们放在数据框中，因为 Gadfly 对数组支持得不是很好。为了绘图方便，最好创建一个变量名称列表，这样既可以更容易地引用变量，也可以更好地理解变量：

```
In[9]: varnames = ["fLength", "fWidth", "fSize", "fConc", "fConc1",
    "fAsym", "fM3Long", "fM3Trans","fAlpha", "fDist", "class"]
```

然后，重新载入数据，将新变量名称与数据框中的变量绑定。

```
In[10]: df = readtable("magic04.csv", header = false)          #1
    old_names = names(df)
    new_names = [symbol(varnames[i]) for i = 1:length(varnames)]   #2
    for i = 1:length(old_names)
     rename!(df, old_names[i], new_names[i])                    #3
    end
#1 obtain the data from the .csv file and put it in a data frame
    called df
#2 create an array containing the symbol equivalent of the
    variable names (from the array varnames)
#3 change the names of the data frame df to the newer ones in
    the array new_names
```

7.3.3　箱线图

箱线图可以简单直观地描述出每个变量的分布的主要特征。尽管 Gadfly 是支持箱线图的，但是在 Julia 现在的版本中却不起作用。我们建议你在这个问题解决之后，再来学习一下这部分内容，可以访问这个网页：http://bit.ly/29gH9cE。

7.3.4　条形图

与名字的意义相反，条形图很少出现在酒吧中[①]。这种统计图多用于分类问题，可以用来比较离散变量中的各个值，或者某个变量在不同类别之间的某种统计量（例如，均值，方差）。在我们的例子中，通过条形图可以明显看出数据集是不平衡的，因为类别 h 中的实例要多出近 6000 个，如图 7.1 所示。

如果你想创建这种统计图，Julia 可以通过使用下面的 Gadfly 函数实现：

```
In[11]: plot(df, x = "class", Geom.bar, Guide.ylabel("count"),
    Guide.title("Class distribution for Magic dataset"))
```

尽管参数 Guide.X 是可选的，但因为它们可以使统计图更容易理解，所以对读者还是有好处的。

---

① 条形图的英文是 bar plot，bar 也有酒吧的意思。——译者注

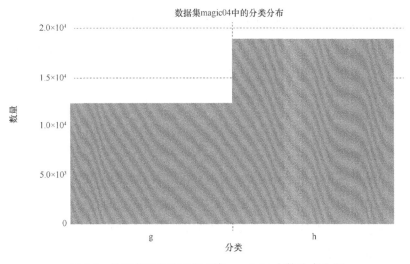

图 7.1 使用条形图表示数据集 magic04 中的分类分布

7.3.5 折线图

折线图与条形图很相似，唯一的区别是折线图中的数据点是依次连接起来的，而不是像条形图那样分布在 x 轴上。折线图适用的情况与条形图基本一样，在数据探索过程中很少使用折线图。尽管如此，折线图非常适合表示时间序列数据。下面是使用折线图表示 magic04 数据集中的分类的示例，如图 7.2 所示。

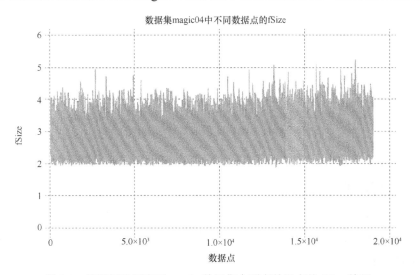

图 7.2 使用折线图表示 magic 数据集中所有数据点的 fSize 特征

你可以使用下面的代码片段来自己创建这张折线图:

```
In[12]: plot(df, y = "fSize", Geom.line, Guide.xlabel("data
         point"), Guide.ylabel("fSize"), Guide.title("fSize of various
         data points in Magic dataset"))
```

7.3.6 散点图

1. 基本散点图

散点图是最常用的统计图之一,因为它可以表示出两个变量之间的潜在关系。在建立变量之间的联系和为目标变量找出合适的预测变量时(特别是在回归问题中,目标变量是连续型的时候),散点图特别有用。在散点图中,并不总能看出明确的模式,图 7.3 所示给出了一种散点图的常见形式。

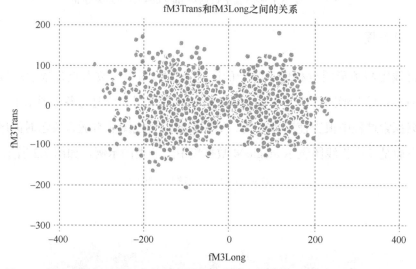

图 7.3 第 7 个特征与第 8 个特征之间的散点图。很明显,fM3Long 和 fM3Trans 这两个特征之间的关系很弱(如果有的话)

从这张统计图中,我们可以明显看出两个变量之间没有真正的关系。如果图中的点的分布更像是一条直线或一条曲线,那么变量之间可能存在某种依赖性。在这张散点图中,实际上不存在依赖性,所以在预测模型时,最好将这两个变量作为独立变量。在相关性分析中(不论使用何种相关性测量方式),我们可以找到更多的证据来支持这个结论。

你可以使用下面的代码，为数据集中的两个变量创建散点图，就像图 7.4 中所示那样：

```
In[13]: plot(x = df[:fM3Long], y = df[:fM3Trans], Geom.point,
    Guide.xlabel("fM3Long"), Guide.ylabel("fM3Trans"),
    Guide.title("Relationship between fM3Trans & fM3Long"))
```

2. 使用 t-SNE 算法的输出结果制作散点图

t-NSE 是一种简单而有效的算法，由荷兰科学家 Laurens van der Maaten 开发，在数据科学的书籍和教程中，很少有人提到这种算法，这不得不说是一件很奇怪的事情。这种算法多用于像 Elavon（美国银行）和微软这样的大公司的数据探索过程中。Van der Maaten 教授的团队已经在多数编程平台中实现了这种算法，其中也包括 Julia，所以我们没有任何借口不介绍一下这种算法。你可以在这个网址找到最新的算法扩展包：http://bit.ly/29pKZUB。如果想安装这个扩展包，可以使用下面的命令在你的计算机上克隆一份，因为它还不是官方扩展包：

```
In[14]: Pkg.clone("git://github.com/lejon/TSne.jl.git")
```

简而言之，t-SNE 是一种将多维特征空间降维到 1、2、3 维空间的映射方法。通过这种方法，我们可以对数据绘制统计图，而不用担心在绘图过程中扭曲数据集的几何结构。

这种算法在 2008 年通过一些论文被首次引入科学界，其中最重要的论文发表在机器学习杂志（Journal of Machine Learning）上，可以通过这个网址阅读 http://bit.ly/29jRt4m。如果你想获得这项技术的更简单一些的介绍，可以查看一下 Van der Maaten 教授在 YouTube 上关于这项算法的演讲：http://bit.ly/28KxtZK。

对于我们的数据集，通过这种算法可以得到与图 7.4 中所示的图相似的统计图（我们说"相似"，是因为每次运行算法的结果都会有些差异，因为算法的随机性本质）。通过检查统计图，我们可以对其中的数据点与两个分类之间的关系有一个更加清楚的认识。

从这个统计图中，我们可以明显看出两个分类之间有相当大的一部分重叠，这使得分类任务更具挑战性。h 类在特征空间的某些部分差不多是独立的，但大部分的 g 和 h 是交错在一起的。因此，如果想使这个数据集的分类更加精确，我们就必须使用更加精巧的算法。

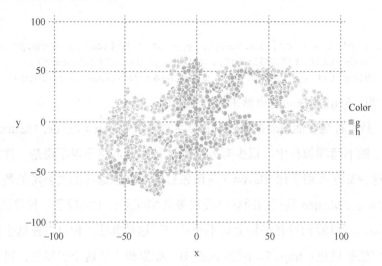

图 7.4   在 magic 数据集上使用 t-SNE 算法，基于算法结果得到的散点图。
你可以在这个网址看到这个统计图的全彩色版本 http://bit.ly/1LW2swW

尽管这种方法设计得非常巧妙，但它的 Julia 实现的文档却还很不完整。你可以
按照下面的步骤使用这种算法，不用仔细研究它的源代码去搞清楚具体的实现方式。

（1）使用均值与标准差方法对数据集进行标准化。

（2）使用 tsne() 将 tSNE 扩展包加载到内存中。

（3）运行主函数：Y = tsne(X, n, N, ni, p)，这里的 X 是标准化后的数据集，n
是你想降低到的维度数（通常为 2），N 是初始的维度数，ni 是算法的迭代次数（缺
省值为 1000），p 是困惑度参数（缺省值为 30）。

（4）输出结果：

```
In[14]: labels = [string(label) for label in O[1:length(O)]]
In[15]: plot(x = Y[:,1], y = Y[:,2], color = labels)
```

如果你不确定使用哪些参数，那么使用缺省的参数就可以了，你需要指定的
只有数据集和降维之后的维度。还有，对于更大的数据集（就像例子中的数据集），
应该进行随机抽样，因为 t-SNE 方法是非常消耗资源的，处理整个数据集会消耗
大量的时间（如果运行过程中内存没有溢出的话）。如果我们在 magic 数据集上使
用 t-SNE 算法，设定 n = 2，其他参数都使用缺省值，我们可以使用下面的代码：

```
In[16]: using TSne
In[17]: include("normalize.jl")
In[18]: include("sample.jl")
In[19]: X = normalize(X, "stat")
In[20]: X, O = sample(X, O, 2000)
In[21]: Y = tsne(X, 2)
In[22]: plot(x = Y[:,1], y = Y[:,2], color = O)
```

在这个例子中，标号（向量 O）已经是字符串形式了，所以不用创建标号变量。还有，对于这种规模的数据集，t-SNE 转换是需要一些时间的（tsne()函数没有使用并行化技术）。这就是我们要在这个例子中使用规模较小的抽样数据的原因。

散点图用处很大，特别是对于具有离散型目标变量的分类问题。对于其他类型的问题，比如回归问题，可以将目标变量作为统计图中的一个描述变量（一般为 y 或 z），这样就可以使用散点图了。此外，最好事先对变量进行一下标准化处理，否则容易得出关于数据集的错误结论。

7.3.7　直方图

直方图是迄今为止对于数据探索用处最大的统计图。原因很简单：直方图可以让你看到变量的值在取值范围内是如何分布的，从而使你对变量服从的分布（如果确实有某种模式的话）有一个良好的感觉。正态分布虽然非常有用，但实在是太不常见了，所以人们创建了很多其他分布来描述观测到的数据。使用 Julia 你可以创建出很多有趣的统计图来描述数据分布信息，如图 7.5 所示。

在 Julia 中，你可以使用下面的代码创建类似的直方图：

```
In[23]: p = plot(x = df[:fAlpha], Geom.histogram,
    Guide.xlabel("fAplha"), Guide.ylabel("frequency"))
```

如果你想创建一个更粗糙一些的直方图，比如 20 个分箱，你可以加上 bincount 参数，这个参数的默认值一般比较大：

```
In[24]: p = plot(x = df[:fAlpha], Geom.histogram(bincount = 20),
    Guide.xlabel("fAplha"), Guide.ylabel("frequency"))
```

从这两个直方图中，我们可以看出 fAlpha 变量很可能服从幂律分布，所以对于较小的值来说，它会有比较大的偏差（为了确定它服从幂律分布，我们需要进行一些其他检验，但这已经超出了本书范围）。

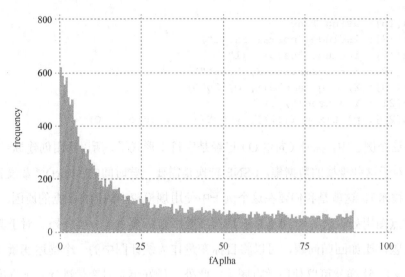

图 7.5 描述特征 9（fAlpha）的直方图。很明显这个特征的分布与正态分布毫无相似之处

7.3.8 导出统计图到文件

我们可以使用 Cairo 扩展包将统计图导出为图形文件或 PDF 文件。这是一个基于 C 的扩展包，可以处理统计图对象并将其转换为三种类型的文件：PNG、PDF 和 PS。（Cairo 在 Julia 的早期版本中会有一些问题）例如，使用下面的代码，我们可以将一个简单的统计图 myplot 转换成高质量的.png 文件和.pdf 文件：

```
myplot = plot(x = [1,2,3,4,5], y = [2,3.5,7,7.5,10])
draw(PNG("myplot.png", 5inch, 2.5inch), myplot)
draw(PDF("myplot.png", 10cm, 5cm), myplot)
```

使用 Cairo 导出统计图的一般形式如下：

```
draw(F("filename.ext", dimX, dimY), PlotObject)
```

在这行代码中，F 是文件导出器函数：PNG、PDF 或 PS，filename.ext 是想要导出的图形文件名。dimX 和 dimY 分别是统计图在 x 轴和 y 轴上的长度。如果没有定义单位，Julia 会假定单位为像素，但是我们还是应该指定一个测量单位，比如英寸或厘米，只要加上相应的后缀就可以了。最后，PlotObject 是想导出的统计图对象的名称。

或者，如果你在 REPL 中运行了绘图代码，那么你可以在浏览器中保存生成的图形，这时图形是嵌入在.html 文件中的。这种文件在体积上要比.png 文件大，但在质量上是无损的（因为每次加载网页都会重新生成统计图），而且还可以像在 Julia 环境中使用 Gadfly 绘图一样，具有放缩和滚动功能。实际上，本章中所有的统计图都是在 REPL 中生成的，由此你可以看出浏览器生成的统计图的质量。

7.4 假设检验

假设你是一位数据科学家，你对从数据（即你特别关注的某些变量）中得到的某种模式进行了一些假设，现在你想检验一下这些假设是否为"真"。你发现销售变量在一周的某些天中是有明显差别的，但你不确定这个发现是否反映了真实情况，或者只是偶然现象。那么，在不浪费管理者的宝贵时间和自己的昂贵资源的情况下，你该如何确定这一点呢？答案就是，我们要使用假设检验。

7.4.1 检验的基础知识

为了充分发挥假设检验的强大威力，我们先来快速地复习一下假设检验理论。假设检验是科学研究的一种基本工具，能够以一种客观的方式对假设做出评价。你可以使用它来评估一下，如果你使用假设来挑战"现状"的话，会有多大可能是错的。接受现状的假设通常被称为原假设，用 H0 来表示。提出的另外一种假设被称为备择假设，用 H1 来表示。

如果你能使别人确信，H1 为真的可能性比 H0 更大，那么你使别人确信的程度越高，你的假设检验就越有意义（因此，你的结果就越有意义）。当然，你不可能 100%地确定 H1 绝对为"真"，因为 H0 总是在某种情况下存在的。你的备择假设总是有机会被一些间接证据所支持（就是说，你总有运气成分）。因为科学研究中是不考虑运气因素的，所以必须将由于偶然性而导致结果的机会降低到最小。

这种机会可以用 alpha（α）来量化，它表示备择假设没有发生的概率。自然地，alpha 也非常适合用来表示显著性，也就是检验的最主要的意义。与最常用的显著性水平对应的 alpha 值是 0.05、0.01 和 0.001。举例来说，$\alpha= 0.01$ 的显著性水平表示相对于原假设，你有 99%的把握认为备择假设为真。很明显，alpha 值越小，检验就越严格，因此检验结果就越显著。

7.4.2 错误类型

在假设检验中，可能会发生两类错误。

- 在 H1 不为"真"的情况下接受 H1。这也被称为假阳性（false positive，FP）。足够小的阿尔法值可以防止你犯这类错误。这类错误经常被称为第一类错误。
- 在 H1 为"真"的情况下拒绝 H1。这也被称为假阴性（false negative，FN）。出现这种错误经常是由于使用了过于严格的显著性阈值。这种错误经常被称为第二类错误。

当然，你应该将发生这两种错误的机会都降低到最小，但有时候这是不可能的。要根据实际问题确定哪类错误影响更大，所以在进行假设检验时要时刻注意这两种错误。

7.4.3 灵敏度与特异度

灵敏度是预测正确的 H1 数量与实际的 H1 总数量的比率。特异度是预测正确的非 H1 数量与实际的非 H1 总数量的比率。在实际问题中，这两种测量方式是可以计算的变量。这两个变量不能取任意值，因为它们不能大于 1 或者小于 0。这种情况经常被表述为"取值位于"一个给定的区间。我们在表 7.1 中列出了测试结果中与灵敏度和特异度相关的 4 种不同情况。

表 7.1　　　　　　　　　　灵敏度、特异度和相应的测试结果之间的关系

测试结果	灵敏度与特异度
真阳性的结果（预测正确的 H1）	灵敏度
假阴性的结果（预测错误的 H1）	1-灵敏度
真阴性的结果（预测正确的 H0）	特异度
假阳性的结果（预测错误的 H0）	1-特异度

在第 9 章中讨论分类问题的性能度量方式时，我们会继续介绍灵敏度与特异度。

7.4.4 显著性水平与检验力

对于检验结果的重要性，这两个概念基本上不能提供什么信息，但它们有助

于理解检验结果的价值。检验结果的重要性不是统计学概念能够说明的，因为它取决于你能为客户带来多少价值。

如前所述，显著性水平表示检验结果重要的程度，它表明了检验结果不是由于幸运或机缘凑巧得到的。它使用 alpha 作为量度，alpha 值越小，结果越好。所以，如果你的检验得到的 p 值（纯粹由于偶然而得到这个结果的概率）非常小（小于一个预设的 alpha 阈值，比如 0.01），那么你的检验结果在统计上就是显著的，就值得进行更加深入的研究。你可以将显著性水平看作是发生第一类错误的概率。

同样地，你可以认为检验力就是一个检验得到良性结果的概率，不论是真阳性还是假阳性。基本上，检验力就是不发生第二类错误的概率。当然，你肯定希望检验具有较小的显著性水平和较高的检验力。

7.4.5 KRUSKAL-WALLIS 检验

Kruskal-Wallis（K-W）检验是一种非常有用的统计检验，它检查因子变量的水平，看看相应的连续型变量的中位数是否相同，或者至少有两个是有显著差异的。这种检验特别适合于目标变量是名义变量的情况，比如 magic 数据集，更具体地说，它适用于目标变量具有几个不同的值（至少 3 个）的情况。

通常，你可以使用 HypothesisTests 扩展包中的以下函数进行 K-W 检验：

```
KruskalWallisTest{T<:Real}(g::AbstractVector(T))
```

这里的 g 是一个一维数组（或抽象向量），其中包含了要进行测试的一组连续变量。

你可以学习一下由北亚利桑那大学创建的文档，获取更多关于 K-W 检验的知识，网址为 http://bit.ly/28OtqhE。如果你想深入钻研一下，我们推荐你看一下 J.H.McDonald 教授的关于生物统计学的优秀网站，地址为 http://bit.ly/28MjuAK。

7.4.6 T-检验

t-检验是最常用的假设检验技术之一。这种统计检验可以使你对两种样本（来自于同一个变量）进行比较，来确定它们是否真的像看上去那样具有差异。这种检验的一个主要优点是可以处理各种类型的分布，并且易于使用（相比于其他一

些必须具有一定统计学训练才能进行的统计检验）。t-检验之所以是一种最常用的
检验方式，特别是对于连续型变量，这就是原因之一。

我们考虑一下同一个变量 sales 的两个样本，这个变量我们在本节开头作为假
设案例提到过。我们可以在图 7.6 所示中绘制出它们的分布。我们不需画得多么
细致，因为对它们的分布没有进行任何假设，只要数据点多于 30 个就可以了。统
计图本身还是没能回答我们的问题：两个不同日期之间的销售额差异，可以作为
一个信号，还是仅仅是噪声——由于偶然性而造成的随机波动？

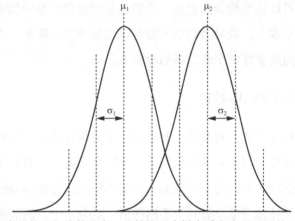

图 7.6　给定变量的两组值的分布。尽管这两个样本看上去是不同的（均值不同），
但只有通过统计检验才能确定，比如 t-检验

幸运的是，t-检验可以给出这个问题的答案，并同时带有答案可能不正确的
概率（alpha 值）。Julia 可以使用下面的方式进行 t-检验，具体使用哪种方式取决
于两个分布是否具有同样的方差：

```
pvalue(EqualVarianceTTest(x, y))
pvalue(UnequalVarianceTTest(x, y))
```

这里的 x 和 y 是一维数组，其中分别包含着问题中的两个数据样本。

当然，我们可以用无数种方式划分数据。一种比较有意义的划分原则是按照
分类变量来划分数据。通过这种方式，我们可以关注一个特定的连续型特征，看
看它在用于分类 g 中的数据点上时，与用于分类 h 中的数据点时相比是否具有差
异。在进行检验之前，我们需要将数据划分为这样的两组，然后比较它们的方差。
在这个例子中，我们关注一下第 10 个特征（fDist），但对数据集中的其他特征也

可以应用同样的方法。

```
In[25]: ind1 = findin(df[:class], ["g"])
In[26]: ind2 = findin(df[:class], ["h"])
In[27]: x_g = df[:fDist][ind1]
In[28]: x_h = df[:fDist][ind2]
In[29]: v_g = var(x_g)
In[30]: v_h = var(x_h)
```

很明显，两个样本的方差是不同的，第二个样本的方差大约比第一个样本高36%。所以我们应该使用 t-检验的第二种变体，即两个分布的方差不相同的情况：

```
In[31]: pvalue(UnequalVarianceTTest(x_g, x_h))
```

Julia 返回的结果是一个特别小的数（~7.831e-18），这说明了两个样本之间均值的差异是由于偶然性而造成的概率是特别小的。不用多说，在显著性方面，我们不用考虑如何选择 alpha 值了（alpha 可以选择 0.001 那么小的值，但基本不会更小）。换句话说，你连续三次被闪电劈中的概率都要大于这个特征的均值仅由于偶然性才发生差异的概率（按照国家闪电安全协会的数字，在美国，被闪电击中的概率大概是 1/280000，或者 0.00035%）。这个结论的意义就是，这个特征是一个非常好的预测变量，应该包括在分类模型中。

7.4.7 卡方检验

卡方检验是对于离散型变量最常用的一种统计检验。它不但简单易行，还有很深刻的数学意义（幸运的是，你不需要成为数学家就能使用这种检验）。除去其中复杂的数学部分，卡方检验回答了一个相对简单的问题：不同分箱之中的数量符合预期吗？换句话说，在相应的分布中，是否存在某种不平衡性，可以表示出两个离散型变量之间的关系？尽管有时可以凭直觉回答这个问题（特别是当答案非常正面的时候），但不经过大量计算，还是难以确定那些似是而非的情况。幸运的是，Julia 通过 StatsBase 扩展包中的以下函数，为你解决了所有数学问题：

```
ChisqTest(x, y)
```

这里的 x 和 y 分别是一个两变量列联表中的行与列。或者，你也可以将整个表作为一个变量 X 传给 Julia，这种方法在处理更复杂的问题时特别有用，这时每个变量都有 3 个或者更多取值。

```
ChisqTest(X)
```

因为我们的数据集中没有离散型变量，为了演示的目的，我们基于 fLength 这个特征造出一个离散型变量。具体来说，我们将这个特征划分到三个箱子中：高、中和低，划分使用的阈值可以任选。高值箱中可以包括那些取值大于等于μ+σ的数据点；低值箱中可以包括那些取值小于等于μ-σ的数据点；其余的数据点都分配到中值箱中。

我们可以将这个分箱操作当成是一个数据整理的练习。使用.>=和.<=运算符来在数组中执行逻辑比较，并结合 intersect()函数来找出两个数组中的一般元素。通过一些简单的逻辑操作，我们得到了以下的列联表，如表 7.2 所示。

表 7.2　表示 fLength 特征中 "低" "中" "高" 三个值的计数的列联表，按照 class 变量分类

class / fLength	低	中	高	总计
G	0	11747	585	12332
H	34	4778	1876	6688
Total	34	16525	2461	19020

基于以上数据（假设保存在二维数组 C 中，包括表格中前 2 行和前 3 列中的值），我们可以按照如下方式进行卡方检验：

```
In[32]: ChisqTest(C)
```

Julia 会生成一大堆与测试相关的信息，看似有趣但实际无用。你需要注意的只是深藏在测试报告中的摘要部分：

```
Out[32]: Test summary:
    outcome with 95% confidence: reject h_0
    two-sided p-value:     0.0 (extremely significant)
```

很明显，这些计数仅是由于偶然性而得到的可能基本不存在，所以我们可以非常安全地拒绝原假设（在 Julia 中用 h_0 来表示），并可以得出以下结论，即在 fLength 和 class 这两个变量之间存在着显著的联系。这也意味着我们应该在模型中包括这个变量（或者用来创建这个变量的初始特征）。

卡方检验的结果并不是一直这么清楚明了。在这种情况下，你应该事先确定好显著性阈值，然后再用测试的 p 值与之进行比较。如果 p 值小于阈值，你就可

以拒绝原假设，继续进行下面的工作了。

7.5　其他检验

除了上面提到的检验之外，在 HypothesisTests 扩展包中还提供了其他几种检验方法。如果你有数学背景，并想发掘更多使用 Julia 进行统计分析的方法，那么这些方法应该对你很有吸引力。这个扩展包的文档非常好，我们希望你能研究一下，并且实际操作一下你感兴趣的检验。你可以在一些有名的统计网站上找到更多的关于各种统计测试的信息，比如 http://stattrek.com。

7.6　统计检验附加说明

统计检验领域博大精深，我们不可能一一介绍。自从这个领域开创以来，已经取得了丰硕的研究成果。随着大数据的兴起，这项技术变得更有价值，并继续得到了长足的发展。本章中介绍的检验技术应该可以解决大多数数据集的检验问题。请记住，对于一个特定的问题，没有十全十美的解决方案，在得到结论之前，对数据试着进行若干种统计检验也不是什么罕见的情况。而且，检验的结果与其说是严格的规则，还不如说是一种指导原则。一对变量可能通过了某种检验，但却通不过其他检验，这也是很常见的，所以统计检验肯定不能代替人们的判断。相反，对于从数据中提取知识来支持你的直觉判断，统计检验是一种非常有用的工具。

7.7　案例研究：探索 OnlineNewsPopularity 数据集

在本节中，我们将在另一个数据集上从头至尾地将前面介绍的工具都练习一遍。我们先回到前面提到过的 OnlineNewsPopularity 数据集，这是一个典型的回归问题。在第 2 章中，我们已经知道，这个问题的目标是基于相应文章的几种特性，预测各种在线新闻的分享次数。这对于文章作者是非常重要的，因为他们想使社交媒体的影响最大化。首先，我们将数据集加载到数据框中，这样可以更加直观地使用其中的变量（在这个案例中，这些变量已经在 .csv 文件中用作列标题了。）：

```
In[33]: df = readtable("OnlineNewsPopularity.csv", header = true)
```

简单地检查一下这个数据框，很明显第一个变量（url）只是一个标识符，所以它在我们的模型中没有什么用处，在这次数据探索的其他环节中也没什么用。

7.7.1 变量统计

现在，我们来对数据集进行各种描述性统计，包括目标变量：

```
In[34]: Z = names(df)[2:end]     #1
In[35]: for z in Z
        X = convert(Array, df[symbol(z)]);
        println(z, "\t", summarystats(X))
        end
#1 Exclude the first column of the data frame (url) as it is both
   non-numeric and irrelevant
```

由上可知，各个变量的值可以说是杂乱无章，所以，像前一章中做的那样，我们要对变量进行标准化：

```
In[36]: for z in Z
        X = df[symbol(z)]
        Y = (X - mean(X)) / std(X) #1
        df[symbol(z)] = Y
        end
#1 This is equivalent to normalize(X, "stat"), which we saw
   earlier.
```

除了标准化，对变量不需再做什么处理了。我们需要注意的是，有些变量是二值变量，尽管在数据框中是浮点数的形式。对这些特征，我们不需要进行标准化，因为它们已经与其他（标准化后的）特征具有同样的规模了。这样做不会有什么不良后果。

在进行可视化之前，我们先来看看各个变量与目标变量之间的相关性：

```
In[37]: n = length(Z)
In[38]: C = Array(Any, n, 2)
In[39]: for i = 1:n
            X = df[symbol(Z[i])]
            C[i,1] = Z[i][2:end]
            C[i,2] = cor(X, df[:shares])
        end
```

上面的代码会生成一个二维数组，其中包含着各个变量的名称和它们与目标变量（share）之间的相关系数。很明显，相关性都比较弱，这意味着我们需要多加把劲儿，才能为这个数据集建立一个还不错的预测模型。

7.7.2 可视化

统计上的结果还可以，但每个特征都是什么样的？它们与目标变量的关系是什么样的？我们通过以下的代码来找到答案：

```
In[40]: for i = 1:n
    plot(x = df[symbol(Z[i])], Geom.histogram,
      Guide.xlabel(string(Z[i])), Guide.ylabel("frequency"))
    plot(x = df[symbol(Z[i])], y = df[:shares], Geom.point,
      Guide.xlabel(string(Z[i])), Guide.ylabel("shares"))
    end
```

代码的结果是一系列直方图，以及与目标变量之间的散点图，图 7.7 展示了其中的一部分：

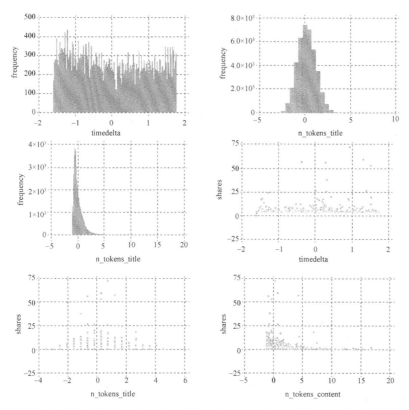

图 7.8　前 3 个变量的直方图，以及它们与目标变量之间的散点图

从直方图中可以看出，尽管我们从中能获取到一些信息，但大多数特征都与目标变量没有特别强的关系。这也验证了上一段中我们计算出的相关性（弱相关）。

7.7.3 假设

很明显，我们在前面讨论过的传统假设检验方法在这里是不适用的，因为没有离散型的目标变量。但是，仔细想一下，绕过服从某种分布这个前提假定的话，我们还是可以使用 t-检验的。我们可以将目标变量划分为两个部分（高值和低值），然后看看对于每个变量来说，相应的各组之间的目标变量值是否有显著的差异。

这种方法与相关系数法很相似，但是更加强壮，因为不寻求一种线性关系（相关系数会指明线性关系）。这种方法的突出优点是只努力找出每个变量中的潜在信息，而不涉及更加复杂的情况（要搞清楚更深层次的复杂性，需要使用 ANOVA 和 MANOVA 模型，这已经超出了数据探索的范围）。所以，我们使用 HypothesisTests 扩展包，通过代码清单 7.1 中的代码看看能不能从数据集中找出一些有用的东西：

代码清单 7.1 在 OnlineNewsPopularity 数据集上执行 t-检验的代码片段

```
In[41]: a = 0.01                                          #1
In[42]: N = length(Y)
In[43]: mY = mean(Y)
In[44]: ind1 = (1:N)[Y .>= mY]
In[45]: ind2 = (1:N)[Y .< mY]
In[46]: A = Array(Any, 59, 4)
In[47]: for i = 1:59
        X = convert(Array, df[symbol(Z[i])])
        X_high = X[ind1]
        X_low = X[ind2]
        var_high = var(X_high)
        var_low = var(X_low)
        if abs(2(var_high - var_low)/(var_high + var_low)) <= 0.1 #2
           p = pvalue(EqualVarianceTTest(X_high,X_low))
        else
           p = pvalue(UnequalVarianceTTest(X_high,X_low))
        end
        A[i,:] = [i, Z[i], p, p < a]
```

```
      if p < a
         println([i, "\t", Z[i]]) #3
      end
   end
#1 Set the significance threshold (alpha value)
#2 Check to see if variances are within 10% of each other
   (approximately)
#3 Print variable number and name if it's statistically significant
```

显然，大多数变量（59 个变量中的 44 个）都可以精确预测目标变量是高还是低，确定性有 99%。所以，我们可以明确一点，从总体质量上来说，数据集中的变量还不错，它们只是没有表现出与目标变量具有线性关系。

7.7.4 奇妙的 T-SNE 方法

尽管 t-SNE 是设计用来对特征空间进行可视化的，并且主要针对分类问题，但经过一点小小的修改，我们也完全可以将它用在这个案例上。除了将数据集映射到二维或三维空间，我们还可以在一维空间中使用 t-SNE 方法。尽管这样做对于可视化完全没有什么用处，但我们还可以使用这种方法的输出与目标变量一起生成散点图，来检查一下二者之间是否存在某种类型的关系。如果你试着运行了代码清单 7.2 中的代码片段，就会理解得更加清楚。

代码清单 7.2 在 OnlineNewsPopularity 数据集上应用 t-SNE 方法的代码片段

```
In[48]: using("normalize.jl")
In[49]: X = convert(Array, df)
In[50]: Y = float64(X[:,end])
In[51]: X = float64(X[:,2:(end-1)])
In[52]: X = normalize(X, "stat")
In[53]: Y = normalize(Y, "stat")
In[54]: X, Y = sample(X, Y, 2000)
In[55]: X1 = tsne(X, 1)
In[56]: plot(x = X1[ind], y = Y[ind], Geom.point)
```

这段代码生成了一个高度压缩的数据集（X1），将整个标准化后的数据集概括为了一个特征，然后为这个特征与目标变量（这里用 Y 表示）绘制了一幅散点图。最终结果如图 7.8 所示。尽管输入变量（X1）与目标变量之间的联系很弱，但显然较小的 X1 值通常会导致稍高的 Y 值。

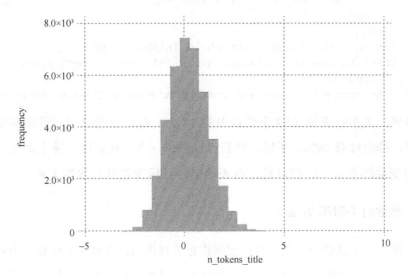

图 7.8　使用 T-SNE 方法降维之后的数据集与目标变量之间的散点图

7.7.5　结论

基于以上所有对 OnlineNewsPopularity 数据集的探索性分析，我们可以得出以下合理的结论。

- 多数变量的分布是平衡的。
- 对变量进行标准化是必要的。
- 每个输入变量和目标变量之间存在着微弱的线性关系。
- 数据集中的输入变量可以预测目标变量的值属于高的区间还是低的区间，预测结果在统计上是显著的（α=0.01）。
- 使用基于 t-SNE 方法的散点图，我们可以看出，所有输入变量整体上与目标变量成反比（尽管非常微弱）。

7.8　小结

- 数据探索包含很多不同的技术。其中最重要的是描述性统计（可以由 StatsBase 扩展包实现）、绘制统计图（Gadfly 扩展包）和假设形成与检验

（HypothesisTests 扩展包）。

描述性统计

- 使用 StatsBase 扩展包，你可以计算出变量 x 的一些最重要的描述性统计量，常用函数如下。
  - summarystats(x)：这个函数的优点是可以将统计结果保存在一个对象中，以供我们随后使用。
  - describe(x)：通过将统计结果显示在控制台中，这个函数可以使我们更好地理解变量。
- 使用下面任何一种函数，都可以计算出两个变量之间的相关性。
  - cor(x, y)：皮尔逊方法，适用于正态分布。
  - corspearman(x, y)：斯皮尔曼方法，适用于任何类型的分布。
  - corkendall(x, y)：肯德尔方法，同样适用于任何类型的分布。
- 如果想创建一个相关性表格，其中包含数据集中所有变量之间的相关性，可以使用上面任何一种相关性函数，并将整个数据集转换为数组，作为唯一的参数传递给它。

统计图

- 在 Julia 中，有好几种扩展包可以绘制统计图，其中最重要的是：Gadfly、Plotly、Bokeh、Winston 和 Vega。
- 在使用 Gadfly 创建可视化产品之前，最好将所有的变量保存在数据框中。
- 在所有的 Gadfly 统计图中，你可以在 plot() 函数中使用如下参数为统计图做标记。
  - Guide.xlabel("Name of your X axis")
  - Guide.ylabel("Name of your Y axis")
  - Guide.title("Name of your plot")
- 你可以使用 Gadfly 轻松地创建以下统计图。
  - 条形图：plot(DataFrameYouWishToUse,
    x = "IndependentVariable", Geom.bar)。

○ 折线图：plot(DataFrameYouWishToUse,
y = "DependentVariable", Geom.line)。

○ 散点图：plot(x = DataFrameName[:IndependentVariable],
y = DataFrameName[:DependentVariable], Geom.point)。

○ 直方图：plot(x = DataFrameName[:VariableName],
Geom.histogram)。

- 不管数据集的维度如何，你都可以使用 tSNE 扩展包中的 t-SNE 算法对整个数据集进行可视化。

- 你可以保存创建出的统计图，使用 Cairo 扩展包，可以将其保存在一个对象中。或者，你可以对统计图进行屏幕截图，也可以在 REPL 中运行命令，然后将其在浏览器中生成的结果保存为 HTML 文件。

假设检验

- 如果你对变量之间的关系有些猜想，假设检验就是检验这些猜想的可靠性的一种非常好的方法。可以使用 HypothesisTests 扩展包中的工具进行假设检验。最常用的假设检验方法如下。

○ t-检验：pvalue(EqualVarianceTTest(x, y))，或者对于变量具有不同方差的情况，pvalue(UnequalVarianceTTest (x, y))。

○ 卡方检验：ChisqTest(X)。

- 假设检验可以基于两种方式进行评价，每种方式都不能反映检验结果的价值。然而，它们可以表示出检验在科学上的有效性。这两种方式如下。

○ 显著性（alpha）：假设检验发生第一类错误的概率。显著性水平经常使用阈值来定义，对应的 alpha 值为 0.05（通常为最高值）、0.01 和 0.001（通常为最低值）。

○ 检验力：假设检验没有发生第二类错误的概率。检验力对应着假设检验得到正面结果（结果或者正确，或者不正确）的可能性。

- 除了 t-检验和卡方检验，你还可以使用其他若干种检验方法，这在 HypothesisTests 的文档中有详细的介绍。

7.9 思考题

1. 如果识别出数据集中的两个变量高度相关，那么应该采取什么操作？

2. 在假设检验中，满足什么条件，可以接受原假设？

3. 在一个分类问题中，在什么条件下，你可以使用相关性来表示一个特征与分类变量一致的程度？

4. 选择一个数据集进行探索，并记下所有有价值的发现。

5. 对于不规则分布的变量，可以进行 t-检验吗？

6. 假设我们有一个由 20 位患者的数据组成的医疗数据集。使用标准的检验方法，可以对其中的变量得出统计上显著的结论吗？为什么？

7. 要表示出数据集的特征空间，最好使用哪种统计图。

8. t-SNE 函数的主要用途是什么？

第 8 章

构建数据空间

　　与很多人的想法相反，数据不是越多越好，当数据集中存在着多余的特征（或维度）时，就更是这样。我们举个例子，夏洛克·福尔摩斯，一个虚构的著名侦探，一直致力于侦破疑难案件。尽管他慧眼如炬，智慧超群，但他的成功在很大程度上是因为可以删繁就简，去芜存菁，抓住问题的本质。如果数据降维能做到福尔摩斯这样，那绝对可以引以为荣。

　　当然，在某种情况下，在数据集中保留所有特征是一件好事情。在多数用来检验新的数据学习系统的基准数据集中，特征集都是很密集的，其中的每个特征都对最终结果有所贡献。但是在数据科学中，处理的数据集都非常庞大，不但数据点特别多，维度也非常高。这使得从中提取信息就像是大海捞针。优秀的数据科学家对待这种数据集的正确方法就是，在开始建模工作之前，尽可能地从数据集中除去无用的特征，从而使数据分析工作更容易进行。

　　有很多种方法可以完成这种"数据集瘦身"。有些方法将一些特征融合在一起，做成一个更有实际意义的元特征；另外一些方法对原来的特征进行检查和评价，只保留那些看上去更有意义的特征。

　　还有一种方法，重点关注的是应该仅从特征本身对其进行评价，还是应该将特征与目标变量结合起来进行评价。这两种评价的方式分别称为无监督式与监督式。

　　在本章中，我们会介绍以下主题：

- 主成分分析，这是数据降维的最主流方法。
- 特征评价与选择，也是一种非常有价值的数据降维方法。
- 其他数据降维方法。

下面我们就分别研究一下以上几种数据降维的方法。

8.1 主成分分析

主成分分析（Principal Components Analysis，PCA）由统计学发展而来，是数据降维的最常用方法。这种方法的前提基础是，因为数据集中的信息是以方差表示的，那么具有最大方差的那个轴就是信息量最大的轴，因此我们应该重点关注这样的轴。这种方法有以下优点：

- PCA 不要求对数据集中的分布做任何假设。
- PCA 具有很高的压缩率（在信息解压缩时高度保真）。
- 数据集中不需要标号变量，因为 PCA 只使用输入特征。
- PCA 具有深刻的数学意义。
- 在进行 PCA 之前不需要对数据进行标准化。

这种方法输出一个特征集，其中包含若干个元特征，并按照重要性排序（信息量最大的排在第一位）。元特征也被称为"主成分"，它的确切数量通常是由方法中的一个参数确定的。如你所料，这个数量越大，处理过程中丢失的信息就越少。但是，在增加元特征时，符合边际效用递减规律，这就是多数情况下我们只使用少量元特征的原因。

幸运的是，Julia 在实现 PCA 方法时进行了优化，可以自己找到最优的元特征数量，这使得这种方法的实现更加简单直接。当然，如果你愿意，完全可以使用一个附加参数，进行更加激进的数据降维。我们很快就会详细地介绍这种方法。

使用 PCA 的主要目的是可视化，由于它简单易行，在各种类型的分析中也很常用。但是，这种方法也不是没有缺点，它的缺点包括：

- 最后生成的元特征是原来特征的线性组合，通常很难进行解释。
- PCA 的扩展性不好，在包含上千个特征的超大型数据集上应用 PCA 很不现实。

尽管这种方法具有内在的缺点，但它仍然是一种使用方便、威力强大的工具。如果你想学习更多这方面的知识，我建议你可以学习一下相关的统计学教材，也可以学习一下 L.I.Smith 制作的全面详尽的在线教程：http://bit.ly/MU8WV7。

　　关于 PCA 我们需要记住的最后一点是，PCA 非常适合以最小的信息损失重构初始的特征集，如果需要重构的话。这就是它经常被用于图像处理，并取得了很大成功的原因。下面我们看看在 Julia 中如何使用这种技术来处理我们的一个数据集。

8.1.1　在 Julia 中使用 PCA

　　从前面的章节可知，OnlineNewsPopularity 数据集中的特征非常多，而且不是所有的特征都与目标变量相关，这里的目标变量是一篇新闻被分享的次数。Julia 可以帮助我们减小特征集合的规模，从而使数据集更易于处理。要达到这个目标，我们可以使用 PCA，这种方法可以在 MultivariateStatistics 扩展包中找到。首先，我们需要安装并加载这个扩展包：

```
In[1]: Pkg.add("MultivariateStats")
In[2]: using MultivariateStats
```

　　对于本章示例中的大部分命令，我们都省略了它们的输出，只是在我们需要对这些命令的输出进行评论时，才保留输出。如果我们已经安装完了 MultivariateStatistics 扩展包，那么就可以从相应的.csv 文件中加载数据了：

```
In[3]: cd("d:\\data\\OnlineNewsPopularity")              #1
In[4]: X = readcsv("OnlineNewsPopularity.csv")[2:end,2:end]  #2
#1 you'll need to update this to the corresponding folder in your
    computer
#2 get the numeric data only
```

　　因为标题信息（第一行）与标识符属性（第一列）对于这个例子来说是不必要的，所以我们只加载数据框中其余的部分。然后我们应该将数据转换为浮点数，并且将数据划分为训练集和测试集。尽管这种划分对于 PCA 来说是完全不必要的，但在实际进行数据降维时，最好这么做。这是因为测试集并不总是初始数据集的一部分，其中很多都是在项目的后期才得到的，这时我们完成模型已经有很长时间了。

　　就这个例子来说，我们要将输出变量转换成一个二值变量，来演示一下数据降维如何作用于分类问题。这个过程完全不会影响 PCA 方法，因为 PCA 是怎么也不会使用到目标变量的。

```
In[9]: N, n = size(X)
  n -= 1                                    #1
  I = Array(Float64, N, n)
  O = X[:, end]
  for j = 1:(n-1)
    for i = 1:N
     I[i,j] = Float64(X[i,j])
    end
  end
In[10]: Itr = I[ind[1:z],:]
  Ite = I[ind[(z+1):end],:]
  Otr = O_bin[ind[1:z]]                     #2
  Ote = O_bin[ind[(z+1):end]]               #2
In[11]: M = fit(PCA, Itr'; maxoutdim = 10)  #3
Out[11]: PCA(indim = 59, outdim = 4, principalratio = 0.99367)

#1 remove output column in the col. count (so, now n = number of
   features)
#2 this will be useful later on
#3 limit the total number of variables in reduced feature set to 10
```

这样，我们已经得到了数据降维框架，这个框架基于训练集数据，保存在对象 M 中。请注意在输出中，Julia 为这个数学模型提供一个简短的摘要。我们已经知道，indim 是输入到模型中的维度数目，它的值是 59。而 outdim，则是从模型中输出的维度数目，仅为 4。这样有一点奇怪，因为我们要求的输出维度是 10。这是因为 Julia 代码追求的是在参数范围内得到一个最优的变量数目。10 是模型输出的维度数目的最大值，因为 Julia 可以使用更少的维度完成任务，所以最后得到的 PCA 框架只有 4 个维度。

变量 principalratio 表示原数据中全部方差能被这 4 个主成分解释的比例，这里是 99%。这说明只有不到 1%的方差不能被降维后的特征集合表示出来，这个结果真的非常不错。这种没有被表示出来的方差被称为残差。在 PCA 模型中增加更多特征，可以进一步缩小残差，但是请考虑一下前面提到过的边际效用递减规律。每次添加一个主成分，起到的作用都会越来越小，对 principalratio 的贡献也越来越小。

我们通过努力，将特征集的规模降低了(59 - 4)/59 = 93%，这是就特征的数量来说的，同时使信息损失达到了最小（对于整体方差）。下面我们看看，在流程后面的环节中，我们如何在数据上应用这个模型：

```
In[12]: Jtr = transform(M, Itr')'
Out[12]: 31715x4 Array{Float64,2}:
   -1.1484e5   24619.6   -675.339   -29135.1
    95645.0   -57635.1   8347.65    16974.2
   -53198.3   -93375.1   36341.9    43627.4
```

这里，我们使用了原来的训练集数据特征集合，并通过扩展包中的 transform()
函数应用了 PCA 模型。然后不出所料地得到了一个包含 4 个特征的矩阵。在应用 transform()函数之前，必须要对特征矩阵进行转置，因为这个函数对数据格式的要求有些不一样。对于测试集数据特征集合，我们也可以做同样的操作，如下所示：

```
In[13]: Jte = transform(M, Ite')'
```

如此简单，数据集就这样快速又安全的降低了维度。当然，新的特征有些不直观，不好理解，但是你大可放心，原来特征中包含的大部分信息都没有丢失。在这个扩展包的文档中，你可以学到更多关于 PCA 的各种错综复杂的信息，这个文档被组织的非常好，地址是：http://bit.ly/28OuXEk。

8.1.2　独立成分分析：主成分分析的最常用替代方法

如果你需要对初始特征集进行降维，并使用降维结果重构特征空间，那么 PCA
是一种非常好的方法。但是，在大多数科学应用中，我们很少进行这种操作。通常情况下，找出独立特征更有价值一些，特别是当我们使用具有独立特征假设的统计模型时。如果在降维时需要考虑独立特征，我们可以使用独立成分分析
（Independent Component Analysis，ICA）方法。

ICA 技术的核心是互信息度量，这是用来测量两个特征放在一起时产生的效果的方式。换句话说，ICA 保证了提取出的特征在一起共同使用时具有最大的信息量。当一个特征与另一个特征一起使用时，会在价值上有所提升（价值可以用比特数来度量），ICA 就为这种价值提升提供了一个粗略的估计。

ICA 试图在输出中使互信息最大，换句话说，它的目标是创建信息量最大的特征组合（元特征）。这样，ICA 方法得出的特征在统计上是独立的，而且不服从高斯分布。ICA 是一种理论性很好的降维方法，并在过去的十年间获得了广泛的关注，所以非常值得我们去了解和使用。

至于 ICA 实现，支持 PCA 的扩展包中同样提供了实现 ICA 的方法，主要函数的使用方法与 PCA 中相应的方法基本一样，还是使用 fit()函数去建立模型，并使用 tranform()函数应用模型。在 fit()中，你只需要将第一个参数从 PCA 替换为 ICA，就可以建立 ICA 模型。你可以从 MultivariateStatistics 扩展包的文档页面中获得更多关于 ICA 的知识，网址为：http://bit.ly/29PLfdT。

8.2 特征评价与选择

PCA 与 ICA 都是一种无监督式的方法,因为它们不需要目标变量就可以工作。这种方法有固有的优点（例如，适用于任何类型的数据集，并对数据探索很有帮助），但是，如果有另外的信息存在，就应该在降维时将这些信息考虑进去。为了实现这个目的，我们应该将特征评价作为数据降维的准备阶段，然后再选择出那些最有意义的特征（或称提取特征）。这样的方法通常被称为监督式方法。

8.2.1 方法论概述

在大多数数据科学项目中，最终目标都是预测一个特定的变量（目标变量）。特征与目标变量的相关性越高，特征就对模型越有价值，这是非常符合逻辑的一种原则。我们假设你正在评价一种健康诊断方法的有效性，这种方法的目标是预测一个患者是否健康。你不大可能使用这个人的最喜欢的电视剧作为特征，但是你很可能会使用他每天看电视的小时数作为特征。

用于数据降维的特征评价与选择方法保证了只有真正有意义的特征才会保留下来，所有的干扰信息都会被去除。所以，在本节的例子中，我们会比较所有特征对目标变量的贡献，保留那些与目标变量相关度最高的特征，那些在统计上与目标变量无关的特征都会被丢弃掉。

有很多方法可以进行特征评价，在前面的章节中我们已经了解一些了。我们可以使用以下任意一种：

- 费舍尔判别比（Fisher's Discrimination Ratio，FDR）。
- 区别度指数（最新开源版本：DID）。
- 相似度度量。
  ○ 相关性。
  ○ 余弦相似度。
  ○ 杰卡德相似度及其他二值相似度。

尽管并不常用，但我们也可以将这些度量方式组合起来使用，以对特征进行更准确地评价。在特征评价方法选择上，需要根据具体的数据来决定。特别地，根据特征和目标变量的不同，可以使用的方法如表 8.1 所示。

表 8.1   特征评价方法

	目标变量为浮点型	目标变量为离散型
特征为浮点型变量	余弦相似度或其他非二值相似度，比如皮尔逊相关性	DID、FDR、互信息
特征为二值变量	这种组合是不可能的！你肯定进行了错误建模。	杰卡德相似度、二值相似度或某种相似度的对称变体

如果你确定了使用哪种度量方式来进行特征评价，那么就需要设定一个阈值，超过这个阈值的特征才能保留在降维后的特征集合中。这个设定通常是比较主观的，也依赖于具体的问题。当然，阈值越高，降维后的特征集合就越小。或者，你也可以设定要在降维后的特征集合中保留的特征数量（我们可以称这个数量为 K）。在这种情况下，你需要按照评价度量对特征进行排序，然后选取出度量值最高的 K 个特征。

8.2.2   在 Julia 中使用余弦相似度进行特征评价与选择

现在，我们再次使用 OnlineNewsPopularity 数据集，看看如何使用特征评价与选择方法对其进行降维。特别地，我们会研究一下在对单个特征进行评价时，如何利用连续型目标变量（浮点数类型）中的信息。

首先，我们定义余弦相似度函数，以便对特征进行评价：

```
In[14]: function cossim(x::Array, y::Array)
```

```
# Cosine Similarity Function
nx = norm(x)
ny = norm(y)

if (nx == 0) | (ny == 0)
  return NaN
else
  return dot(x,y) / (nx * ny)
end
end
```

这种实现方式很快捷，但不那么优雅，不过非常适合实现我们这个例子中的目标，还可以表示出在需要的时候，Julia 有多么灵活。如果我们增加一些功能，就可以实现容错度更高的函数。增加的功能可以包括确认这种度量方式只能应用在有意义的数据上（例如，所有数值型向量）。作为练习，你可以对这个函数进行完善，以使 Julia 能够拒绝不正确的输入（例如，字符数组）。

评价方法完成之后，就可以用来对数据集中的特征进行评价了。首先，我们初始化一个向量，用来保存每个特征与目标变量相关的评分：

`In[15]: V = Array(Float64, n)`

有人更喜欢使用zeros()函数用0来初始化向量，但是在这个案例研究中，array()函数更快，也更有意义，因为我们会对 V 中的每个元素都进行填充：

```
In[16]: for i = 1:n
    V[i] = cossim(Itr[:,i], Otr)
  end
```

一段短暂的等待之后，我们会得到一个填充好的向量，其中包含着 59 个特征的评价结果。我们可以预览一下前几个数值，并计算出整个数据集的平均余弦相似度，如下所示：

```
In[17]: abs(V[1:5]), mean(abs(V))
Out[17]:
    ([0.2052250978962261,0.2325465827311343,0.174981561181682142,0.0
    3124251651392406,0.03769500008408716],0.14725725376572263)
```

因为余弦相似度（和多数相似度一样）既有正值，也有负值，所以应该使用它们的绝对值（abs()函数）。如果一个特征具有绝对值很大的负相似度，也还是非常有价值的，这是因为它可以传递出一个信号，和相关性一样。

基于以上的输出结果，我们可以知道这些特征的余弦相似度都比较小，均值约为 0.15。这给了我们一个警示，使用这些数据来预测新闻文章的流行度不是一个简单的问题，我们应该把阈值设得相对低一些，比如 0.2：

```
In[17]: th = 0.2
   feat_ind = (abs(V) .>= th)
   sum(feat_ind)
Out[17]: 20
```

使用这个阈值，我们得到了 20 个余弦相似度大于 0.2 的特征。如果我们需要更少一些的特征，或者更多的特征，就可以相应地调整阈值。为了确切地知道我们找出了哪些特征，可以使用 find()命令：

```
In[18]: show(find(feat_ind))
   [1,2,7,11,12,23,24,26,27,42,44,46,47,48,49,50,52,53,54,58]
```

当你使用特征选择方法时，得到的结果可能与上面有些差别，这是因为在方法中我们会选择一些数据点子集，每次运行选择的子集可能会有所不同。当然，你可以使用全部数据点，但是这样做会有一些欺骗性，因为即使模型很糟糕，这样做也会得到比较好的结果。

8.2.3 在 Julia 中使用 DID 进行特征评价与选择

下面，我们看一下对于目标变量为离散型（二值变量或名义变量）的数据集，如何进行特征的评价与选择。在这个示例中，我们将使用基于距离的区别度指数方法（Distance-based Index of Discernibility，简称 DID），目标变量为基于分享数的二值变量。

使用 DID 这种度量方式的原因有很多。首先，它对分布没有要求，因此适用于各种类型的数据。其次，它的计算速度非常快。最后，它非常直观，并且非常容易解释。实际上，将一个连续型特征转换为二值变量（或其他类型的离散变量）在数据科学中是司空见惯的。通过使用这种技术，说明数据科学家是非常多才多艺的，可以从各个角度去研究数据。

我们可以简单地做个定义，当分享数大于等于 10 000 时，二值变量的值为

"true"，否则为"false"。可以用文章的"病毒式传播"状态作为这个二值变量的
一种解释。考虑到这些都是新闻文章，10 000 个分享应该足以认为文章进入了"病
毒式传播"状态。我们使用 Julia 来完成这种转换：

```
In[19]: ind = (O .>= 10000) # cases of "viral" result
    O_bin = falses(N) # initialize binary Array
    O_bin[ind] = true
```

然后，我们可以通过与前面一样的随机抽样（与以前一样，使用同样的数组
z），将这个二值目标变量分配到训练集和测试集中：

```
In[20]: Otr = Array(O_bin[ind[1:z]])
    Ote = Array(O_bin[ind[(z+1):end]])
```

下面，我们需要加载应用 DID 方法的基本函数：

```
In[21]: include("C:\\users\\Zacharias\\Documents\\Julia\\DID.jl")
```

在加载 DID 脚本之前，请先修改一下路径。最后，我们使用和以前一样的代
码，对所有特征分别进行评价：

```
In[22]: for i = 1:n
    V[i] = DID(Itr[:,i], Otr)[1]
    end
```

如果你仔细地查看一下 DID.jl 脚本中的代码，你会发现 DID() 函数要求三个
输入，最后一个是样本大小。如果你没有什么特殊要求，使用缺省值 10,000 个数
据点（对于多数数据集，这个值都足够了）就可以了。但是，因为每次运行都要
重新抽样，所以输出会有一些变化（不会严重影响结果）。还可以知道，DID() 会
生成两个输出：总体评分（一个 float64 型的变量）和一个组内区别度矩阵，这个
矩阵可以表示出每对分组之间的区别度（一个 float64 型的矩阵变量）。尽管信息
量很大，但是多数应用都不要求这个输出，这就是我们在 DID() 函数那一行的末
尾加上索引[1]的原因。

与余弦相似度示例一样，我们看一下特征评价：

```
In[23]: V[1:5], mean(V)
[0.5068131108916679,0.22245264761577588,0.04160899480072447,0.16882
    573283040755,0.0754911973187614]0.19675244105321787
```

因为 DID 评分定义在 0 和 1 之间，所以不需要使用 abs()函数。看上去这些特征在预测一篇新闻文章是否成为"病毒式传播"状态方面并不是很强有力的。一般来说，低于 0.5 的 DID 评分对于二分类问题并不理想。因此，如果我们想进行比较有意义的降维操作，需要相应地调整一下期望值。我们试着使用 0.35 这个阈值：

```
In[24]: th = 0.35
    feat_ind = (V .>= th)
    sum(feat_ind)
Out[24]: 10
```

我们找到了 10 个看上去有意义的特征。我们看一下这些特征对应的索引值：

```
In[25]: show(find(feat_ind)) # features in reduced feature set
    [1,14,25,31,32,33,42,54,56,58]
```

尽管我们在完全相同的数据子集上使用这两种方法，但还是得到了不同的特征列表。原因有两方面：第一，不同的度量方式会提供不同的特征评价；第二，两种方法中的目标变量在本质上是不同的（一个是浮点型，另一个是布尔型），所捕获的原始数据集中的信息水平也是不同的。

8.2.4　特征评价与选择方法的优缺点

这一组方法尽管被博学多才的数据科学家们广泛使用，但并不代表它们没有问题。有时候我们并不清楚它们是否适合于我们的数据。我们全面仔细地总结了这几种方法的优点和缺点，如表 8.2 所示，这会使决策更容易一些。

表 8.2　　　　　　　用于数据降维的特征评价与选择方法的优缺点

优点	缺点
速度	没有考虑数据集中特征之间的依赖性
只要求很少的参数	没有数学证明
易于扩展	需要目标变量
解释性好	

8.3　其他数据降维技术

对于数据降维，还有其他几种值得考虑的技术。最重要的两种技术如下：

- 遗传算法。

- 基于区别度的方法。

这两种方法都比较高级，对计算能力的要求也很高。但是，为了建立一个接近于最优的强壮的降维后特征集合（尽量理论上可以达到最优，但实际上得到一个最优的特征选择是不现实的），这也是应该付出的代价。

8.3.1 其他降维方法概述

下面我们简单地讨论一下两种最强大的高级数据降维方法：基于遗传算法的方法和基于区别度的方法。这两种方法都同时使用一组特征，目标在于捕获数据集各种特征之间的联系中所包含的信息。因为这些是比较高级的方法，所以我们不会详细介绍，但是我们会为你提供一些参考文献，以便你能学到更多知识。

遗传算法

遗传算法（Genetic algorithm，GA）已经发展了很多年，是仿生学领域中最流行的人工智能算法。总的来说，GA 中包括了一系列用于离散型变量的优化算法。所以，如果你想对系统中的一些名义型参数进行优化，并且它们都与一个连续型变量相关（称为"适应度函数"），那么 GA 就是非常符合要求的方法。因为降维问题（可以表述为特征选择任务）本质上是一个离散型优化问题，所以基于 GA 的方法是非常适合的。

使用 GA 的最好方式是 GeneticAlgorithm 扩展包（http://bit.ly/ 29lG0l2）。使用这个扩展包之后，数组 abcde 中以布尔型向量的形式保存了现有特征的索引。对于适应度函数，你可以使用任何一种可以接受一组特征作为输入的相似度度量。你可以在 fitness( )函数中定义这些细节。

GA 是一个专门的 AI 领域，如果想真正理解和实现 GA，需要进行一些研究工作，Obitko 教授的站点就是一个非常好的起点：http://bit.ly/ 29p3Tt9。

基于区别度的方法

与 GA（或其他高级方法）不同，基于区别度的方法非常简单易懂，而且不需要任何背景知识，它的参数也很少，而且简单明了。

与使用 DID 方法评价单个特征不同，本节中讨论的方法是对多个特征同时进行评价的，这个特点是多数特征评价方式不具备的。具有这种特点的特征评价方式按如下步骤工作。

1. 评价整个特征集合。

2. 按照以下任意方式设置一个结束参数。

　　a）你想在降维后的特征集中保持的区别度评分比例，或。

　　b）特征数。

3. 应用一个搜索策略来优化降维后特征集的 DID。

　　a）从一个最有意义的特征开始，通过添加和删除特征来构建特征集，或。

　　b）从整个特征集开始，逐步去掉那些最没有意义的特征。

如果你想更加深入地研究一下这种方法，那么可以阅读一下第 5 章中与之相关的资料，网址 http://bit.ly/28O5qMY。尽管区别度的概念和初始实现都早于 DID 方法，但是它们都来自于同样的理论框架。因此，使用 SID 和 HID 度量方式的特征评价方法同样适用于 DID，以及其他区别度度量方式。

8.3.2　何时使用高级降维方法

很显然，没有一种降维方式能够包治百病，因为每种方法都有各自的适用范围。这就是你应该熟悉所有方法的原因。总体来说，高级方法适合于具有大量非线性的复杂问题。GA 非常适合于庞大的特征集，但是它的参数过多，会妨碍一些数据科学家的使用。如果你时间充足，可以使用各种设定进行实验，并能够充分地理解数据集，那么完全可以使用 GA 方法。但是，如果你仅仅想为问题找出一个解决方案，而不是成为某种遗传学专家，那么基于区别度的方法就是一个更好的选择。

以上我们介绍过的方法只是最强大的方法中的一小部分，还有一些值得研究学习的其他方法，所以我建议你可以再找一些方法来学习一下。尽管你从来没有使用过任何一种高级降维方法，但是知道它们的存在也是有好处的，如果你常用的方法失效了，你还可以有其他选择。

8.4　小结

- 数据降维是数据科学中的一个基本环节，因为它可以压缩并精简数据集，使数据分析方法更加有效。降维后的数据集会占用更少的存储空间，并节约其他资源，这也是一个额外的收获。

- 数据降维有两种主要方法：仅使用特征（无监督）的方法，以及使用特征和目标变量组合的方法（监督式）。

无监督数据降维方法

- 最常用的无监督数据降维方法是主成分分析（PCA）。这种统计方法适合于小型或中型的特征集。它使提取出的元特征能够最大化地解释原数据集中的方差。

- 独立成分分析（ICA）是 PCA 的一种重要替代方法，它同样不使用目标变量。ICA 使互信息最大化，而不是方差。它同样可以生成元特征。

监督式数据降维方法

- 监督式数据降维方法可以更进一步地分为基本方法（对单独的特征进行评价）与高级方法（对成组特征进行评价）。

- 基本方法按照目标变量的类型，对每个特征都进行评价，选取出其中评分最高的。
  - 连续型目标变量：余弦相似度、皮尔逊相关性、其他相似性度量。
  - 离散型目标变量：费舍尔判别比、区别度指数、互信息。

- 高级方法
  - 连续型目标变量：基于遗传算法（GA）的方法。
  - 离散型目标变量：基于区别度指数或基于 GA 的方法。

- 在进行数据降维时，没有一种方法可以包治百病。需要根据具体的数据和资源来做出选择。

8.5 思考题

1. 给你一个包含 1 000 000 行和 10 000 个特征的数据集。你会对这个数据集进行降维吗？如果会，你将使用什么方法？为什么？

2. 你正在进行一个项目，其中有一个 1 000 000 行和 500 个特征的数据集。你会进行数据降维吗？如果会，你将使用什么方法？为什么？

3．在对初始的基因表达数据进行了大量优化工作之后，你得到了一个 200 行和 5 000 个特征的数据集。你会对这个数据集做哪些数据降维操作？为什么？

4．给你一个 10 000 行和 20 个特征的数据集，你会对这个数据集做数据降维吗？为什么？

5．一个统计学家研制成功了一种数据降维方法，通过检查所有可能的特征组合，可以保证找出最好的降维特征集合。你会在数据科学项目中使用这种方法吗？为什么？

6．与常用的统计方法（例如，PCA）相比，基于特征评价的数据降维方法的优点有哪些？

7．一位著名学者开发了一种方法，只要输入在统计上互相独立，就能够以极高的效率和表现来处理数据。要将数据集转换为可控的规模，你应该使用哪种数据降维方法？为什么？

8．给你一个 1 000 000 个特征和 100 000 000 行的数据集。很多特征彼此相关。你有充足的时间来挖掘这个数据集，目标是建立一个模型，使这个模型在降维后的数据集上具有最高的准确率。你应该使用什么方法？为什么？

第 9 章
数据抽样与结果评价

在大数据时代，数据抽样已经成为了数据科学流程中一个常用的基本环节。尽管你可以设计一个巨大的数据结构，将所有可用的数据都存储在里面，但这样做是非常不明智的（除非你已经有了一个可以随意使用的合适模型）。虽然现在的云应用和计算机集群可以处理大规模的数据，但这并不意味着你应该这样做。即使你想看看某个特征的值是否完整，也不需要使用全部数据。使用样本可以使数据科学的整个过程更加具有效率。

与数据抽样同样重要的是对模型结果的评价。尽管我们已经使用了一些模型评价技术，但需要学习的还有更多，因为各种数据科学问题的目标都是不一样的。而且，当进行结果评价时，经常会有一些彼此冲突的目标需要考虑。

在这一章中，我们要研究以下主题：

- 执行抽样的各种方法。
- 分类器的评价指标。
- 回归系统的评价指标。
- K 折交叉验证。

9.1 抽样技术

尽管本书中抽样无处不在，但我们对它的介绍与使用也仅是一些皮毛。对于某种特定的问题来说，抽样可以是一个非常复杂的过程。在本节中，我们会介绍两种主要的抽样方式，以及如何使用 Julia 来完成这两种抽样任务。在数据科学中，所有抽样都要使用随机性，因为这样可以使样本更加无偏。

9.1.1　基本抽样

迄今为止，我们使用过的抽样方法就是基本抽样。在多数情况下，这种抽样方法的效果都非常好，实现也很快速，特别是对于像 Julia 这样的语言。因为它创建样本的过程非常简单，所以连专门的扩展包都可以不用。但是，在 StatsBase 包中使用 sample() 函数时，有很多种不同的选择。我们建议你使用 import StatsBase.sample 命令将这个函数加载到内存中，因为之后我们要使用一个自定义函数来扩展它。

基本抽样的理念就是对初始数据抽取随机的子集，并得到与之对应的特征值和目标变量值。我们需要使用的唯一参数就是我们希望样本中具有的数据点的数量（例如：1000）。所以，如果我们使用 magic 数据集为例，对其进行基本抽样，就可以使用如下代码：

```
In[1]: p = 0.1
    n = round(Int64, 19020*p)
    ind = sample(1:19020, n)
    SampleData1 = data[ind,:]
```

这里 p 与数值的乘积就是样本中元素的数量，保留到最近的整数。或者，你也可以使用内置函数 randperm(n)，它会返回一个从 1 到 n 的范围内的值的随机排列。所以，对于 magic 数据集，我们可以使用以下代码：

```
In[1]: ind = randperm(19020)[1:n]
    SampleData2 = data[ind,:]
```

这两种方法都非常快速，当你不想操心外部扩展包（要记住什么时候需要它们还真是挺难的）时，第二种方法更合适一些。

9.1.2　分层抽样

分层抽样要稍微复杂一些，因为如果初始数据集中有类别的话，它需要在样本中保留初始数据集的分类结构。但是，如果你想对数据集应用分层抽样时，可以使用任意的离散变量来替代类别（例如，人口统计学数据集中的性别变量）。分层抽样的目标是建立一个给定变量的分布与初始数据集相似的样本。

同样，我们需要确定的唯一参数是样本中需要包括的元素的数量。这不是一项轻松的任务，因为现在还没有一种扩展包可以提供这种方法，所以我们需要使用外部脚本（如本书中附带的 sample.jl，它扩展了 StatsBase 包中的 sample()函数）。因此，应该这样对 magic 数据集进行分层抽样：

```
In[3]: StratifiedSample = sample(data[:,1:10], data[:,11], n)
```

因为我们使用 sample.jl 脚本对 sample()函数进行可扩展，所以这样做是可以的。如果你使用 StatsBase 包中的默认 sample()函数运行这段代码，就会出现错误。这个函数的输出中有两个不同的样本数组：一个是特征数组，另一个是标签数组。你可以使用内置的 hcat()函数轻松地将这个两个数组合并成一个：

```
In[4]: SampleData3 = hcat(StratifiedSample[1], StratifiedSample[2])
```

在这个例子中，分层抽样有些多此一举，但是在很多实际的应用场景中，这种抽样方法是合适的，而且是必需的。在数据集中一个分类的数量明显少于另一个分类的情况下，如果使用基本抽样，那么这个类别所提供的信息就会被削弱，甚至会完全丢失。

9.2 分类问题的性能指标

当我们完成一项分类任务之后，对于分类系统中的测试集，会得到一个预测标签向量。那么，通过预测得出的标签在多大程度上接近于实际标签呢？为了以一种可靠并且具有洞见的方式来回答这个问题，我们引入了一系列评价指标。下面，我们就对这些指标进行更加详细地介绍。

9.2.1 混淆矩阵

严格说来，混淆矩阵不是一种分类问题的度量标准，尽管如此，它仍然完全可以用来评价一个分类器的性能。混淆矩阵可以表示出预测结果多么接近于实际情况，并能根据错误（误分类）所在揭示出一些深层次的信息。它不但能使我们更加深入地了解分类器的性能，还可以使我们更好地了解数据集。如果我们在同一数据上使用不同参数和不同分类器进行了多次分类，混淆矩阵的作用就会更加明显。下面，我们看看对于一个非常简单的分类问题（这样你可以进行手工检查，以对本节介绍的方法有更深入的理解），Julia 是如何生成混淆矩阵的。首先，我们建立预测标签向量和实际标签向量：

```
In[5]: t = [1, 1, 1, 1, 2, 2, 2, 2, 2, 2, 2, 2]
       y = [1, 2, 2, 2, 2, 2, 2, 2, 1, 2, 2, 1]
Now, let's calculate the corresponding confusion matrix:
In[6]: CM = confusmat(2, t, y)
Out[6]: 2x2 Array{Int64,2}:
    1 3
    2 6
```

目标变量可以是任何类型（如字符串，或字符），但是，要想使 MLBase 包中的这个函数正常工作，必须将目标变量编码为整数数组。如果你不太确定如何完成这项工作，请参考第 6 章。

在这个简单的例子中，我们可以推断出分类器的性能一般，因为有很多类别 1 被预测成了类别 2，反之亦然。一般来说，混淆矩阵越近似于对角矩阵，分类器的性能就越好。下面，我们看看如何使用基于混淆矩阵得出的各种指标，对这个经验法则进行量化。

9.2.2   准确度

1. 基本准确度

在本书开头的"激发原力"案例研究中，我们简单地介绍过这个评价分类器性能的指标。它是评价分类问题的最简单的指标，对于比较平衡的数据集（即每种类别的数量大致差不多的数据集），这种指标的效果非常好。

其实，这个指标计算的就是正确分类数量占整个分类数量的比例。正确分类就是那些预测标签与实际标签一致的情况，对应于混淆矩阵中对角线上的数值。所以，在前面的例子中，分类准确度就是(1 + 6)/length(t) = 7/12，约等于 0.583。使用 MLBase 包中的 correctrate()函数，也可以得到同样的结果：

```
In[7]: correctrate(t, y)
Out[7]: 0.58333333334
```

如果你不小心将函数的两个参数搞反了，也会得到同样的结果，因为 Julia 不知道哪个是实际标签，哪个是预测标签。

准确度有时也称为准确率，它的值总是在0.0和1.0之间（通常表示为百分数）。通常当准确度大于 1/q 时，它就是可以接受的（尽管你应该尽量使它接近于1），这里的 q 是类别的数量。不幸的是，当数据集高度不平衡时，准确度指标会变得相当糟糕，会产生具有误导性的结果。举例来说，在欺诈检测中，即使是一个特别糟糕的分类器，它的准确度也可以非常接近于 1，因为在这种情况下，有一种分类（即"安全交易"）的数量是具有绝对优势的。

2. 加权准确度

尽管准确度本身是一种非常简单直接的指标（将每个正确预测和错误预测做同样的考虑），但还有一种修正版本的准确度，即使在非常困难的数据集上的效果也非常好，这就是加权准确度。加权准确的的优点是它可以使一些数据点比其他数据点更具重要性，它经常用于不平衡的数据集，在这些数据集中，往往是小类别才具有最大的价值。

在前面的例子中，如果我们更重视第一种类别的预测正确性，那么就应该对相应测试集中的元素赋予更高的权重。权重是被标准化过的，它的实际值没有太大的意义，因为它表示的是一个数据点相对于另一个数据点来说，在计算整体评分时的权重的比率。所以，在我们的例子中，首先需要定义权重并对其进行标准化，然后再应用加权准确度：

```
In[8]: w = [4, 1]
       w ./= sum(w)
Out[8]: 2-element Array{Float64,1}:
        0.8
        0.2
```

下面，在计算准确度时使用这个权重：

```
In[9]: 2*sum(diag(CM) .* w) / 12
Out[9]: 0.333333333333333
```

请注意，2 表示类别的数量，12 表示整个分类的数量。一般地，加权准确度指标的计算公式为：

```
q*sum(diag(CM) .* w) / N
```

如果你会经常使用加权准确度,那么编写一个函数是非常有帮助的,如下所示:

```
function wa{T <: Real}(t::Array{Int64, 1}, y::Array{Int64, 1},
    w::Array{T, 1})
  q = length(unique(t))
  N = length(t)
  CM = confusmat(q, t, y)
  return q*sum(diag(CM) .* w) / N
end
```

在这个例子中,我们认为第一个类别的重要性比第二个类别更高,这使得分类器的整体性能发生了很大改变。之前,分类器的性能还算可以,但应用了加权准确度之后,分类器的表现则相当糟糕。如果我们将权重反转,使第二个类别的重要性更高的话,那么加权准确度就会转向相反的方向,它的值约等于 0.833。所以,要想得到有意义并具有洞见的结果,精心选择权重是非常重要的。

9.2.3　精确度与召回度

当评价分类器在某个特定类别上面的表现时,准确度经常失效,因为它的主要作用在于评价分类器的整体性能。如果我们想更具体地对某个类别进行评价,就需要使用另外的指标,比如精确度和召回度。

精确度表示分类器预测某个特定类别的可靠性。精确度在数学上的定义是,对于某个特定类别,预测成功的数量与整个预测数量的比,即:TP/(TP + FP)。所以,在我们的例子中,分类器对第 1 类别的精确度是 $1/(1 + 2) = 0.333$。一般地,你可以通过以下代码片段使用混淆矩阵 CM 计算出类别 c 的精确度:

```
CM[c,c] / sum(CM[:,c])
```

召回度表示分类器正确地识别出某个特定类别的比例。召回度的数学定义是,分类器成功预测出这个类别的数量与这个类别的所有数量的比(包括预测出的和没有预测出的),即 TP/(TP + FN)。在我们的例子中,分类器对第 1 类别的召回度就是 $1/(1 + 3) = 0.25$。通常计算召回度的代码为:

```
CM[c,c] / sum(CM[c,:])
```

很明显，第 1 类别的精确度和召回度都不怎么样。第 2 类别的精确度和召回度会好一些，因为分类系统的整体性能是 0.583，而且只有两个类别。当然，要想知道确切的数值，我们需要进行相应的计算。

9.2.4 F1 指标

尽管精确度和召回度可以表示出分类器在一个给定类别上的性能信息，但它们都不能提供一个很好的全局性的评价。我们可以很容易地调整分类器，来得到一个非常好的精确度或者一个非常好的召回度，但是，要想使二者都获得非常高的分数，就非常困难了（除非对分类器或特征进行了实质性的大幅改善）。任何一种同时考虑了精确度和召回度的指标都可以对分类器性能提供一个更为全面的度量。

F1 指标就是这样一种综合评价指标（也是最常用的指标），它是位于精确度和召回度之间的一个数值，更接近于二者之间较小的一个。F1 在数学上可以表示为精确度和召回度的调和平均值（如想了解更多信息，参见 http://bit.ly/29p4FpY），或 者 可 以 用 混 淆 矩 阵 中 的 项 目 表 示 为： F1=1/(1+(FP+FN)/(2TP)) = 2TP/(2TP+FP+FN)。在前面提到的例子中，分类器的 F1 值为：2*1/(2*1+2+3) = 2/7 = 0.286。在 Julia 中，这个计算 F1 的通用公式可以表示为：

```
2*CM[c,c] / (sum(CM[:,c]) + sum(CM[c,:]))
```

不出所料，这个分类的类别 1 的 F1 指标也不是很好，因为这个类别的精确度和召回度都比较差。即使其中一个令人满意，另外一个也会把 F1 的值拉回到一个比较差的水平。作为一个练习，你可以计算一下这个分类问题中第二个类别的 F1 值。

9.2.5 误判成本

不是所有的错误都同样重要。例如，在安全应用中，如果将一个正常人误判为入侵者，那不会是世界末日（尽管会给这个人造成一些麻烦）。但是，如果将一个入侵者误判为正常人，那你就会制造一条大新闻——以一种不光彩的方式。

1. 定义成本矩阵

在数学上，我们可以将错误重要性的区别表示为不同的误判成本，通常表示为矩阵的形式。很明显，矩阵对角线上的数值都是 0（因为对角线上的数值对应于正确分类），其余元素都是一些非负数值。这个矩阵通常称为成本矩阵，在我们的例子中，它是这种形式：

```
0 10
3 0
```

你可以在 Julia 中将其保存为：

```
C = [0 10; 3 0]
```

请注意，成本矩阵与分类器无关，它可以任意定义（除非你真的知道每种类型的错误会给我们带来多少成本）。还有，这种成本并不一定要使用某种货币来表示，它通常是那些比较重要的成本的相对值。即使你将整个矩阵的值都扩大两倍，也不会影响你经过一系列分类实验而得到的对分类器性能的看法。

2. 计算整体误判成本

为了使用成本矩阵，我们需要将其与前面的混淆矩阵结合起来。你可以使用以下简单的代码片段完成这个任务：

```
In[10]: total_cost = sum(CM .* C)
Out[10]: 36
```

这个数值对我们来说可能没有太大的意义，但是，如果成本矩阵是以一种有实际意义的方式来填充的话，这个结果的意义就会更加深刻。举例来说，如果 C 中的数值代表以千为单位的收入损失，那么上面的输出就意味着这个分类器的糟糕性能会给我们带来 3 6000 美元的成本。当对整体误判成本进行优化时，我们希望这个数值越小越好。

9.2.6 受试者工作特征（ROC）曲线及相关指标

1. ROC 曲线

当只有两个类别时，评价分类器性能的最常用方法之一就是 ROC 曲线，当你是这个领域的新手时，就更是如此。这种方法不需要任何参数，并可以给出一幅意义深刻的图形，你可以将其分享给你的上级主管，以及任何一位不需知道分类问题所有细节的人。

与其名字不同，ROC 曲线通常不是一条曲线，而是更像一条锯齿形的线。基本说来，ROC 曲线以各种不同情况下的真阳性率和假阳性率来表示出分类器的性能有多好。通常，我们会使用各种不同的参数来应用分类器，分类器的性能在图中表示为一个点。当所有点都被连接起来后，就可以得到 ROC 曲线。图中的曲线越接近左上角，分类器的整体性能就越好。

在图 9.1 中，你可以看到一条典型的 ROC 曲线。图中的虚线表示的是一种最简单的分类器的性能，可以作为参考。ROC 曲线越接近这条虚线，分类器的性能就越差。

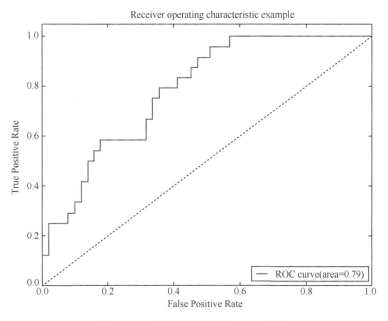

图 9.1　一条典型的分类器 ROC 曲线

然而，要想创建一条 ROC 曲线，只有分类问题的预测标签是不够的，我们还需要每个数据点的分类概率。分类概率表示的是分类器对于某个特定标签的确信程度，在很多情况下，也就是定义标签的分数（这个分数有时称为“置信度”）。首先，我们生成一个包含这些概率的数组 p（一般来说，这些概率来自于分类器，是它的一部分输出）：

```
In[11]: p = [0.6, 0.55, 0.65, 0.6, 0.7, 0.65, 0.9, 0.75, 0.55,
       0.65, 0.8, 0.45]
```

然后，你可以加载 ROC 扩展包，在 Julia 中使用以下代码生成 ROC 曲线：

```
In[12]: using ROC
In[13]: z = (y .== t)
       rc = ROC.roc(p, z)
```

因为 MLBase 包中也有一个 roc()函数，所以我们必须向 Julia 显式声明要使用 ROC 包中的函数，这就是在调用 roc()函数时在前面加上“ROC.”的原因。

现在，我们可以使用刚才创建的 ROC 对象来生成一幅图形，如图 9.2 所示。

```
In[14]: plot(rc)
```

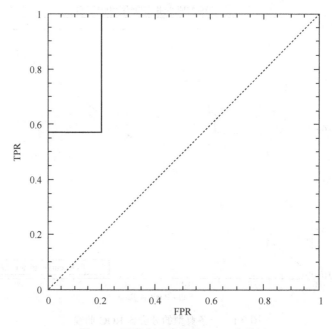

图 9.2 例子中分类器的 ROC 曲线

在 MLBase 包中，也有一些函数可以生成 ROC 曲线，但是如果你只想生成 ROC 曲线的话，最简单的方法还是使用 ROC 包。同样，当你已经熟练使用 Julia 后，我建议你还是试试 MLBase 包，因为它的文档远比 ROC 包做得更好。

2. AUC 指标

因为 ROC 曲线本身不能表示出分类器性能的确切值,所以我们需要一种度量方式来对它所提供的信息进行量化。AUC 就是最常用的一种能够满足这种要求的度量方式,它的意义是曲线下面积,它的值位于 0 和 1 之间。AUC 值越大,分类器在这个特定实验中的性能就越好。下面我们看看如何使用 Julia 计算出 AUC:

```
In[15]: AUC(rc)
Out[15]: 0.7142857142857143
```

一般来说,0.7 以上的分数是令人满意的。在这个虚构的例子中,从 AUC 指标来看,分类器的表现还可以接受,但仍有很大的改善空间。这个分类器表现还不错的原因部分在于它对于错误预测的置信度不高。我们一定要注意,尽管这个虚构的分类器整体性能还不错,但对于实际的问题,它仍然不是一个好的选择。对于 AUC 的评价结果,我们要有所保留。

3. Gini 系数

这是从 ROC 曲线衍生出的另外一种度量方式;它表示分类器的性能与 ROC 图中那条直线所代表的随机分类器相比较的结果。它的值在-1 和 1 之间,值为 0 时,表示分类器的性能相当于随机猜测。Gini 系数的计算公式为 $G = 2AUC - 1$,这里的 AUC 与前面一样,是 ROC 曲线下的面积。一般来说,Gini 系数为正,表示分类器性能较好。然而,这也不是绝对的,因为我们可能会对分类器在某个特定类别上的表现感兴趣,这时候这个评价指标就失效了。

在 Julia 中,没有现成的函数可以得到分类问题的 Gini 系数,但是你可以在 AUC( ) 函数的基础上计算出来:

```
In[16]: function GC(roc_curve) = 2*AUC(roc_curve) - 1
In[17]: GC(rc)
Out[17]: 0.4285714285714286
```

很明显,Gini 系数对这个虚构的分类器的评价是相当好的(性能要比随机猜测好 43%),尽管它还有很大的提高空间。

9.3 回归问题的性能指标

在机器学习中,回归与分类是两个完全不同的方向,回归问题自有一套度量标准。这是因为回归问题要预测的目标变量是一个连续变量，因此它的输出也是一个连续的变量。分类问题的评价指标都不适合回归问题。

回归问题的性能指标基本上是用来度量预测值与实际的目标变量值之间的差异的（这个差异也被称为误差）。这个差异越小，回归模型的性能就越好。使用最为广泛的评价指标是均方误差（MSE）和误差平方和（SSE）。回归问题的性能指标多使用误差的平方，一些主要的原因如下：

- 不用考虑误差的符号，因为平方后消除了负号。
- 对极值具有放大作用，可以使极端误差更引人注目。
- 误差函数容易求导，非常适合某些最优化方法。

9.3.1　MSE 及其变种 RMSE

通过将所有误差的平方相加再取均值，我们就可以得到 MSE。如果我们求出它的平方根，就得到了 RMSE，这是 MSE 的一个变种。RMSE 常用于物理学领域，特别是信号处理。

在 Julia 中，我们可以用如下方式计算出 MSE 和 RMSE。首先，我们需要一些样本数据：

```
In[18]: t = [0.0, 0.5, 1.0, 1.5, 2.0, 2.5, 3.0, 2.0, 3.0, 2.5, 1.5,
       3.0]
     y = [-0.5, 0.6, 1.4, 1.2, 1.9, 2.6, 3.1, 2.4, 2.9, 2.5, 1.3,
       2.8]
```

第一个向量（t）中是实际的目标变量值，第二个向量（y）中是相应的预测值。然后，我们根据这些向量计算出误差的平方（se）：

```
In[19]: se = (t - y).^2
```

现在，我们就可以运行以下代码，轻松计算出 MSE 和 RMSE：

```
In[20]: mse = mean(se)
Out[20]: 0.06583333333333334
In[21]: rmse = sqrt(mse)
Out[21]: 0.2565800719723442
```

还有两个函数可以快速计算出 MSE 和 RMSE，可惜的是，它们还没有被包含在一个可靠的扩展包中。

```
MSE(t::Array{Float64, 1}, y::Array{Float64, 1}) = mean((t-y).^2)
RMSE(t::Array{Float64, 1}, y::Array{Float64, 1}) = sqrt(mean((t-
    y).^2))
```

9.3.2 SSE

如果我们不对误差的平方求均值，而是将它们都加起来，就可以计算出 SSE。SSE 也常用于评价回归模型的性能。尽管 SSE 与 MSE 完全相关（所以没必要同时计算这两个指标），但在一些需要计算多次性能指标的情况下（例如一个最优化过程），SSE 还是有优势的，因为计算它比较容易。使用前面得到的误差平方向量，可以通过如下的 Julia 代码计算出 SSE：

```
In[22]: sse = sum(se)
Out[22]: 0.79
```

如果你想将整个过程打包成一个函数，可以使用下面的代码：

```
SSE(t::Array{Float64, 1}, y::Array{Float64, 1}) = sum((t-y).^2)
```

9.3.3 其他指标

从本质上来说，回归问题的所有性能指标都是预测值与实际值之间的欧氏距离的变种。所以，如果想更加深入地对回归模型进行评价，你可以创建自己的性能指标，这一点也不难。

举例来说，在计算 MSE 时，你可以不用一般意义上的均值，而使用调和平均数，甚至也可以使用反调和平均数（尽管这种方法确实有用，但在统计学中不是一种标准的方法）来处理误差的平方和。对于回归模型所产生的误差极值，这两种处理方法一种比较温和，另一种则比较严厉。以下几个函数实现了这两种性能指标：

```
function harmean{T<:Real}(X::Array{T,1}, tol::Float64 = 0.1)
# tol = tolerance parameter for avoiding "division by 0" errors
    return length(X) / sum(1./(X + tol)) - tol
end
function revharmean{T<:Real}(X::Array{T,1}, tol::Float64 = 0.1)
```

```
# Reverse Harmonic Mean
    return maximum(X) + minimum(X) - harmean(X, tol)
end
function HSE{T<:Real}(y::Array{T,1}, t::Array{T,1})
# Harmonic mean of Squared Error
SE = (y-t).^2
return harmean(SE)
end
function RHSE{T<:Real}(y::Array{T,1}, t::Array{T,1})
# Reverse Harmonic mean of Squared Error
SE = (y-t).^2
return revharmean(SE)
end
```

你完全可以随意地使用其他性能指标。现在，数据科学还处在不断发展的阶段，谁能说最好的回归模型性能指标已经被发现了呢？而且，对于你自己的数据科学问题，没准一个自定义性能指标的效果会更好呢。

9.4 K 折交叉验证（KFCV）

KFCV 是一种评价策略，可以使你通过在机器学习系统上执行一系列的实验，来检查这个系统是否具有良好的泛化能力。实验使用整个数据集，它会将数据集划分为 K 个大致相等的子集，在 K 次迭代中，每次使用一个子集作为测试集。为了在分类问题中得到比较好的 KFCV 结果，经常要求我们进行分层抽样。

KFCV 的指导思想如下。如果一个机器学习系统偶然在某个样本上表现得非常好，就很可能使我们误认为它是一个可靠的系统。然而，在互不相交的多个测试集上，它几乎不可能一次又一次地重复这种运气。所以，如果一个分类模型或回归模型因为运气在某次实验中表现非常好的话，也只能影响这一次实验的结果，却不能影响由 KFCV 所执行的一系列实验的所有结果。

在进行 KFCV 时，参数 K 的选择有点棘手。没有一个选择 K 的通用准则，只能根据实际问题的具体情况来判断。通常当 K 为 10 时，可以得到比较合适的结果（这就是在实现 KFCV 的脚本代码中，默认值为 10 的原因）。

如果我们选择 K 的最大可能值（也就是数据集中所有数据点的数量），那么这种特殊的验证方法就称为留一法交叉验证。对于规模非常小的数据集，这种方法特别实用，这时对数据进行抽样没有什么意义，因为抽样只会削弱数据中的信息。尽管这种特殊的评价方法理论基础很好，但在数据科学中却很少使用（你可以认为数据科学家在他们的工具箱中也留了一手！）。

如果你想学习更多关于 KFCV 的知识，我推荐你学习一下 Gutierrez-Osuna 教授制作的一套幻灯片，你可以在 http://bit.ly/1gOxGwp 这里找到。还有，尽管在处理分类问题时，你可以在 KFCV 中使用任何一种抽样方法，我还是强烈推荐你使用分层抽样，因为在重复 K 次的过程中，很容易在某个时候会得到一个有偏的样本。

9.4.1 在 Julia 中应用 KFCV

要想使用 Julia 对数据应用 KFCV，可以使用本书提供的脚本 KFCV.jl（可惜的是，现在还没有任何一个可用的扩展包可以很好地实现 KFCV 方法）。下面我们就在 magic 数据集上应用一下 KFCV，取 K=10。

首先，你需要确认你的工作目录中有 KFCV.jl 文件。然后，你可以将这个文件加载到内存中：

```
In[23]: include("KFCV.jl")
```

最后，可以用如下的方式在数据上应用 KFCV：

```
In[24]: P, T, PT, TT = KFCV(data[:,1:(end-1)], data[:,end], 10);
```

代码后面的分号是可选的，使用分号可以使笔记本更可用（如果没有使用分号，Julia 会在笔记本上显示很多根本不需要的数据）。

这个函数的输出都是包含 10 个元素的数组。输出中的每个数组说明如下：

● P：每次 KFCV 实验的训练集输入（特征）。

● T：每次 KFCV 实验的训练集输出（标签）。

● PT：每次 KFCV 实验的测试集输入（特征）。

● TT：每次 KFCV 实验的测试集输出（标签）。

9.4.2 KFCV 小提示

在验证机器学习系统时，KFCV 要好于任何一种单独测试（即使使用分层抽样），尽管如此，它也不能包治百病。通过一系列 KFCV 实验得到性能较好的分类模型或回归模型是需要时间的,所以我建议不要无休止地进行 KFCV,只要能得到统计上显著的结果就足够了。当你用来开发模型的数据规模越来越大时,重复 KFCV 的需求也会越来越小。

还有,如果你想对两个分类模型或回归模型进行比较的话,你最好对这两个模型使用同样的 KFCV 划分。如果两个机器学习系统的性能大约在一个水平线上的时候,这一点尤其重要。

9.5 小结

1. 抽样

● 抽样可以提供一个更容易处理的规模较小的数据集,同时(在某种程度上)保留初始数据集中的信息。

● 基本抽样不考虑数据集中的类别结构,对于相对均衡的数据集效果较好。在回归问题中,它是最常用的抽样方法。

● 分层抽样要考虑每种类别中元素的数量,它生成的样本与初始数据具有同样的类别分布。这种抽样方法特别适合不平衡的数据集和 K 折交叉验证。

● 通过分类模型和回归模型的性能指标可以对模型结果进行评价。

2. 分类

● 评价分类模型的指标有好几种,最重要的是准确度(基本准确度和加权准确度)、精确度、召回度、F1、总成本(基于成本矩阵)和 ROC 曲线(及其相关指标)。多数指标都与特定分类问题的混淆矩阵相关。

● 混淆矩阵是一个 q x q 的矩阵,表示分类器预测标签的正确程度以及错误预测的位置(q=类别数量)。对角线上的元素对应于正确分类。

● 准确度是一个基本性能指标,表示正确分类数量与总预测数量的比值。它的值在 0 和 1 之间(越高越好),在平衡的数据集上效果很好。

● 加权准确度是准确度的一个变种,它考虑了每种类别的重要性,并据此对指标值进行了转换。它适合不平衡的数据集,或我们对其中一种类别的预测结果更加重视的数据集。权重可以任意定义。

● 精确度是表示分类器预测某种类别的可靠程度的一种指标。

- 召回度是表示某种类别的元素被正确辨别出的比例的一种指标。
- F1 是精确度和召回度的调和平均数，表示分类器在一个特定类别上的性能。
- 成本矩阵是一个 $q \times q$ 矩阵，表示每种误判的成本（对角线上都是 0）。它与加权准确度非常相似，可以用来计算一个分类器在某个数据集上出现误判的总成本。成本可以随意定义。
- ROC 曲线可以表示出一个分类器的整体性能，适用于只有两个类别的分类问题。
- AUC（曲线下面积的缩写）是一种二元分类器的性能指标，它基于 ROC 曲线，值在 0 和 1 之间（越高越好）。
- Gini 系数是另一种基于 ROC 曲线的性能指标，它表示一个二元分类器优于随机猜测的程度。它的值在-1 和 1 之间（越高越好），如果值为正，则说明分类器优于随机分类。

3. 回归

- 回归模型使用预测值与实际值之间距离的一些变种来进行评价。最常用的评价指标是均方误差（MSE）和误差平方和（SSE）。
- 平方误差是一个向量，其中包含回归模型对各个数据点的预测误差的平方。误差就是实际值与预测值之间的差异。
- MSE 是回归问题中平方误差的算术平均数。
- RMSE 是回归问题中 MSE 的平方根。
- SSE 是回归问题中平方误差的总和，它等价于以向量表示的预测值和实际值之间的距离的平方。

4. K 折交叉验证（KFCV）

- KFCV 是一种评价策略，它将分类模型或回归模型运行多次，以使我们对模型性能有比较全面的认识，确保评价结果不会因某一个特殊的训练集或测试集而确定。
- 执行 KFCV 时，要将数据集划分为 K 个大致相等的子集，在随后的 K 次实验中，每次使用一个子集作为测试集。

- KFCV 中 K 的值要根据数据集规模来确定。规模比较大的数据集需要的 K 值较小，对于规模比较小的数据集，最好使用比较大的 K 值。
- 留一法是一种特殊的 KFCV，这时 K 等于数据集中数据点的数量。它适合于非常小的数据集，在数据科学中不经常使用。

9.6   思考题

1. 你能对具有连续型目标变量的数据集进行分层抽样吗？

2. 对于严重不平衡的数据集，应该使用何种抽样方法？为什么？

3. 哪种抽样方法产生的样本偏离最小？

4. 能够给出一个总成本（基于误判成本）的标准定义，使它的值位于 0 和 1 之间吗？如何实现？

5. 可以在三分类问题上应用 ROC 曲线吗？

6. 对于任何问题都可以进行 KFCV 吗？给出一个例子来支持你的答案。

第 10 章
无监督式机器学习

数据科学的基本任务之一就是在数据中寻找模式。你可能会记得，在第 5 章中，这个任务主要是在流程的数据探索阶段完成的。尽管我们使用各种统计方法和图形得到了很多有用的启示，但有时我们还必须使用更加高级的方法，特别是在我们对数据抱有某种期望（如希望数据中存在不同的分组或模式）并希望更加深入地探索数据的情况下。

这时就非常适合进行无监督式学习：一种不知道或根本不存在分类标签的机器学习方法。这种方法的目的就是找到有意义的标签，并揭示数据集中的潜在结构。在本章中，我们会比较深入地讨论这个问题，并介绍如何使用 Julia 有效地实现无监督式学习。

在本章中，我们会讨论如下主题：

● 无监督式学习的基础知识，包括基本的距离度量方式。

● K-均值聚类方法。

● 密度的概念和 DBSCAN 聚类技术。

● 层次聚类。

● 聚类的验证指标。

● 有效进行无监督式学习的一些建议。

在继续下面内容之前，请确认你的系统中已经安装了 Clustering 扩展包。

10.1 无监督式学习基础知识

因为很多原因，无监督式学习非常重要。首先，它可以揭示出数据中隐藏的模式，这是使用其他方法办不到的。这在数据探索阶段特别有用，因为这时你不确定数据中包含何种信息。你也可以通过其他方式找出数据中的信息，但会花费大量的额外精力。

这就引出了无监督式学习的另一个重要之处，就是它可以使我们节省大量时间。这个重要性不只体现在数据探索阶段，在你的工作进行到产品化阶段时，它甚至会更加重要。一个经典的例子就是对数据集进行标注，这就是使用一种无监督式学习方法来实现的。有很多种方法可以对数据集进行标注（最简单的一种就是雇一些人来手工操作），但这些方法都难以规模化。无监督式学习即快速又容易扩展，而且成本相对低廉。

最后，无监督式机器方法可以使我们更好地组织数据和理解数据。与此同时，我们还可以制作更有意义的统计图形，更加清楚地表示出我们要解决的问题。与传统的统计图形不同，无监督式学习技术可以为我们提供更多的度量方式。有若干种无监督式学习技术，它们各有千秋，最重要的技术如下。

- **聚类**（clustering），是一组数据处理过程，可以识别出数据中的分组。
- **关联规则发现**（association rule discovery），一种识别出经常同时出现的特征集合的方法。
- **混合分解**（mixture decomposition），是一种统计方法，目标是识别出组成一个"超级总体"的各个独立总体的参数密度。

还有一些其他方法可以实现无监督式学习，尽管在数据科学项目中很少使用这些方法。在本章中，我们将重点放在第一种无监督式学习方法上，因为它是最常用的，也是最重要的寻找数据中有用信息的方法。

10.1.1 聚类的类型

根据内部工作方式的不同，可以将聚类方法主要分成两种类型：分割聚类和层次聚类。分割聚类将数据划分为若干个互相排斥的子集（通常表示为 K），层次聚类则会创建一棵树，逐渐将最相似的元素分到一个组中。分割聚类非常适合创建标签向量，用于随后的分类问题。分割聚类和层次聚类都是非常好的数据探索工具。

除了这种分类，还可以使用其他方式来区分聚类方法。一种方法是按照数据点是严格属于某个簇还是在一定程度上属于某个簇，将聚类方法分为硬聚类和模糊聚类。另外一种方法按照算法是否引入了随机性，将聚类分为确定聚类和随机聚类。

在所有聚类方法中，都要计算两个数据点之间的相似度（或相异度），来确定这两个点是否属于一个分组。因此，我们经常会使用一种距离的度量方式，比如欧氏距离。然而，还有若干种其他距离度量方式，下面我们就详细介绍一下。

10.1.2 距离的度量

有若干种度量方式，可以用来表示两个数据点之间的距离，下面列出了最重要的几种方式。在所有例子中，我们都使用两个具有同样维度的浮点数向量 x 和 y。要想在 Julia 中使用这些度量方式，你需要添加并加载 Distance 扩展包（要获得更多信息，参见 http://bit.ly/29vRs0A）。

- **欧氏距离（Euclidean distance）**：这是默认的距离度量方式，对于维度较小的向量，它的效果很好。欧氏距离总是非负的，而且没有上界。如果不想结果发生偏离，最好对输入进行标准化。

- **余弦距离（cosine distance）**：这是与我们前面介绍过的余弦相似度所对应的距离度量方式：cos_dist = 1 – cos_sim。当相比较的两个向量的某个部分有巨大差异的时候，适合使用这种方式，它对各种维度的效果都很好。余弦距离的值在 0 和 2 之间，包括 0 和 2，它不要求事先进行标准化。

- **曼哈顿距离（Manhattan distance，又称城市街区距离，City-Block distance）**：它与欧式距离非常相似，差别在于当计算每个维度的距离时，它使用的是绝对值，而不是平方数。它也是非负的，没有上界。和欧式距离一样，在计算距离之前，最好进行标准化。

- **杰卡德距离（Jaccard distance）**：这是一种有趣的度量方式，不仅适用于数值型数据，也适用于布尔型数据。它的定义是：JD = 1 – J(x, y)，这里的 J 是前面章节中介绍过的杰卡德相似度。前面的公式等价于 JD = 1 – sum(min(x, y)) / sum(max(x, y))。杰卡德距离的值在 0 和 1 之间，包括 0

和 1。与余弦距离一样，这种距离度量方式不需要事先进行标准化。

- **其他**：根据数据的实际情况，你还可以使用其他几种距离。你可以在 Distances.jl 包的文档中找到它们，文档位于 http://bit.ly/29vRs0A。

所以，如果你有一对向量 x = [1.0, 2.0, 3.0]和 y = [-1.0, 2.5, 0.0]，那么在 Julia 中你可以使用以上几种度量方式计算出它们之间的距离：

```
In[1]: d = evaluate(Euclidean(), x, y)
Out[1]: 3.640054944640259
In[2]: d = evaluate(CosineDist(), x, y)
Out[2]: 0.6029666664116279
In[3]: d = evaluate(Cityblock(), x, y)
Out[3]: 5.5
In[4]: d = evaluate(Jaccard(), x, y)
Out[4]: 0.8461538461538461
```

10.2 使用 K-均值算法分组数据

因为既简单又快速，所以 K-均值可能是最常用的一种聚类技术。它只需要一个参数 K，就可以将数据划分为 K 个不同的子集（称为簇），划分的基准是数据点离簇的中心点有多近。在算法的每一次迭代中，因为属于簇的数据点会发生变化，所以簇中心点都会改变；簇中心点通常由簇中所有数据点的均值得出（这就是这种算法名称的来历）。初始的簇是随机定义的，这使得每次运行 K-均值算法的结果都会有些微小的差异。一旦簇中心点不再发生显著的变化，或者达到最大迭代次数，算法就会停止。

尽管在 K-均值算法的初始版本中，簇中心点是基于簇中数据点的均值计算得出的，但是算法也有一些变种，使用了不同的平均计算方式（比如中位数）。K-均值算法还有一种强大的变种，它使用了模糊逻辑，使得每个数据点都以某种隶属度属于所有可能的簇，这种方法称为 C-均值。尽管这些算法变种都非常吸引人，但在本节中我们还是只介绍最基本的 K-均值算法，因为这是实际中最常用的算法。图 10.1 给出了一个 K-均值算法的典型输出（它也可以代表其他分割聚类算法）。

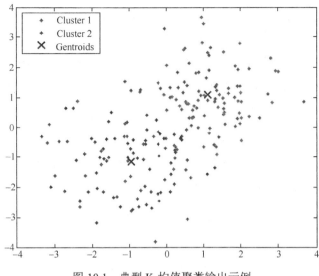

图 10.1 典型 K-均值聚类输出示例

10.2.1 使用 Julia 实现 K-均值聚类

要在 Julia 中使用 K-均值算法，我们应该使用 Clustering 扩展包，其中还包含几种其他聚类技术（参见 http://bit.ly/29vRs0A 以获取这个扩展包的详细信息）。如果你已经添加并加载了这个扩展包，就可以使用它来处理数据了。

下面我们看看如何在 OnlineNewsPopularity 数据集上应用 K-均值聚类。我们假设新闻文章有两种不同类别（热门新闻和非热门新闻），所以 K=2：

```
In[5]: using Clustering
In[6]: data =
    readdlm("d://data//OnlineNewsPopularity//OnlineNewsPopularity.c
    sv", ',');
In[7]: F = map(float, data[2:end,2:60]) #make all features floats
In[8]: F = normalize(F, "linear")
In[9]: Z = kmeans(F', 2)
```

我们需要对输入（特征）进行转置，因为 kmeans()函数接受数据的方式有些不同（它将每一行当作一个特征，每一列当作一个数据点）。还有，因为有若干个输出，所以最好将它们放到一个单独的数据结构（变量 Z）中，以便之后我们可以从这个变量中取出各个输出结果。特别地，如果我们想知道簇标签，可以使用如下代码：

```
In[10]: labels = assignments(Z); show(labels[1:10])
    [1,1,1,1,1,1,1,1,1,2]
```

当然，在标签向量中还有更多的值，但这里我们只查看前 10 个值，对标签向量有个概念就可以了。两个簇中数据点的数量是由算法任意选取的，如果再运行一次算法，结果可能会不同。经常会有这种情况，即使簇差不多一样，同一个数据点第一次标注为 1，第二次也可能被标注为 2。

我们可以人工数出这些标签，以弄清楚每个簇有多大。幸好，这个扩展包中有个专门的函数 counts()，可以用来轻松地完成这项任务：

```
In[11]: c = counts(Z); show(c)
    [31208,8436]
```

这些簇的中心点在哪里呢？我们可以使用保存输出结果的数据结构的.centers 标识符来得到中心点：

```
In[12]: C = Z.centers; show(C[1:5,:])
    [0.505558031543492 0.3821391822047006
    0.39736453412433603 0.40946961999592846
    0.06286506180190116 0.07051594966020513
    0.0007965795130288157 0.00072829082065273
    0.0009634138252223355 0.0009300011157573742]
```

当然，中心点变量（C）中还有更多的行：每行代表数据集中的一个特征。但是，由于篇幅所限，这里只列出了两个簇中心点的前 5 行。通过更加仔细地检查中心点，我们可以看出某个变量（如第一个变量 timedelta）在保持簇间距离方面所起的作用更大，因为在对应的维度上，中心点坐标的差异更大。这就使我们发现了新的知识，因为这些变量揭示出了关于数据集结构的更多有用信息。于是，我们有理由期望这些变量以后可以成为更好的预测变量。

10.2.2　对 K-均值算法的使用建议

尽管 K-均值算法在大多数情况下效果都很好，但有时也会产生没有意义的结果。特别地，当簇的数量（K）选择得不好的时候，就可能导致荒谬的标注。所以，在你运行这个算法（或任何变体）之前，请一定确认你知道要做什么。

举例来说，在情感分析问题中，一个合理的 K 值应该是 2（正面的和负面的情感）或 3（正面、负面和中立）。如果使用 K=10 来应用 K-均值算法，那就没有什么意义了，反映到结果上，就是簇中心点坐标之间的差异非常小。我们应该仔细考虑一下，对结果应该如何解释，因为 Julia 只能帮助你实现分割聚类算法，不能替你解释结果。

10.3　密度和 DBSCAN 算法

尽管在物理学中，密度是一个基本概念，但在数据科学领域，密度的定义还很模糊，很多人还是将其混淆为概率密度。密度核本质上是一种启发式的概念，近似于一个特定数据点的真实密度。除非你对数据集非常了解，找到最佳的密度核参数都是非常困难的。

由此可知，即使是粗略地实现了这个概念，也是非常有价值的，也可能会将聚类算法推向一个新的阶段（密度具有提升数据分析领域的潜力）。

密度的目标是提供一种可靠的度量方式，来表示特征空间的某个部分拥挤的程度。很自然，某个特定区域的数据点越多，密度就越大，数据集的熵就越小，因为这样更接近于有序。密度基本上是精准定位数据中信息的最直接的方式，而且具有实际的测量方式。

在聚类中，密度可以用于像 DBSCAN 这样的算法，我们在下一节中会更加详细地介绍这种算法。因为密度与距离联系非常紧密，所以你需要有一个计算距离矩阵的函数，就像我们在本章笔记本中提供的函数一样。

10.3.1　DBSCAN 算法

DBSCAN 可能是最著名的可以替代 K-均值的算法。它的意义是具有噪声的基于密度的空间聚类方法，它是一种鲁棒性非常好的分割聚类方法。这种算法背后的基本前提是，我们希望通过一种边缘稀疏中心密集的概率分布来定义每一个簇。

这种前提可以这样解释，在簇中心附近选取出一个点的概率要高于在簇边缘选取出一个点的概率。这种思想虽然很简单，但其作用非常大，因为它可以过滤掉数据集中的噪声因素，基于更有实际意义的点（即密集的点）来建立簇。

DBSCAN 使用数据集中数据点的距离矩阵作为输入，以及另外两个参数 d 与

K。第一个参数表示我们想在数据点周围多远的距离内做密度估计。（有一种客观的方法可以为所有密度估计选择这个参数，但是因为没有科学参考，所以我们就不介绍了。）很显然，d 是浮点数。

第二个参数表示密度阈值，它可以将密集数据和稀疏数据区别开来（这个参数也可以客观地定义，但同样没有科学依据）。特别地，它表示检查区域的数据点的数量（也就是说，K 是个整数）。d 和 K 都和实际的数据有关，算法的发明者没有推荐默认值。

与 K-均值不同的是，DBSCAN 不需要表示簇的数量的参数，因为它基于各个数据点的密度值可以找出最优的数据划分。

10.3.2　在 Julia 中应用 DBSCAN

下面我们看看如何在 Julia 中应用 DBSCAN（和前面一样，要使用 Clustering 扩展包）。由于潜在的内存限制，我们只使用数据集中前 10,000 个数据点。首先，计算出这些数据点的距离矩阵：

```
In[13]: D = dmatrix(F[1:10000,:]);
```

找出平均距离：

```
In[14]: mean(D)
Out[14]: 4.874257821045708
```

使用较小的 d 参数值比较好（比如 3.0），至于参数 K，与数据总维度相近的数比较好（比如 60）。所以，我们可以使用如下代码应用 DBSCAN：

```
In[15]: Z = dbscan(D, 3.0, 60)
```

我们看看标签的情况，可以使用与 K-均值例子中同样的函数：

```
In[16]: labels = assignments(Z); show(labels[1:10])
    [1,1,1,1,1,1,1,1,1,1]
```

看上去第一个簇占主导地位。下面看看簇的大小：

```
In[17]: c = counts(Z); show(c)
    [8699,1149]
```

所以，对于这个两个簇的模型，DBSCAN 的结果与 K-均值的结果非常相似。

但是，如果我们改变一下参数，就可能发现不同的簇的格局。

10.4 层次聚类

与多数分割聚类算法类似，层次聚类也不事先假定簇的数量。它是一种非常有价值的数据探索工具，它研究数据点之间如何互相联系，并构建出一棵树来表示这些联系如何从单个数据点开始，逐渐扩展到越来越大的数据分组。层次聚类可以生成一幅图形，其中数据集中的不同数据点两两相连，最相似的点都连接在一起。在图 10.2 中可以看到一个典型的层次聚类输出。

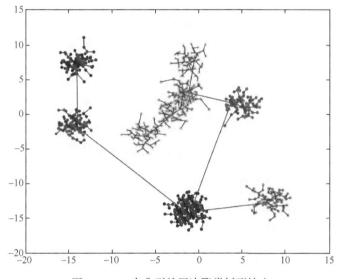

图 10.2　一个典型的层次聚类树形输出

尽管层次聚类算法的输出不太适合为数据找出标签，但它有助于加深对数据的理解。它很可能暗示出最佳的簇数量（即可以找出 K-均值算法中最佳的 K 参数值）。由于后台绘图扩展包（PyPlot）的限制，层次聚类的可视化仅限于二维数据。下面我们看看如何在 Julia 中使用相应的扩展包来使用层次聚类。

10.4.1　在 Julia 中使用层次聚类

要进行层次聚类，我们需要使用 QuickShiftClustering 扩展包。首先，我们加载这个扩展包，以及 PyPlot 扩展包，这是用来绘制层次树的：

```
In[18]: using QuickShiftClustering
    using PyPlot
```

为了在聚类的基础上做出有意义的图形，我们需要做一些数据降维工作，所以还要使用 MultivariateStats 扩展包：

```
In[19]: using MultivariateStats
```

这样，我们就可以创建层次聚类树了。为了避免在等待结果时花费太多时间（特别是在过程的最后阶段），我们使用的样本中只包括 300 个数据点和 2 个特征。首先，我们使用 PCA 模型找出两个元特征：

```
In[20]: M = fit(PCA, F'; maxoutdim = 2)
```

然后，我们建立一个数据集的转换样本，这个样本具有两个维度（即通过 PCA 模型得到的两个元特征）：

```
In[21]: G = transform(M, F[1:300,:]')'
```

此后，我们就可以通过运行 quickshift()函数得到一个层次聚类模型：

```
In[22]: Z = quickshift(G')
```

我们可以使用 quickshiftlabels()函数来得到聚类标签：

```
In[23]: labels = quickshiftlabels(Z);
```

这个函数的输出不太容易理解，因为它的主要用途是创建图形。要创建图形，我们可以使用 quickshiftplot()函数：

```
In[24]: quickshiftplot(Z, G', labels)
```

你可以看到，数据点之间有各种各样的连接，并可以看到，数据点是如何随着更大连接的形成而逐渐合并成越来越大的数据组，直至数据集中所有的点都被连接在一起，如图 10.3 所示。从这幅图形中我们可以看出，前面的聚类结果确实是有意义的，因为图中的数据点组成了两个明显的簇（分别对应于一般新闻和病毒式传播的新闻）。

注意：尽管 Clustering 扩展包中也提供了实现层次聚类的方法（hclust()和 cutree()），但它们还在开发阶段，当我写作这本书时，它们的功能还不能令人满意。我建议你先不要使用这两个函数，直到它们的功能完全成熟并且扩展包网页上有了详细的文档之后，再使用它们。

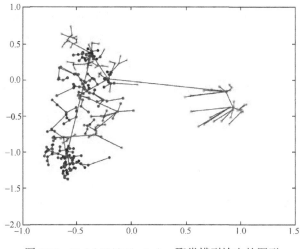

图 10.3　QuickShiftClustering 聚类模型输出的图形

10.4.2　何时使用层次聚类

尽管不像 K-均值和 DBSCAN 方法那么流行，但在某些情况下，分割聚类不能得到满意结果时，层次聚类方法会特别有效。也就是说，层次聚类非常适合数据探索以及为其他聚类方法找到合适的参数。例如，如果你不清楚应该得到多少个簇（K），那么层次聚类就有用武之地了。而且，通过每次使用两个特征，你可以知道这两个特征是如何影响簇结构的，从而了解哪个特征更具有信息量。

10.5　聚类的验证方式

聚类的目标一般是从现有数据中获得一些深层次的信息，以便之后进行更有效的分析。尽管如此，有时我们也需要对聚类系统的性能进行评价。要进行这种评价，我们就需要一些度量方式，最常用的度量方式是 Silhouettes（有时也称为 Silhouette Width）和信息变异度，在本节中，我们介绍一下如何使用 Silhouettes，因为它更加有效。

10.5.1　Silhouettes

Silhouettes 是一种常用而且鲁棒性很好的度量方式，它可以用来评价簇的明确程度，还可以推广应用到分类问题中。Silhouettes 是一种距离的比率，它的值位于-1 和 1 之间，值越大表示一个数据点或一个簇在它们所在的簇中的地位更高。

当值小于 0 时，要特别注意，因为这意味着数据集特别复杂，或者聚类结果非常糟糕。在这个概念被第一次提出的那篇研究文章中，你可以获得更多关于 Silhouettes 的信息，参见 http://bit.ly/28QQ8aq。

在 Julia 中，我们通过函数 sil() 实现了这种度量方式，它使用簇标签和数据点两两之间的距离矩阵（D）作为输入。对于前面的 DBSCAN 分类示例，我们有：

```
In[25]: sil(labels, D)
Out[25]: (-0.23285061303777332, [-0.159633,-0.207085,-0.17854,
    -0.180267,-0.226897,-0.185112,-0.231703,-0.195578,-0.13228,
    -0.243666 … -0.250058,-0.264992,-0.185843,-0.23381,-0.22416,
    -0.163046,-0.278264,-0.229035,-0.250064,-0.24455])
```

这个方法的输出中包含了整个数据集的 Silhouettes 和各个数据点的 Silhouettes（后者保存在一个向量中）。看上去这个聚类结果很不理想，这可能是由于聚类不平衡或者数据集的结构而造成的。

10.5.2 关于聚类验证的一些建议

尽管前面用于评价聚类性能的度量方式在 Clustering 扩展包中已经实现了，但我建议你不要使用它们，因为它们的功能还很不完备。它们的文档做得很好，但时不时会出现一些错误，即使使用这个扩展包中聚类算法的直接输出也是一样。

总体来说，聚类性能还是个学术研究的概念，在实际中很少应用，特别是当你只用聚类来做数据探索工作时。但是，如果你面对的是一个非常复杂的数据集并且希望深入研究它的结构，或者你的数据产品严重依赖于聚类结果，那么就需要多做几次聚类实验了。为了确定这些实验的有效性，你就应该执行一个合适的验证过程。如果你已经熟练 Julia 编程的话，我建议你使用信息变异度做个练习。

10.6 关于有效进行聚类的一些建议

尽管聚类是一种简单直接的机器学习方式，但要想充分发挥它的作用，还是需要一些技巧的。为了获取有用信息，避免丢失信息，有些事情是一定要注意的。

特别地,当为聚类算法准备数据时,不论算法多么有效,高维数据处理和数据标准化都是特别重要的工作。

10.6.1 处理高维数据

过高的数据维度会对聚类产生不利影响,因为在高维空间中,距离度量方式(特别是欧氏距离及其变种)的效果会变差。所有距离都会变得特别巨大,界限会变弱,使得簇变得非常稀疏而且几乎没有实际意义。还有,数据集中包含的信息会被稀释,不会清晰地反映在生成的簇中。

解决这个问题的最好方法就是像在前一章和层次聚类示例中见过的那样,去除掉那些多余的维度(即缺乏信息的特征),或者提取出元特征,元特征可以表示出数据集初始特征中的所有信息。通常,如果一个特征空间包含了数据集中数据点的大部分方差,那么使用这个特征空间进行聚类的鲁棒性也会很好。尽管确切的特征数量要根据数据集的实际情况来确定,特征空间通常要少于 100 个特征。

10.6.2 标准化

请记住,在大多数情况下,运行聚类算法之前都要对数据进行标准化。除非使用的是余弦距离或其他在所有类型的数据上都可以工作的距离度量方式,你需要确保输入聚类算法的数据具有同样的量度。否则,会使聚类结果发生偏离并违反直觉。

我建议你使用最终值在 0 和 1 之间的标准化方法。如果你想使用二元特征,因为它们的值本来就在这个范围内,所以这种方法特别有效。

10.6.3 可视化建议

对于分割聚类算法的输出,创建一种可视化表示总是非常重要的,即使这样做意味着要进行进一步的降维(例如,通过 PCA 方法进行降维,像以前见过的那样)。还应该检查一下各个簇的中心点,因为它们是每个簇的"典型"元素,即使这个中心点实际上在数据集中不存在。所有这些工作都有助于对结果的解释,并能使整个流程发挥出最大的作用。

10.7   小结

- 无监督式学习是一种没有目标变量的数据分析过程。

- 无监督式学习可以从数据集中挖掘出深层次的知识，帮助我们更好地理解数据集，使监督式学习更加可控，并经常可以获得更好的效果。

- 无监督式学习有很多类型，包括聚类、关联规则发现和混合分解。

- 聚类是至今为止最常用的无监督式学习方法，已经被研究得非常充分。

- 聚类方法可以使用很多种方式进行分类，最常用的是分割聚类和层次聚类，这种分类的重点在于聚类过程的目标。其他分类方法关注的是聚类算法的其他方面，比如确定聚类和随机聚类。

- 分割聚类生成一定数量的互斥的子集（划分），每个子集中的数据点都尽可能相似，而与其他子集中的数据点尽可能相异。多数分割聚类算法都使用子集数量作为参数。

- 绝大多数分割聚类方法本质上都具有随机性，分割聚类不但可以进行数据探索，还可以为分类问题找出目标变量。Julia 的 Clustering 扩展包实现了分割聚类方法。

- K-均值方法是最常用的分割聚类算法，它根据数据点之间的距离将数据集划分成 K 个簇。它的速度特别快，在比较简单的数据集上效果非常好。要在 Julia 中应用 K-均值算法，可以使用代码：kmeans(data, K)，这里的 data 是数据集（用行来表示特征），K 是簇的数量。

- DBSCAN 是一种更加强大的分割聚类算法，它使用密度这个概念来处理难度更大的数据集。它的速度不如 K-均值那么快，但整体性能更好，而且不需要事先确定簇的数量。在 Julia 中运行 DBSCAN 可以使用如下代码：dbscan(D, d, K)，这里的 D 是数据点两两之间的距离矩阵，d 是一个最小密度值，超过这个值的数据点就被认为是密集的，K 是计算密度时需要考虑的附近数据点的数量。

- 层次聚类是另外一种聚类的方式，它将数据点逐渐组合在一起，直至形成一个独立的簇。最后得到一个树结构，可以在二维平面上将所有有意义的分组都表示出来。

- 层次聚类主要用于数据探索。在 Julia 中，你可以使用 QuickShift-Clustering 扩展包来完成层次聚类，代码如下：quickshift(data)，其中 data 是数据集（用行表示特征，和前面一样）。你可以使用代码 quickshiftplot(Z, data, labels)来查看结果中的树结构，其中 Z 是 quickshift()函数的输出，labels 是聚类算法分配的标签（quickshiftlabels(Z)的输出）。

- 所有聚类方法都会使用某种相异度指标，比如欧氏距离。在 Julia 的 Distances 扩展包中，提供了若干种距离度量方式。

- 通过几种不同的度量方式，可以对聚类系统的输出进行验证，最常用的度量方式是 Silhouette 和信息变异度。现在 Julia 中只完整实现了 Silhouette（参见本章笔记本文件）。

- Silhouette 是一种基于距离的度量方式，它的值在-1 和 1 之间，表示与其他簇相比，数据点与其属于的簇之间的相近程度，值越高越好。通过 Julia 自定义函数 sil():sil(Labels, D)可以计算出这个指标，这里的 labels 是一个向量，其中包含聚类模型分配的标签，D 是数据点两两之间的距离矩阵。

- 要想更加有效地进行聚类，需要注意以下几点。
  o 控制特征数量，使其总数较少（在不损失大量信息的情况下尽可能地减少特征数量）。
  o 对聚类过程中使用的所有特征和元特征进行标准化。
  o 创建可视化图形，来理解各个簇以及簇之间的联系。
  o 检查簇中心点，获得关于簇的性质的额外信息。

10.8 思考题

1. 在聚类中，距离为什么非常重要？
2. 对于特别复杂的数据集，你应该使用哪种聚类方法？
3. 为什么不能使用第 9 章中介绍的度量方式来评价聚类系统的输出？
4. 所有类型的数据都可以被聚类吗？在聚类之前，你需要注意什么？

5．分割聚类与 t-SNE（第 7 章）有什么不同？

6．数据科学中必须要进行聚类吗？为什么？

7．数据维度是如何影响聚类的效果的？有什么应对方法？

8．在一个已经标准化的数据集中，如何强调一个特征，使其在聚类过程中发挥更大的作用？

第 11 章

监督式机器学习

监督式机器学习是数据科学的核心，因为目前所有的直接应用都来自于监督式机器学习过程的输出结果。最常见的监督式机器学习是分类和回归，它们的目标变量类型是不同的。

如果能将监督式机器学习介绍得完整而又透彻，那将是一项了不起的成就，因为监督式机器学习的方法实在是太多了。但是，我们还是要介绍最常用的方法，并演示在 Julia 中如何实现这些方法，我们需要用到这些扩展包：DicisionTree、BackpropNeuralNet、ELM 和 GLM。在运行本章的示例之前，请确认你的机器上已经安装了这些扩展包。

在本章中，我们会介绍以下内容：

- 监督式学习的基础理论以及概述。
- 决策树（分类）。
- 回归树。
- 随机森林。
- 基本神经网络（ANN）。
- 极限学习机（ELM）。
- 回归统计模型。
- 其他监督式学习方法。

我们会使用 Magic 和 OnlineNewsPopularity 数据集，所以请确认已经将它们加载到了内存中。我还会使用一些基本数据工程所用的辅助函数，所以一定要将文件 sample.jl 和 normalize.jl 加载到内存中。最后，还要确认加载一些本章笔记本文件第一部分中的几个函数，如 MSE()。

监督式学习使用计算机基于一些标注好的数据建立一个泛化模型，然后使用这个泛化模型来预测未标注的数据。有若干种方式可以建立这个模型，每种方式都代表一种监督式学习方法。尽管主要的监督式学习方法有分类和回归两种，但有时监督式学习系统会同时进行分类和回归。

监督式机器学习的目标是做出准确可靠的预测。我们可以通过无监督式学习方法从未标注数据集中学习出标签，但这只限于具有比较明显的结构模式的数据集。如果我们掌握了标签的更多信息，那么就可以通过一些专门的方法来利用这些信息，这些方法就是监督式学习方法。

尽管很多人使用逻辑斯蒂模型（如逻辑斯蒂回归）来进行机器学习，但我们会尽量避免使用这种方法。逻辑斯蒂模型是迄今为止功能最差的一种方法，除了容易解释，没有其他真正的优点。如果你想使用逻辑斯蒂模型，可以自己去实现，这非常容易。

当数据分析师们想实现逻辑斯蒂模型不能提供的功能时，现代机器学习才得以发展起来。在本章剩余的内容中，我们会重点介绍几种非常有价值的方法，既介绍它们在数据科学中的作用，又介绍如何使用 Julia 来实现它们。但是，我们并不过多介绍它们的综合使用（即与监督式学习系统的组合），因为这种使用方法非常复杂，要求大量机器学习方面的专用技能。

11.1 决策树

决策树是一系列可以应用在数据集上的规则，最后要在两个或更多个类别中做出选择。它就像玩"20 个问题"游戏一样，只是供你猜测的对象集合是有限的，而且对问问题的次数不做限制。

从数学上来看，决策树是一种图（在第 12 章中，我们会对图进行更多讨论），它用来检查数量有限的概率，以便为每个数据点确定一个可靠的分类。就像图 11.1 中的例子表示的那样，概率使用节点和边来表示。在这幅图中，不同种类的水果根据它们的颜色、形状、大小和味道来分类。对于每一种分类，不一定要用到所有的特性。使用哪些特性要根据每次测试（节点）的结果来确定。

当特征中包含丰富信息、彼此在一定程度上独立并且特征数量不太多的时候，适合使用决策树。决策树的解释性非常好，而且易于创建和使用。还有，因为其本质的原因，它不需要对使用的数据进行标准化。

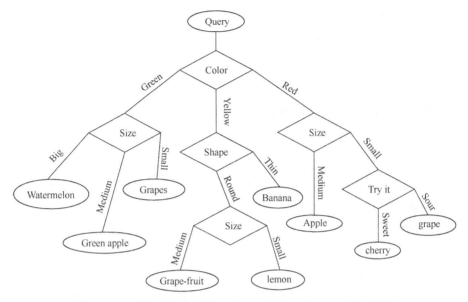

图 11.1　一个典型的决策树，由 www.projectrhea.com 授权使用

11.1.1　在 Julia 中使用决策树

要在 Julia 中使用决策树，你可以使用 DecisionTree 扩展包，如下所示：

In[1]: using DecisionTree

下一步，你需要定义一些决策树使用的参数。第一个参数是组合纯度，表示正确标签在叶子节点中的比例。尽管我们希望这个参数等于 1.0，但这样做并不明智，因为会导致过拟合。这个参数的值太小也不行，对于大多数应用来说，这个值通常设为 0.9 比较好。

In[2]: CP = 0.9

因为我们想做一些交叉验证，所有还需要定义交叉验证相关的参数：

In[3]: K = 5

在进行下一步之前，我们再来定义两个参数，即树的深度（td）和在回归应用中用于计算平均数的叶子节点数（nl）。数深度的主要作用是用来显示，用于单个决策树。尽管它不是必须的，但在决策树的理解和解释中还是非常有用的。这些参数的常用值如下所示（如果你原意，可以试试其他值）：

```
In[4]: td = 3
       nl = 5
```

现在，我们看看如何建立决策树并用它为 magic 数据集进行分类。首先，我们分别使用 build_tree()函数和 prune_tree()函数来建立一棵树并为它剪枝：

```
In[5]: model = build_tree(T1, P1)
       model = prune_tree(model, CP)
```

决策树的"剪枝"过程也不是必须的，但这个过程是有价值的，因为可以使决策树不那么复杂，避免过拟合。以上代码的输出如下：

```
Out[5]: Decision Tree
        Leaves: 1497
        Depth: 30
```

信不信由你，这是一棵比较小的决策树，特别是考虑到我们使用的数据集的时候。当然，如果我们进行了一些数据降维处理，最后的数还会更小。在你的电脑中运行以上命令时，不一定会得到同样的结果，这是因为决策树算法的本质中具有随机性。下面，看看我们得到的这棵树是什么样子：

```
In[6]: print_tree(model, td)
Feature 9, Threshold -0.3096661121768262
L-> Feature 1, Threshold 1.525274809976256
  L-> Feature 9, Threshold -0.6886748399536539
    L->
    R->
  R-> Feature 7, Threshold -2.3666522650618234
    L-> h : 99/99
    R->
R-> Feature 1, Threshold -0.16381866376775667
  L-> Feature 3, Threshold -1.0455318957511963
    L->
    R->
  R-> Feature 1, Threshold 0.42987863636363327
    L->
    R->
```

从这个简短输出中可以看出，很明显特征 1（**fLength**）在区分由望远镜观测到的两类辐射时起到了重要的作用。这是因为它出现在第一个叶子节点上，而且出现了不止一次。为了更好地理解这个特征，我们还应该注意一下它在所有叶子节点中的阈值。或许最终我们希望将这个特征离散化，如果真要离散化的话，那么这些阈值就是一个好的参考。下面看看如何使用决策树进行预测，应该使用 apply_tree()函数：

```
In[7]: pred = apply_tree(model, PT1)
Out[7]: 1902-element Array{Any,1}:
    "g"
    "g"
    "g"
    "g"
    "g"
```

这会得到一个包含测试集预测标签的数组。输出的值和类型和初始目标变量是一样的，也就是 g 和 h，分别对应一个类别。那么，这个分类器的确定性如何呢？这就需要使用 apply_tree_proba()函数，我们需要再提供一个类别名称列表（Q）：

```
In[8]: prob = apply_tree_proba(model, PT1, Q)
Out[8]: 1902x2 Array{Float64,2}:
    1.0       0.0
    1.0       0.0
    1.0       0.0
    1.0       0.0
    0.985294  0.0147059
```

输出中的一列对应于一个类别的概率。这与神经网络的输出很相似，我们随后就可以看到。实际上，决策树是先计算出这些概率的，然后才根据这些概率来选择类别。

因为这些结果还不足以让我们对这个分类器的价值做出评价，所以我们要进行 KFCV。幸运的是，在 DecisionTree 扩展包中进行 KFCV 非常容易，因为这个包中就包含一个交叉验证函数 nfoldCV_tree()：

```
In[9]: validation = nfoldCV_tree(T_magic, F_magic, CP, K)
```

交叉验证的结果（太长了这里放不下）是一系列测试（一共 K 次），每次测试的混淆矩阵和准确度以及另一个指标被显示在结果中。随后，结果中会显示一个小结，其中包括所有测试的准确度，来让你体会一下决策树的总体性能。下面是一个例子，表示最后一次交叉验证的结果：

```
2x2 Array{Int64,2}:
 2138 327
 368 971
Fold 5
Classes: Any["g","h"]
Matrix:
Accuracy: 0.8172975814931651
Kappa:  0.5966837444531773
```

这个结果可能满足不了那些最苛刻的数据科学家的要求，他们需要更加富有洞察力的指标，就像在第 9 章中讨论的那些性能指标一样。但一般来说，当需要计算我们需要的指标时，混淆矩阵是非常有用的，所以我们不一定非要依赖于这个扩展包中的交叉验证函数计算出的准确度。

11.1.2　关于决策树的一些建议

尽管决策树在很多问题上的效果非常好，但它还有一些问题需要我们注意。例如，对于那些特征空间中非矩形形式的模式，决策树就处理得不太好。这些模式会生成大量规则（节点），使得规则既复杂又难以解释。还有，如果特征的数量非常多，建立决策树的时间就会非常长，使得算法失去实际作用。最后，因为决策树的随机性本质，仅通过查看图形难以看出哪个特征更加重要。

总体说来，决策树是一种相当好的分类方法，值得一试，特别是在数据集非常整洁的情况下。它可以是一种理想的基准，在下一节介绍随机森林时，我们可以看到，它可以非常好地与其他算法一起工作。

11.2　回归树

回归树是决策树的对立面，适用于解决回归问题。它不预测标签，而是预测一个连续变量的值。回归树的功能依赖于这样一个事实，即决策树可以预测概率（一个数据点属于某个类别的概率）。这些概率本质上是连续的，所以将其转换为另一种连续变量来近似回归问题的目标变量是很自然的。所以，回归树背后的机制与决策树是一样的。我们来看一下在 Julia 中如何通过 DecisionTree 扩展包来实现回归树。

11.2.1 在 Julia 中实现回归树

在 Julia 中，我们可以使用与决策树一样的函数来建立回归树，唯一的区别是在建立回归树时，需要为 build_tree()函数指定叶子节点数量这个参数（nl）。这个参数的作用是告诉 Julia 将目标变量当作一个连续型变量来处理，使用这个数量的叶子节点的平均值来近似目标变量的值。所以，要以这种方式训练出一个回归树模型，我们应该使用如下代码：

```
In[10]: model = build_tree(T2, P2, nl)
```

和前面一样，我们会得到类似以下的输出：

```
Out[10]: Decision Tree
    Leaves: 14828
    Depth: 19
```

就 Julia 而言，这还是一个决策树对象，但可以作为回归树来使用。所以，如果在数据上应用这个模型，会得到以下结果：

```
In[11]: pred = apply_tree(model, PT2)
Out[11]: 1902-element Array{Float64,1}:
    1500.0
    5700.0
    5200.0
    1800.0
    426.0
```

这个输出会持续一段时间，输出数组中所有的值都是浮点数类型，和我们用来训练模型的目标变量一样（T2）。我们看一下预测值与实际值（TT2）的近似程度：

```
In[12]: MSE(pred, TT2)
Out[12]: 2.2513992955941114e8
```

考虑到目标变量的差异程度，这个结果还不坏。当然，如果调整一下回归树，结果还可以改善。但是，我们的重点在于介绍另外一种功能更加强大的监督式学习系统，所以就不调整回归树了。

11.2.2 关于回归树的一些建议

如你所料，回归树的局限性与决策树一样。所以，尽管它是一个非常好的基准，但你很少能看到它的实际应用。虽然如此，学习如何使用回归树还是很重要的，因为它是本章要介绍的下一种监督式学习系统的基础。

11.3 随机森林

正如这个动人的名字所表达的，随机森林是一组共同工作的决策树或回归树。它是迄今为止最流行的组合系统，很多数据科学家都使用这种系统，也是大多数问题的首选方案。随机森林的主要优点是它可以避免过拟合，而且性能肯定优于由单个树组成的系统，这使得它成为了一种更加综合的解决方案。但是，随机森林的调试有一点挑战性，最优的参数设定（随机特征的数量，树的数量，每棵树使用的样本比例等）要根据具体的数据集来确定。

随机森林的解释性一般，不如单个树系统那么容易使用和解释。随机森林偏重于得到泛化能力更好的结果，这使得它非常适合于复杂而困难的问题。通过使随机森林中的树的数量最小化，还可以了解哪个特征的性能更好以及哪些特征可以更好地协同工作，这些宝贵的信息是随机森林的额外收获。还有，随机森林的速度一般都比较快，尽管它们的性能严重依赖于使用的参数。

11.3.1 在 Julia 中使用随机森林进行分类

你可以使用以下的 Julia 代码和 DecisionTree 扩展包来实现随机森林。首先，我们需要设定参数集：每次训练过程中使用的随机特征数量（nrf）、随机森林中树的数量（nt）和每棵树使用的样本比例（ps）：

```
In[13]: nrf = 2
        nt = 10
        ps = 0.5
```

下一步，我们可以使用 build_forest()函数和上面的参数，基于 magic 数据集中的数据建立随机森林：

```
In[14]:  model = build_forest(T1, P1, nrf, nt, ps)
Out[14]: Ensemble of Decision Trees
    Trees:   10
    Avg Leaves: 1054.6
    Avg Depth: 31.3
```

出乎意料的是，随机森林模型中每棵数的叶子节点都非常少，但分支更多（表示为深度）。这是由于我们选择的参数造成的，这个理由很充分。如果我们在每棵树上使用了所有特征，并使用数据集中所有的数据点，那么结果会得到一大群彼此之间非常相似的树。尽管这种森林的性能要优于每一颗单个的树，但还是不如树之间差异比较大的森林那么好。

这种差异不仅体现在树结构中，还体现在每棵树表示的规则中。与自然界一样，一片种类丰富的森林也容易枝繁叶茂，果实累累。在这种情况下，如果实验次数相同，那我们这个 10 棵树的小森林模型的鲁棒性要远远好过任何一棵独立的树。

我们不能盲目地相信这种说法（毕竟我们都是科学家）。相反，我们应该使用随机森林解决分类问题，用这种方式来做一下验证，可以使用 apply_forest()函数应用随机森林，如下所示：

```
In[15]: pred = apply_forest(model, PT1)
```

预测结果的输出和单个决策树非常相似，所以我们将输出省略了。

与决策树一样，我们也可以计算出以上分类所对应的概率，这需要使用 apply_forest_proba()函数：

```
In[16]: prob = apply_forest_proba(model, PT1, Q)
```

下面是随机森林情况下的概率：

```
Out[16]: 1902x2 Array{Float64,2}:
    1.0 0.0
    0.5 0.5
    0.9 0.1
    0.6 0.4
    0.9 0.1
```

请注意，这些概率与单个决策树的概率相比，更加离散化。这是因为它们是在组成森林的单个决策树的基础上计算出来的；因为一共有 10 棵树，所以概率应该是 x / 10，这里的 x = 0, 1, 2, ⋯, 10。

我们看一下随机森林模型的整体性能。要完成这个任务，我们需要使用相应的交叉验证函数 nfoldCV_forest()：

```
In[17]: validation = nfoldCV_forest(T_magic, F_magic, nrf, nt, K,
        ps)
```

和决策树的例子一样，这个函数有一个非常长的输出，以下为其中一部分：

```
2x2 Array{Int64,2}:
 2326 118
 408 952
Fold 5
Classes: Any["g","h"]
Matrix:
Accuracy: 0.8617245005257623
Kappa:  0.6840671243518406
Mean Accuracy: 0.8634069400630915
```

我们无需逐个指标对比，就可以知道这个结果远远优于单个决策树的结果。当然，如果基准更低的话，二者之间的差异会更大。不管怎么样，随机森林模型的性能肯定更好，至少在用准确度来衡量的整体性能上是这样的。

11.3.2 在 Julia 中使用随机森林进行回归

我们看一下随机森林如何通过使用回归设置，使其性能全面超出单个回归树。因为我们可以使用与上个例子相同的参数，所以我们可以直接创建回归随机森林。同样使用 build_forest()函数，但要向参数集中加入叶子节点数量（nl）这个参数：

```
In[18]: model = build_forest(T2, P2, nrf, nt, nl, ps)
Out[18]: Ensemble of Decision Trees
    Trees:   10
    Avg Leaves: 2759.9
    Avg Depth: 34.3
```

这次我们得到了一组更加茂盛的树（叶子更多），也更高一些（深度更大）。

这种变化是可预见的，因为回归树为了精确近似目标变量，通常具有更多的节点，回归问题的目标变量也要比分类问题更复杂一些。

我们看看这个随机森林模型的预测情况。和前面一样，我们需要使用 apply_forest()函数：

```
In[19]: pred = apply_forest(model, PT2)
```

最后，看一下这个由回归树组成的森林在应用 KFCV 时的整体性能。我们还是和前面一样，使用 nfoldCV_forest()函数，但是要在输入中加入叶子节点数量(nl)这个参数：

```
In[20]: validation = nfoldCV_forest(T_ONP, F_ONP, nrf, nt, K, nl,
    ps)
```

以下是部分输出：

```
Fold 5
Mean Squared Error:    1.5630249391345486e8
Correlation Coeff:   0.14672119043349965
Coeff of Determination: 0.005953472140385885
```

如果我们计算了 5 次验证中均方误差的平均值，就会得到一个接近于 1.40e8 的数。正如我们所料，这个数远远小于前面单个回归树的 MSE（大约是 2.25e8）。

11.3.3 关于随机森林的一些建议

除了使用广泛之外，随机森林并不是最好的监督式学习系统。它需要大量数据才能达到比较好的效果，数据集中的特征也应该在某种程度上不相关。还有，在严重不平衡的数据集上，如果不调整数据本身，仅凭调整随机森林模型，几乎不能改变它的性能。

随机森林的一个优点是，如果我们仔细检查随机森林模型，就可以得到关于每个特征值的有用信息。我们通过计算每个特征在叶子节点上的使用频率，就可以看出这一点。遗憾的是，现在 DecisionTree 扩展包中的随机森林实现没有这个功能。

总的来说，随机森林是一种非常好的基准度量方式，使用起来也相当容易。而且，DecisionTree 这个扩展包功能强大，文档完备，所以更进一步地使用这种监督式学习系统也非常容易。

11.4 基本神经网络

直到最近，神经网络还是一种生僻深奥的机器学习技术，很少有人去关心它，更少的人理解它。尽管如此，神经网络仍是至今为止最具影响力和鲁棒性最好的统计学习技术。神经网络具有非常好的数学背景，它是一种抽象模型，使用一种具有层次结构的数学过程来模拟人类大脑的运行过程。

神经网络中没有生物意义上的细胞，而是数学运算单元，和生物学中相对应的概念一样，称为神经元。神经元传递的不是电信号，而是浮点变量。最后，神经网络中没有兴奋阈值，神经细胞可以根据这个值来选择是否将收到的信号传播出去，取而代之的是一个数学阈值和一组称为权重的系数。总体来说，它是生理学神经组织的一种功能抽象，使用同生理学神经组织一样的方式来非常好地处理信息。在图 11.2 中，你可以看到一个典型的人工神经网络（ANN）。

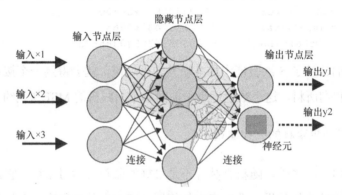

图 11.2　一个典型的人工神经网络（ANN）

ANN 是一种图，基本功能与基于树的系统一样，它可以进行分类和回归，但是会使用一些更加高级的算法。神经网络图既可以表示出用来进行训练的数据集，同时也可以使用其中的信息做预测。从结构上来看，ANN 具有分层的神经元，基本神经网络有三或四层，其中有一或二层是隐藏层。这些隐藏层表示建立神经网络和使用神经网络进行预测时所用的元特征。

我希望你们能学习更多一些关于 ANN 的知识，需要特别注意的是，如何训练神经网络和可能出现的过拟合问题。尽管阅读 Julia 扩展包中的文档通常是一种很好的学习途径，但这次你最好不要这样做，因为 BackpropNeuralNet 扩展包中提供的例子会使你对 ANN 如何工作得出错误的结论。

11.4.1　在 Julia 中使用神经网络

我们看一下如何使用 BackpropNeuralNet 扩展包在 magic 数据集上运行 ANN。首先，我们需要准备好数据，特别是目标变量，因为 ANN 只支持数值型数据（这个扩展包中的算法只支持浮点数）。为了使 ANN 理解目标变量，我们需要将其转换为 n×q 的矩阵，其中 n 是训练集或测试集中数据点的数量，q 是类别的数量。每一行在对应于类别变量的那一列上的值都是 1.0。我们已经将这个转换过程写成了一个函数 vector2ANN（参见本章笔记本的第一部分）。

下面我们要定义一些 ANN 需要的参数，即每层中的节点数量和训练迭代次数（常称为 epoch）：

```
In[21]: nin = size(F_magic,2) # number of input nodes
        nhln = 2*nin # number hidden layer nodes
        non = length(Q) # number of output nodes
        ne = 1000 # number of epochs for training
```

还要定义几个数据集中的常量，以后会用到：

```
In[22]: N = length(T1)
        n = size(PT1,1)
        noc = length(Q) # number of classes
```

现在可以使用 vector2ANN() 函数来转换目标变量了，对于训练集：

```
In[23]: T3 = vector2ANN(T1, Q)
```

最后，我们可以应用 ANN 算法了。先要将扩展包加载到内存中：

```
In[24]: using BackpropNeuralNet
```

然后，基于刚才定义的参数，用函数 init_network() 函数来初始化 ANN。ANN 的初始形式是一大堆随机数，表示节点之间的各种连接。初始 ANN 不能为我们提供任何信息，甚至还可能使某些人感到困惑。出于这个原因，我们在这条命令的末尾加了一个分号，省略了这条命令的输出：

```
In[25]: net = init_network([nin, nhln, non]);
```

下面就是最耗费时间的环节了：训练神经网络。遗憾的是，这个扩展包只提供了最基础的功能（train()），对其如何使用却没有任何说明。只运行一次这个函数是非常快的，但为了恰当地训练神经网络，我们需要多次运行这个函数，并使用训练集中所有的数据点（奇怪的是，这个函数只能训练单个数据点）。所以，要训练 ANN，我们需要运行以下代码：

```
In[26]: for j = 1:ne
    if mod(j,20) == 0; println(j); end #1

    for i = 1:N
      a = P1[i,:]
      b = T3[i,:]
      train(net, a[:], b[:])
    end
end
```

如果总的迭代次数（ne）足够大，就可能将 ANN 训练得非常好。但是，这个过程是不确定的，因为我们不知道是训练正在进行中，还是 Julia 内核已经崩溃了。为了得到一些实时更新的信息，我们插入了语句#1，目的就是每完成 20 次迭代打印一次迭代次数。如果我们发现 ANN 训练得不好，我们可以重新运行一下这个循环，因为每次运行 train()函数，都是在 ANN 的当前状态开始的，而不是从初始状态开始。

如果我们完成了训练，就可以使用以下命令来检验 ANN 的性能：

```
In[27]: T4 = Array(Float64, n, noc)
    for i = 1:n
     T4[i,:] = net_eval(net, PT1[i,:][:])
    end
```

上面的循环语句记录了测试集中每个数据点的神经网络输出。但是，输出的形式是个矩阵，与训练神经网络时使用的目标变量是一样的。要将其转换成向量，我们需要使用 ANN2vector()函数，这是我们为了完成这个任务而开发的一个辅助函数：

```
In[28]: pred, prob = ANN2vector(T4, Q)
```

这个函数可以从矩阵中提取出预测值，一个和初始类别变量相似的向量，同时还提供了一个概率向量。概率向量表示与每个预测值对应的概率。现在我们可以使用准确度指标来评价 ANN 的性能了：

```
In[29]: sum(pred .== TT1) / n
```

很明显，这个性能还有许多待改进之处。性能不佳的原因可能是训练不充分，也可能是参数选择得不好，或者是两种原因都有。理想的情况是，我们应该一直训练 ANN，直到训练集误差低于某个给定的阈值，但是，这需要关于神经网络的更深入的知识，已经超出了本书范围。

11.4.2　关于神经网络的一些建议

数据科学家对于神经网络的看法是两极分化的，神经网络在过去几年中确实引起了广泛关注。我们并不是要否定这种技术，而是要指出它的局限性。尽管它可能是你的工具箱中最好用的一种工具之一，但它确实存在一些问题，使得它在一些特定的数据科学应用中表现得很不理想。有了这个概念之后，我们在更深入地讨论一下 ANN。

首先，神经网络容易出现过拟合，特别是在你不知道如何选择正确参数的时候。所以，如果你刚刚开始接触神经网络，为了避免大失所望，不要对它期望太高。但是，如果你已经在神经网络上面花费了足够时间，它就可能会让你喜出望外，并马上成为你唯一想用的监督式学习系统。无论如何，如果你想出色地完成分类或回归任务，一定要花些时间来学习神经网络。

ANN 的训练过程通常比较漫长，特别是在你有大量数据的时候。所以，它更适合在大型系统（最好是计算机集群）上运行。如果你想在手提电脑上训练一个神经网络模型，那就做好心理准备，可能会花费一个下午，或一个晚上，甚至一个周末，这取决于实际的数据。

为了从 ANN 中获得特别理想的泛化能力，你需要大量数据。一部分原因是这样可以避免过拟合，另一部分原因是，如果 ANN 要从数据集中提取信息，那它必须多次发现这种信息，当数据集中有大量数据点时，这种情况是最容易出现的。或者，你可以对最弱的模式进行过采样，但你必须知道你在做什么，否则就可能降低分类任务或回归任务的整体性能。

总的来看，ANN 是一种非常好的技术，特别是精心设定参数的时候。只是要想使它运行得非常理想，你需要付出辛苦的工作。例如，你可以将多个 ANN 组合在一起来保证获得较好的性能。但是，你需要有备用的资源，因为在数据科学中，多数 ANN 都需要昂贵的计算能力，将 ANN 组合起来，对资源的要求就会更高。因此，最好只用 ANN 解决那些复杂困难的，用传统监督式学习系统不好解决的问题。

11.5　极限学习机

极限学习机（Extreme Learning Machine，ELM）是一种新兴的，基于神经网络的监督式学习方法，它的目标是使 ANN 的使用更加容易，效果也更好。因为它与另一种技术（随机神经网络）非常相似，所以受到了学术界的强烈批评，尽管如此，也不能损害它的价值。

ELM 的效果非常好，是 ANN 和其他监督式学习方法的最好替代品之一。实际上，这种技术的发明者声称，它的性能可以和最好的深度学习网络相比，而且不像深度学习网络那么耗费计算资源。

ELM 本质上是传统 ANN 的一种调整，主要区别在于训练方式的不同。实际上，ELM 将训练过程简化成了一种极其灵活的最优化任务（这可能就是它充满争议的名称的由来），这使得它与其他基于神经网络的方法相比，具有了一种非常可靠的优点。

要实现这种极限学习，首先要创建一系列特征的随机组合，并表示为一层或多层节点（ELM 的隐藏层）。然后，计算出一个最优的元特征组合，使得输出节点的误差最小。ELM 的所有训练都在于最后一个隐藏层和输出层之间的连接上。这就是为什么在相同的数据上，两个独立训练的 ELM 模型在权重、矩阵甚至性能上都可能有显著区别。然而，对多数人来说，这不是一个大问题，因为 ELM 的速度很快，可以很容易地在同样的数据上进行多次 ELM 的迭代，然后再选择出最后的模型。

你可以在发明者的网站上学习到这种奇妙技术的更多信息，地址为 http://bit.ly/29BirZM，网站上相应的参考资料中也有很多可以学习的内容。

11.5.1　在 Julia 中使用 ELM

在 Julia 中使用极限学习机非常容易，可以使用 ELM 扩展包（http://bit.ly/

9oZZ4u），这是 Julia 中最好的机器学习扩展包之一。它具有前所未有的简单性和易用性，更加为人称道的是其精彩的文档和简洁的代码。还有，对于那些想在这个领域进行研究的人，扩展包的作者甚至提供了领域内核心文章的参考链接。那么，我们就开始 ELM 的使用，先格式化目标变量，使其与 ELM 要求的格式兼容：

```
In[30]: T5 = ones(N)
        T6 = ones(n)
In[31]: ind_h = (T1 .== "h")
In[32]: T5[ind_h] = 2.0
In[33]: ind_h = (TT1 .== "h")
In[34]: T6[ind_h] = 2.0
```

通过以上代码，我们将目标变量转换成了一个浮点数，它有两个值，1.0 和 2.0，分别对应两种类别。当然，数值本身没有什么特殊的意义。只要你使用浮点数表示类别，ELM 就可以处理它们。

下面，通过以下熟悉的代码，我们继续将 ELM 扩展包加载到内存中：

```
In[35]: using ELM
```

下一步，我们要对 ELM 进行初始化，使用 ExtremeLearningMachine()函数。我们只需设定一个参数，就是隐藏层中节点的数量，在本例中，我们设定为 50。这个参数可以是任意的正整数，但一般要大于数据集中特征的数量。

```
In[36]: elm = ExtremeLearningMachine(50);
```

最后，我们使用特征和修改后的目标变量来训练 ELM 模型。我们使用 fit()函数来完成这一任务。但是，因为另一个扩展包中有一个同名的函数，所以我们要在函数名称前面加上扩展包名称，告诉 Julia 要使用哪个函数：

```
In[37]: ELM.fit!(elm, P1, T5)
```

与 ANN 不同，ELM 的训练时间是以秒计的（在本例中，只有几毫秒），所以不需要在任何地方插入过程通报语句。如果系统训练完成，我们就可以在测试数据上使用 predict()函数得到预测值：

```
In[38]: pred = round(ELM.predict(elm, PT1))
```

请注意，我们使用了 round()函数，这说明判别类别的阈值是 1.5（大于 1.5

的值会被四舍五入成 2.0，小于 1.5 的值会被四舍五入成 1.0），尽管 1.5 是最直观的一个值，这个阈值还是可以随意选择的。1.5 是个非常好的起始点，当我们想对模型进行精炼时，可以改变这个阈值。

predict()函数可以得到 ELM 模型的预测值，预测值是位于表示类别的值（1.0 和 2.0）附近的浮点数。一些预测值会比类别值更低，一些预测值会比类别值高。将它们转换为类别值的一个实用方法就是四舍五入。你还可以手工转换，这需要自己定义一个阈值（例如，小于 1.3 的值转换为 1.0，大于或等于 1.3 的值转换为 2.0）。

尽管这种方法没有提供预测的概率向量，但用两行代码就可以算出这个向量（参见练习 11）。然而，我们不需要这个向量就可以计算出 ELM 模型的准确度，如下所示：

```
In[39]: sum(pred .== T6) / n
Out[39]: 0.81808622250262881
```

看来这个完全依赖于随机元特征和任意选择的参数，并且训练时间只有几毫米的监督式学习系统的效果还不错。无需多说，它的性能还能进一步提高。

11.5.2 关于 ELM 的一些建议

尽管 ELM 是现在最容易实现也是最有前途的基于神经网络的算法，它仍然有自己的问题。举例来说，在数据中本来存在非常明显的信息，但你训练出的 ELM 模型却可能在创建的第一个实例中忽略掉这种信息。还有，和 ANN 一样，它容易出现过拟合，特别是当数据量不足的情况下。最后，它还是非常新的一种技术，从某种程度上说，还处于试验阶段。

现在 ELM 扩展包中的 ELM 实现在几个月后非常可能被废弃。现在已经有了多层 ELM，比我们这里使用的基本 ELM 更具前途。所以，如果你建立的 ELM 模型没有达到你期望，也不用因此放弃这门技术。

尽管在第一次试验中，ELM 的效果肯定显著优于 ANN，但这不能说明 ELM 就是监督式学习任务的最好选择。如果 ANN 的参数选择得非常好的话，它的效果是可能优于 ELM 的。所以，当你致力于 ANN 时（特别是非常复杂的 ANN），不要因为它的初始效果而灰心丧气。和其他所有监督式学习系统一样，要取得成功需要你花费一些时间和精力。幸运的是，ELM 对时间的要求并不高。

11.6 用于回归分析的统计模型

前面我们已经见过了几种回归模型，基于树的模型可以在某种程度上近似一个连续型变量。下面，我们要介绍一种最流行的回归模型，它是专门为完成回归问题而设计的，同时也可以解决分类问题，这使得它成为了数据科学入门最常用的模型之一。

尽管这种模型在分类问题上的表现差强人意，在回归问题上的鲁棒性却非常好，它使用了大量统计理论以及强大的最优化算法，其中最常用的是梯度下降算法。所有内容都被打包成了一个框架，称为统计回归框架，对于大多数回归任务，这个框架都是首选的解决方案。

统计回归（简称回归）是一种为回归问题建模的基本方法，它通过建立一个数学模型来近似目标变量。这种模型又称为曲线拟合，它将事先标准化好的特征组合起来进行最优化，使得目标变量的误差尽可能小。最常用的特征组合是线性组合，但也可以是非线性组合。在非线性组合的情况下，会包括特征的非线性项，特征之间的组合也很常见。

为了避免过拟合，具有非线性组合的复杂回归模型要在最后模型中限制组合项的数量。为了将这种非线性方法和普通回归区别开来，既包括非线性部分又包括线性部分的模型一般称为广义线性模型，或者广义回归模型。

除了使用简单，统计回归的效果也非常好，它仍然是很多数据科学从业者的默认选择。当然，为了得到满意的结果，你需要付出一些努力去调试模型。还有，你还可能需要开发一些特征组合，来捕获数据中常见的非线性信息。

这种回归模型的核心优势是速度和可解释性。回归模型中特征（或特征组合）系数的绝对值与其显著性直接相关。这就是当回归应用涉及统计学时，特征选择与建模过程的联系非常紧密的原因。

11.6.1 在 Julia 中使用统计回归

我们看一下在 Julia 中如何实现这种回归模型，我们需要使用 GLM 扩展包。

（在没有另外一种合适的扩展包出现之前，我强烈建议你一直使用这个扩展包来完成所有与回归相关的任务。）首先，我们要将数据转换为扩展包中的程序可以识别的形式，即转换为数据框：

```
In[40]: using DataFrames
In[41]: ONP = map(Float64, ONP[2:end,2:end]);
        data = DataFrame(ONP)
In[42]: for i = 1:(nd+1)
        rename!(data, names(data)[i], symbol(var_names[i][2:end]))
        end
```

现在，我们已经将所有数据都加载到了一个叫做 **data** 的数据框中，并依次重命名了变量，下面就可以进行实际的回归分析了。我们用以下代码加载相应的扩展包：

```
In[43]: using GLM
```

下一步就是创建模型，可以使用 **fit()** 函数：

```
In[44]: model1 = fit(LinearModel, shares ~ timedelta +
        n_tokens_title + n_tokens_content + n_unique_tokens +
        n_non_stop_words + n_non_stop_unique_tokens + num_hrefs +
        num_self_hrefs + num_imgs + num_videos + average_token_length +
        num_keywords + data_channel_is_lifestyle +
        data_channel_is_entertainment + data_channel_is_bus +
        data_channel_is_socmed + data_channel_is_tech +
        data_channel_is_world + kw_min_min + kw_max_min + kw_avg_min +
        kw_min_max + kw_max_max + kw_avg_max + kw_min_avg+ kw_max_avg
        +kw_avg_avg + self_reference_min_shares +
        self_reference_max_shares + self_reference_avg_sharess +
        weekday_is_monday + weekday_is_tuesday + weekday_is_wednesday +
        weekday_is_thursday + weekday_is_friday + weekday_is_saturday +
        weekday_is_sunday + is_weekend + LDA_00 + LDA_01 + LDA_02 +
        LDA_03 + LDA_04 + global_subjectivity +
        global_sentiment_polarity + global_rate_positive_words +
        global_rate_negative_words + rate_positive_words +
        rate_negative_words + avg_positive_polarity +
        min_positive_polarity + max_positive_polarity +
        avg_negative_polarity + min_negative_polarity +
        max_negative_polarity + title_subjectivity +
        title_sentiment_polarity + abs_title_subjectivity +
        abs_title_sentiment_polarity, data[ind_,:])
```

我们只需使用训练集数据来训练模型，因此用 ind_ 对最后一个参数做索引。函数的结果是一个 DataFrameRegressionModel 对象，其中包含着模型所用变量（本例中使用了所有变量）的系数，以及与每个系数相关的一些统计量。

最重要的统计量是概率（最右列），因为它可以有效地表示出模型每个因子的统计显著性。所以，具有高概率的变量应该可以从模型中去除掉，因为它们没有对模型做出什么贡献，还会影响其他变量。如果我们使用常用的临界值 0.05，那么可以得到以下模型：

```
In[45]: model2 = fit(LinearModel, shares ~ timedelta +
    n_tokens_title + n_tokens_content + num_hrefs + num_self_hrefs
    + average_token_length + data_channel_is_lifestyle +
    data_channel_is_entertainment + data_channel_is_bus +
    kw_max_min + kw_min_max + kw_min_avg +
    self_reference_min_shares + global_subjectivity, data[ind_,:])
```

尽管这一次模型更加紧凑，系数也更显著，但还是有进一步简化的空间：

```
In[46]: model3 = fit(LinearModel, shares ~ timedelta +
    n_tokens_title + num_hrefs + num_self_hrefs +
    average_token_length + data_channel_is_entertainment +
    kw_max_min + kw_min_avg + self_reference_min_shares +
    global_subjectivity, data[ind_,:])
```

这一次好多了。所有系数在统计上都是显著的，而且更加简洁了（不需要很多行来表示！）。我们可以用以下代码得到模型系数或权重：

```
In[47]: w = coef(model3)
```

当然，这时还不足以在数据上应用模型。因为某些特殊的原因，这个扩展包中没有 apply() 函数。所以，如果你想在测试数据上使用实际模型，就需要使用我们提供以下的代码。首先，我们要转换一下测试集数据，因为我们只需要 10 个变量：

```
In[48]: PT3 = convert(Array,data[ind, [:timedelta, :n_tokens_title,
    :num_hrefs, :num_self_hrefs, :average_token_length,
    :data_channel_is_entertainment, :kw_max_min,:kw_min_avg,
    :self_reference_min_shares,:global_subjectivity]])
```

现在，通过将相应的权重应用到测试集的变量上，并加上保存在 w 数组第一个元素中的常数值，就可以得出预测值：

```
In[49]: pred = PT3 * W[2:end] + W[1]
```

最后，我们对模型性能进行评价，使用熟悉的 MSE()函数：

```
In[50]: MSE(pred, TT2)
Out[50]: 1.6600573312071286e8
```

这个结果显著小于我们在随机森林中得到的结果，说明这是个鲁棒性很好的回归模型。尽管如此，这个模型还有改善的空间，所以你可以随便进行更深入的实验（使用元特征、其他特征组合等）。

11.6.2 关于统计回归的一些建议

尽管统计回归可能是最容易使用的一种监督式学习模型，但在使用之前，还有一些问题需要注意。为了让这种模型运行良好，你需要合适数量的数据，数据量必须远远大于计划在最终模型中使用的特征数量。还有，你需要确认数据中不存在离群点，如果有离群点，请一定使用一个不会被离群点严重影响的误差函数。

有很多方法可以调整模型参数，以使模型运行得更好。GLM 扩展包的开放者甚至在扩展包中包含了几种其他模型，以及一些分布函数，通过使用线性回归模型的广义版本，可以使这些模型成为数据建模的备选方案。我建议你通过学习位于 http://bit.ly/29ogFfl 处的扩展包文档，对这些备选方案进行一下更深入的研究。

11.7 其他监督式学习系统

11.7.1 提升树

提升树与随机森林相似，它们都是基于树的监督式学习系统，都是由多个决策树所组成。我们没有在前面介绍它的原因是，它与其他基于树的系统太相似了，而且其他分类方法更有趣，使用也更加广泛。和其他基于树的方法一样，在 Julia 中可以用 DecisionTree 扩展包来实现提升树。

11.7.2 支持向量机

支持向量机（Support Vector Machine, SVM）在 20 世纪 90 年代非常流行，现

在也有很多人仍在使用,尽管它的性能与速度和现有方法相比已经没有任何优势。但是,这种监督式学习方法非常独特,因为它努力地改变特征空间,使得类别线性分离。然后,它找到距离类别中心或边界尽可能远的直线(支持向量),将学习过程转换成了一个简单直接的最优化问题。基本的 SVM 只适用于二元分类问题,现在已经有了可以解决多分类问题的扩展。

所以,如果你有一个非常复杂的数据集,你不想费心为神经网络找到正确的参数,你又发现你的数据不适合使用贝叶斯网络(随后我们就会讨论到)来分析,你试验了所有其他的方案,效果也不太好,这时候,不妨试试支持向量机。现在,有两个 Julia 扩展包 LIBSVM 和 SVM 可以实现支持向量机算法。

11.7.3 直推式系统

迄今为止,我们介绍过的所有监督式学习系统都是基于归纳演绎的系统,也就是说,它们先从训练集中提取出规则,再将规则泛化推广,应用到其他数据上。如果从训练阶段创建了规则,那么就可以很容易地将规则应用到测试阶段。

直推式系统则使用与之截然不同的方法,它根本不生成规则。实际上,它是一种随时工作的系统,没有任何训练阶段。它不创建模型对现实进行抽象,而是基于现有信息运行,如果要预测测试集的目标变量值,那么对于测试集中的每个点,它都会检查与之相似(即这个点附近)的数据点。

直推式系统通常使用某种距离或相似度指标来评价其他数据点与目标数据点的相关程度。这使得它容易受到维数灾难的影响,但在设计良好的数据集上,维数的影响被减轻了,这种方法的效果就很好。一般来说,这种方法快速、直观并容易使用。然而,它不适合处理复杂的数据集,所以在实际工作中很少使用。总体来说,如果你希望使用所有可用数据进行预测,而不是依靠事先生成的模型的话,直推式系统的效果还是很好的。

直推式系统的例子有本书开始时我们介绍过的 k-最近邻(KNN)方法以及所有这种方法的变体、RCE(Reduced Coulomb Energy)分类器和直推式支持向量机(TSVM)。TSVM 是一种特殊形式的 SVM,它同时使用聚类方法和监督式学习方法来估计测试集的标签。

11.7.4　深度学习系统

深度学习系统（也称为深度信念网络或玻尔兹曼机）是目前相当流行的一种监督式学习方法。这种方法的承诺是使用户花费最少的努力来处理所有类型的数据集。它是由 Hinton 教授和他的团队开发的，基本上是传统神经网络的一种增强版本，具有更多的层和超大规模的输入。

在进入深度学习领域之前，我建议你花点时间熟悉一下 ANN、与 ANN 相关的各种训练算法、ANN 与回归模型之间的关系以及表示在特征空间上的各种泛化形式。理由是尽管深度学习是 ANN 的一种扩展，但是 ANN 有太多不同类型，从哪里开始进行深度学习是个问题，而且，从一种系统转换到另一种系统从来都不是一步之遥。如果你已经掌握了 ANN，那么就可以开始研究深度学习了，但你最好先买一本专门讨论深度学习的书！

尽管与其他机器学习方法相比，这种方法具有明显的优点，但是对于多数实际应用来说，深度学习并不适合。它需要大量的数据，训练时间也非常长，泛化能力根本无法解释。它主要适合于图像分析、信号处理、学习下围棋、以及其他具有海量数据的领域，还要有足够的利益来弥补对大量资源的消耗。

为了应对消耗资源这个问题，现在出现了很多高级技术可以使普通计算机也可以运行这种监督式学习系统，方法是使用图形处理单元（GPU）与传统的 CPU 在训练阶段并行工作。你可以在 Julia 中试验一下这种方法，需要使用 Mocha 扩展包（http://bit.ly/29jYj9R）。

11.7.5　贝叶斯网络

和神经网络一样，贝叶斯网络也是一种图，它可以在数据集上训练并对数据集进行分类，然后基于分类结果进行预测。二者之间的主要区别在于贝叶斯网络使用的是一种基于贝叶斯定理的概率方法，而不是纯靠数据驱动的策略。在数据明显服从某种分布并且可以进行概率建模的情况下，贝叶斯网络是一种理想的选择。

在贝叶斯网络中，用节点表示不同的变量，用边表示独立变量之间的直接依赖关系。使用 BayesNets 扩展包，可以在 Julia 中轻松地实现贝叶斯网络。如果你想学习更多这种监督式学习系统背后的理论知识，可以参考 Rish 博士的教程，你可以在 http://bit.ly/29uF1AM 这里找到。我建议你在阅读完本书之后再试验贝叶斯网络，因为贝叶斯网络中涉及图论，这是我们要在第 12 章中介绍的内容。

11.8 小结

- 监督式学习包括分类和回归方法，是应用最广泛的数据科学方法，因为多数有价值的成果都来自于这种方法。

- 现在有多种监督式学习方法。在本章中我们要重点介绍的是：基于树的方法、基于网络的方法和统计回归。

  ○ **基于树的方法**：基于树形机器学习系统的方法包括决策树、回归树和随机森林。

    ■ 决策树是一种简单而有效的分类系统，它使用多个二元选择，通过特征来对数据进行分类，直至得到一个可能性足够高的目标标签。决策树使用简单，解释性好。

    ■ 回归树是决策树的回归应用。

    ■ 随机森林是一组共同工作的树，可以解决分类问题或回归问题。随机森林的性能优于其中任何一颗单个的树，有助于确定数据集中某个特征的值。

  ○ **基于网络的方法**：这些方向需要建立一个网络（图），网络的每个部分都带有通过训练阶段建立的模型的信息。它们通常要比基于树的方法复杂，它们都需要用图来表示泛化能力。最常用的基于网络的模型是神经网络，极限学习机也在不断取得进展。

    ■ 人工神经网络（ANN）是一种高级的监督式学习方法，它模拟大脑组织的功能，从数据中提取出有用的特征，并以此来预测未知数据点。它既可以用于分类问题，也可以用于回归问题。ANN 可以用 Julia 中的多个扩展包来实现，其中最好的是 BackpropNeuralNet。与其他分类器不同，ANN 需要对目标变量进行特殊的预处理，才能与算法兼容。

- 极限学习机（ELM）与 ANN 非常相似，但是它的训练阶段要快捷得多，因为它将整个训练过程简化成了一个简单直接的可以使用分析方法解决的最优化问题。还有，它的性能也非常好，参数（隐藏层的数量，每层节点数量）调整也相当容易。ELM 可以在 Julia 中使用 ELM 扩展包实现。

○ **统计回归**（也称为**广义回归模型**）：这是一种经典的回归方法，它使用可用特征的各种线性组合或非线性组合，将表示预测值和实际值之间差异的误差函数最小化。统计回归速度非常快，也非常容易解释。能实现的统计回归的最好的扩展包是广义线性模型扩展包（GLM）。

● 其他监督式学习系统包括支持向量机（SVM）、直推式系统、深度学习系统和贝叶斯网络。

○ 提升决策树与随机森林有些相似，是一种基于树进行分类的组合式方法。在 Julia 中，DecisionTree 扩展包非常好地实现了这种算法。

○ SVM 是一种非常聪明的监督式学习方法（特别对于二元分类），它可以改变特征空间，找出分类的最佳边界。

○ 直推式系统是一种基于距离或相似度的监督式学习方法，通常用于分类问题。它通过找出已知数据点和未知数据点之间的直接联系来进行预测，省略了泛化阶段。它不建立模型，一般来说速度很快，但难以解释。

○ 深度学习系统是当今最为复杂的监督式学习系统。它是传统 ANN 的增强版本，具有更多的层和输入节点，它需要大量数据才能收到好的效果。深度学习主要用于传统方法难以发挥作用的专门的领域，比如图像分析。尽管它需要较长的训练时间并且消耗大量资源，但是它可以很好地模拟人类大脑的功能，是目前最高级别的主流 AI 技术。

○ 贝叶斯网络是一种基于网络的监督式学习方法，它基于图论和贝叶斯统计对问题进行建模。通常来说，它要比其他方法更消耗时间，但效果非常好，特别是当特征彼此独立的时候。

11.9　本章思考题

1．你有一个包含 200 个数据点和 100 个特征的数据样本，其中多数特征都是独立的。你应该使用哪种监督式学习系统？为什么？

2．对于一个结构良好的数据集，其中特征的信息非常丰富，并且在统计上彼此独立，那么最好的分类系统应该是什么？

3．对于一个海量的数据混乱的数据集，最合适的分类方法是什么？

4．一个鲁棒性非常好的监督式学习系统不需要进行数据工程吗？解释一下。

5．如果在你的项目中，可解释性非常重要，那么最合适的监督式学习系统是什么？

6．对于回归问题，统计回归与神经网络之间的关系是什么？

7．监督式学习中的直推式系统的主要局限性是什么？如何克服？

8．既然深度学习方法这么好，为什么不是所有人都应该使用？

9．你正在处理一个每分钟都在更新的数据集。为了确保预测及时，应该使用哪种监督式学习系统？

10．除了预测，你还可以使用深度学习网络做些什么别的事情？如何做？

11．如何计算出 ELM 预测的正确概率？

第 12 章
图分析

尽管传统的数据分析方法在大多数情况下都很有效，但有时候还是一些其他建模方法可以得到更好的结果。这种现象的原因可以归结为数据的本质、数据的维度甚至是模型的可解释性（这在很多情况下都非常重要）。这方面的内容有很多可以学习。出于本书的目的，我们只介绍一些图分析应用，以及在 Julia 中实现图分析的工具。

在本章中我们要使用两个扩展包：Graphs 和 LightGraphs，所以在开始本章内容之前，请一定确认在 Julia 中安装了这两个扩展包。我们不会对 LightGraphs 扩展包做太深入的介绍，引入这个扩展包只是为了告诉你，它有一个特殊功能，就是可以将图对象以压缩形式保存为一个文件。

我们还会介绍两个辅助函数，可以在两种类型的图之间进行转换（参见 IJulia 笔记本）。还有，因为我们会使用 normalize()函数，所以一定要加载 normalize.jl 脚本到内存中。

关于图论和它的 Julia 实现的内容非常多，足够另外写一本书。如果你想对此了解更多，请自行查找资料。在本章中，我们要介绍如下内容：

- 图的重要性。
- 图论简介。
- 图统计。
- 最短路问题。
- 环的检测及最大团问题。
- 连通子图。
- 最小生成树（机器学习中用到的一种特殊图）。

12.1 图的重要性

尽管图论在很多年前就已经发展成熟，但直到最近才在数据分析领域流行起来。原因可能在于图对于数学的要求比较高，特别是它的抽象特性。还有，传统的数据库技术关注的是基于表格的数据结构，而图则是截然不同的一种方式。幸运的是，人们已经开始意识到图的价值，并逐渐开发出更多的工具来使用图（特别是在数据库方面）。还有，像 neo4j 这种数据库，尽管主要是一些网上教程在使用，但正在走向前台，成为一种主流的数据库。之前，它是一种冷门数据库，只有图分析领域中的很少的人才知道这种数据库。

在前面的章节中，我们已经知道维度过高会给性能带来很大问题，特别是使用距离的时候。还有，特征的分散性（各种类型的数据，如数值型数据或名义型数据）也增加了分析的难度，因此这种特征空间的计算开销特别大。不需多说，这种特征空间非常不直观，我们作为人类，已经习惯于用更加直接的方式来关联事物。

图可以提供一种直观的方法，通过将数据库中不同元素之间的联系（或没有联系）进行抽象表示来简化问题。这些元素可以是数据点、特征、类别（在分类问题中）或其他任何在对问题进行建模时有意义的东西。

信不信由你，在本书中你已经使用过图了（除非你跳过了最精华的部分）。图在数据科学中无处不在，即使有时候非常不明显。实际上，很难想象数据分析师们离开图之后将如何工作。澄清一下，我们所说的图是表示数据关系的图，不是第 7 章中介绍的统计图。但是，我们仍然可以绘制出图，以便理解的更加清楚（实际上，这也是图的优点之一：很容易在二维平面上作图）。如图 12.1 所示，这就是一个典型的图。

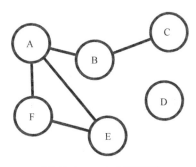

图 12.1　一个典型的图

目前，你应该知道关于图的以下知识。

- 图（也称网络）是一种对象及其之间的联系的抽象表示。图由节点（也称顶点）和边组成。
  - 节点是图中的"停止点"，通常用圆来表示，它表示数据点、特征、等等。在图 12.1 中，A、B、C 等都是节点。
  - 边是连接节点的（通常是）直线。它表示各种类型的联系：距离、相似度等。在图 12.1 中，连接 A、B、C、E 和 F 的都是边。
- 节点和边都有一些特性，包括名称、一些数值变量，等等。
- 绘制图的方式有很多种，因为只要你保持图中的连接，可以随意移动节点。对于比较大的图，节点一般位于一个圆周的外围，连接相应节点的边则用曲线来表示。
- 如果每个节点都与一个或多个其他节点连接，则图是"连通"的。
- 边可以有方向，也可以没有方向（就像单向街道与双向街道）。
- 你可以用连接矩阵或邻接矩阵来表示图，也可以将图表示为一组边的集合和相应的权重列表。
  - 连接矩阵或邻接矩阵是一个 N 阶方阵，其中 N 是节点总数。矩阵中元素表示节点之间联系的强度，称为"权重"。如果权重为 0，那么相应的点之间就没有联系。这种矩阵通常比较稀疏（多数元素为 0）。
  - 边集合表示哪些节点是相连的。在图 12.1 的例子中，边集合应该如下所示：

```
A, B
A, E
A, F
B, C
E, F
```

如果存在与这些连接对应的权重，它们也应该包括在集合中，使得整个数据结构更像一个字典。这种表示图的方法非常适合节点之间连接非常少的图。没错！以上就是这种复杂理论的基本知识。如果你想学习一下这些概念背后的数学知识，我建议你学习一下芬兰 Turku 大学 Harju 教授编写的综合教程：http://bit.ly/29kRzJx。这个教程还有助于理解我们要在本章中使用的算法（我们不会介绍得太详细）。因为图的内容非常多，所以在本章中我们主要介绍无向图。

12.2 定制数据集

在前面的章节中，都只需要几行代码就可以完成任务，本章则不同，我们需要做些额外的工作（也不是太难）。原因是在本章中我们要熟悉一些与图分析相关的技术，但原来的数据集不适合这些技术。

所以，我们首先要引入一个新的数据集，它非常简单，可以在一张纸（或电子表格）上画出来。这样在介绍每种算法时就不会出现混淆，检查图中的边也不会浪费时间。

闲话少说，我们来看这个数据集。它描述了一群朋友之间的关系：Alice、Bob、Christine、Dan、Eve、Frank 和 George。假设他们都使用一种社交媒体（可能是第 5 章案例研究中的网站），这个网站建立了一种可靠的指标，表示他们之间在某个方面的接近程度，如兴趣、背景、对 Julia 语言的喜爱程度等等。这个指标的值位于 0 和 1 之间。数据集中的数据如下所示：

```
Alice -- Bob, 0.00956345
Alice -- Christine, 0.952837
Alice -- Eve, 0.775323
Alice -- George, 0.0875062
Bob -- Christine, 0.546019
Bob -- Eve, 0.573757
Bob -- Frank, 0.43756
Bob -- George, 0.665684
Christine -- Dan, 0.445205
Christine -- Frank, 0.248718
Christine -- George, 0.977219
Dan -- Frank, 0.732508
Dan -- George, 0.149959
Eve -- Frank, 0.284119
Frank -- George, 0.990848
```

这些数据可以用两种方式来编码：一种是使用数组，其中包括边（表示两个朋友之间的联系）和相应的权重（相似度权重），另一种方式是使用一个 7×7 的矩阵，只要两个朋友之间有联系，就在矩阵相应的位置使用一个权重。我们将使用第一种方式，因为这种方式更加简单直接，并且容易理解。如果你愿意，完全可以试一下另外一种方式。

不管我们使用哪一种方式，都要使用几个函数转换一下数据结构。所以，我们要为每个朋友分配一个标号（按照上面列出的顺序），并且去掉"--"字符串，这样就会得到以下的数据：

```
1, 2, 0.00956345
1, 3, 0.952837
1, 5, 0.775323
1, 7, 0.0875062
2, 3, 0.546019
2, 5, 0.573757
2, 6, 0.43756
2, 7, 0.665684
3, 4, 0.445205
3, 6, 0.248718
3, 7, 0.977219
4, 6, 0.732508
4, 7, 0.149959
5, 6, 0.284119
6, 7, 0.990848
```

现在，我们可以将这个数值型数组分割为两个数组：一个数组用标号来表示人员关系，另一个数组包含表示人员关系强度的权重。第一个数组包括前两列数据，第二个数组包括后一列数据。

为了避免混淆，我们应该为两个数组设定不同的类型。尽管在编码阶段，Julia 不会产生混淆，但图分析扩展包中的函数很可能会出错，因为它们以一种特定方式接受参数。所以，请确认关系数组是整型，权重数组是浮点型。

还有，请记住在这个例子中，权重表示相似度（在实际中，权重可以表示任何你需要的东西）。如果我们想检验一下一个人与另一个人有多大不同，那就应该使用另外的指标（比如 w 的相反数，或者任何其他当 w 减小时增大的函数）。

12.3 图的统计量

除使用图形进行数据探索之外，计算统计量是另一种更加简单直接的数据探索方式。图是一种相对简单的数据结构，主要包括以下内容。

- 节点（也称顶点）和边的数量。
- 节点和边的标识符。
- 图的性质（有向图或无向图）。
- 一个节点的相邻节点数量（称为这个节点的度）。
- 节点的每个相邻节点的标识符。
- 图的度。
- 特殊应用中的其他特性。

我们看一下，如果使用图（g）表示 Alice 的社交圈，那么使用 Graphs 扩展包可以从中计算出哪些信息：

```
In[1]:  num_vertices(g)
Out[1]: 7
In[2]:  num_edges(g)
Out[2]: 15
In[3]:  vertices(g)
Out[3]: 1:7
In[4]:  edges(g)
Out[4]: 15-element Array{Graphs.Edge{Int64},1}:
    edge [1]: 1 -- 2
    edge [2]: 1 -- 3
    edge [3]: 1 -- 5
    edge [4]: 1 -- 7
```

我们省略了一些内容，因为你可以在 IJulia 笔记本中看到，就不列在这里了。

```
In[5]:  Graphs.is_directed(g)
Out[5]: false
In[6]:  out_degree(1, g)
Out[6]: 4
```

这说明以节点 1（Alice）为起点的边有 4 条。

```
In[7]: Graphs.out_neighbors(1, g)
```

这个方法会生成一个比较复杂的 TargetIterator 对象，其中包含所有与节点 1 对应的边，也就是这个节点的所有相邻节点。

要找到图的度，我们只需计算出图中所有节点的度，然后取最大值即可：

```
In[8]: n = num_vertices(g)
    d = Array(Int64, n)
```

```
    for i = 1:n
     d[i] = out_degree(i, g)
    end
    dg = maximum(d)
Out[8]: 5
```

12.4 环的检测

环就是由 3 个或 3 个以上的节点相连所组成的闭合回路。在环中,一个节点可能会与多个节点相连,但并不一定要和所有其他节点相连。

可以用你的好朋友做为例子,在你的圈子中,有些人彼此是朋友,但有些人可能除了你之外,只认识你的圈子中的另一个人。如果你可以在你和你的朋友之间找到一个环形联系,这种联系就可以构成一个社交网络中的环。这就是为什么 Facebook 知道应该向你推荐哪个人作为潜在的朋友。你与 Tracy 是朋友,Tracy 与 Joe 是朋友,Joe 又是 Mike 的铁哥们,而 Mike 又是你的朋友,但是你和 Joe 并不认识。Facebook 知道了这种关系之后(或者其他因素),就可以据此向你推荐 Joe,同时也向 Joe 推荐了你。

如果图中不存在任何环,就称为无环图。一种无环图的特例是它同时又是有向的,这种图通常称为有向无环图(Directed Acylical Graph,DAG),在图论中很常用。所以,要想判断一个图是否是有向无环图,一种简单的方法就是看看这个图中是否存在环(因为是否是有向图是很清楚的事情)。

环在社交网络中是非常重要的,但是它更具价值的应用是在特征分析中。如果你将数据集中的所有特征都表示为图中的节点,并用相似度指标将节点连接起来(相似度的值作为相应边的权重),那么就可以非常清楚地表示出特征集合之间的联系。

在这种图中,环表示特征集中的冗余(也就是说,3 个或更多个彼此非常相似的特征),最好能够消除掉这种冗余。如果特征 A 与特征 B 的联系非常紧密,而它们两个又都与特征 C 紧密联系,那么它们两个之间就可以去掉一个。当然,你还应该考虑一下其他因素,比如每个特征与目标变量之间的联系(在分类问题中,需要考虑 DID 评分,在回归问题中,需要考虑余弦相似度)。在这里,我们只关心与环相关的问题,这些问题可以用 Julia 来解决。

用 Julia 检测环

我们看一下如何使用 Julia 来简化特征选择的过程，以便你可以用一种简单直接的方式向所有人进行解释。和前面一样，我们使用 Graphs 扩展包。在进行特征分析之前，我们先看看如何在一个简单的图上运行检测环的函数：

```
In[9]: test_cyclic_by_dfs(g)
Out[9]: true
```

非常简单，只要把表示图的对象放在 test_cyclic_by_dfs() 函数中，你就马上可以知道这个图中是否存在环。下面，我们看一下如何在一个更实用的场景中检测环。首先，我们使用 OnlineNewsPopularity 数据集，求出它的数值型特征的相关矩阵：

```
In[10]: ONP =
    readcsv("D:\\data\\OnlineNewsPopularity\\OnlineNewsPopularity
    .csv");
```

将特征数量保存在一个变量里，这是非常有用的：

```
In[11]: nd = size(ONP, 2) - 2
```

为了计算相似度（以后我们也可以使用另外一种度量方式），我们可以选择对数据进行标准化：

```
In[12]: ONP = normalize(map(Float64,ONP[2:end,2:end]), "stat")
In[13]: F = ONP[:,1:(end-1)];
In[14]: CM = cor(F)
```

现在，我们可以建立表示特征相关关系的图了。要建立这个图，需要连接矩阵，我们可以将连接矩阵初始化如下：

```
In[15]: M = Array(Bool, nd, nd)
```

当然，我们还需要填充这个矩阵。我们用 0.7 作为阈值，相似度大于 0.7 时，就认为是强相似度，也可以使用其他阈值：

```
In[16]: for i = 1:(nd-1)
    M[i,i] = true
    for j = (i+1):nd
     M[i,j] = M[j,i] = (abs(CM[i,j]) .> 0.7)
```

```
      end
   end
```

然后，我们使用自定义的 CM2EL()函数，得到边的列表：

```
In[17]: E = CM2EL(M)
```

最后，建立实际的图对象：

```
In[18]: g2 = simple_graph(nd, is_directed=false)
In[19]: for i = 1:size(E, 1)
   e = E[i,:]
   Graphs.add_edge!(g2, e[1], e[2])
   end
```

和前面的例子一样，我们可以使用相应的函数进行探测，看看这个图中是否存在环：

```
In[20]: test_cyclic_by_dfs(g2)
Out[20]: true
```

所以，以上的分析证明了这样一个事实，即特征集合中存在冗余，这和本书前面部分数据探索过程中我们的感觉是一样的。

顺便说一下，如果你认为这个探测环的函数的功能不够强，那就对了，因为就是这样的。这个函数本身的价值不大，但是当你想知道图中是否存在环时，它还是挺有用的。下一节我们进行另一种类型的分析，找出图的连通子图。

12.5　连通子图

连通子图是图中一组特殊的节点，对于其中任意两个节点 A 和 B，都有一条路径可以从 A 到达 B。所以，如果你画出整个图，连通子图看上去就是以某种方式互相连接在一起的一堆点。很明显，如果 A 和 B 属于不同的连通子图，那么是不能从 A 点到达 B 点的。如果一个图中正好只有一个连通子图，那么图中所有节点都可以从其他节点到达（或者直接到达，或者间接到达），这样的图就称为连通图。

连通子图本质上是一组子图，这些子图之间是完全连通的。这种子图可以只由一个单个节点组成。不用说，当分析一个数据集的特征相似度时，如果看到大量这种非常小的子图，那么将是一件非常棒的事情。

如果 Julia 在图中检测到环，就可以使用 connected_components()将各个点连接起来，然后再继续对图进行处理。因为这个函数在别的图扩展包中也存在，所以需要指定扩展包的名称：

```
In[21]:  Graphs.connected_components(g)
Out[21]: 1-element Array{Array{Int64,1},1}:
    [1,2,3,5,7,6,4]
```

看起来所有节点都连接在一起（所以很难区别出 Alice 的朋友圈！），从结果可知，这个图是一个连通图。再看看 OnlineNewsPopularity 特征图的连通性：

```
In[22]:  Graphs.connected_components(g2)
Out[22]: 43-element Array{Array{Int64,1},1}:
    [1]
    [2]
    [3]
    [4,5,6]
    [7]
```

在这个例子中有很多连通子图，这是因为多数特征与其他特征都是不相关的（否则我们可以使用一个更高的阈值）。我们省略了大部分结果，如果你看一下笔记本文件，就可以知道确实是这样的。还有，在这个连通子图列表的末尾附近，有这样一项[56, 59]，表示这两个特征之间存在联系。我们可以使用前面计算出来的相关矩阵，看一下联系的具体值：

```
In[23]:  CM[56,59]
Out[23]: 0.714527589349792
```

12.6 团

团与环紧密相关，因为团是图中一组互相连接的节点的集合。所以，当研究图的特性时，经常将团与环一起研究。在社交网络和物流问题中，经常会遇到与团相关的问题，通常我们感兴趣的是最大团问题。这是因为图中经常会有很多团，而较小的团中不会包含什么信息。但最大团只有一个，其中会包含更多与其成员相关的信息。

所以，如果确定了图中有一个环，那么很自然的下一步就是检查是哪些节点形成了环，也就是图中是否存在团。举例来说，如果 Alice 属于一个团，就意味着通过检查这个团，我们可以识别出她最亲近的朋友（或与她最相似的人，并且这些人彼此之间也很相似)。很明显,这其中就会有一些营销的机会,如果 Alice 团体中所有成员都在我们的网站上,那么 Alice 就会更加个性化的体验。

下面看一下在我们那个简单的图中是否存在团,并看看能不能搞清 Alice 的社交圈子。要完成这个任务,我们可以使用 maximal_cliques()函数,和前面一样,也要在函数前指定扩展包的名称:

```
In[24]: Graphs.maximal_cliques(g)
Out[24]: 5-element Array{Array{Int64,N},1}:
    [4,7,3,6]
    [2,7,3,6]
    [2,7,3,1]
    [2,5,6]
    [2,5,1]
```

这个结果能告诉我们什么呢?嗯,如果 Alice 想办个聚会,想让尽可能多的朋友参加,而且又不想朋友之间出现尴尬的话,那她应该选择第三个环(因为它连接了最多成员)。此外,她还非常确定,参加聚会的每个人都至少有两个朋友,所以即使她去了一会儿卫生间,朋友们也不会感觉无聊。对于 Bob 来说,他如果想组织聚会的话,可以有两种选择(前两个团),如果他厌烦了 Alice,还可以同这个小团体中的其他成员厮混。

尽管在图中找出最大团是有些用处的,但是在表示特征的图中,最大团提供不了什么有用的信息,所以我们不介绍其他例子了。

12.7 图的最短路径

多数情况下,图中的边是具有权重的,所以,找到一条从 A 到 B 的最短路径就成为了另一个重要问题。现在的问题是,不但要找到这条路径,还要尽快地找到这条路径。为了解决这个问题,我们可以使用 Dijktra 算法,这是计算机科学领域中一种常用的算法。除了图论,它还可以用来找出安排任务的最佳方法(项目管理),还可以通过基于 GPS 的 APP 找出你所在城市(或者其他城市)中离你最近的 Julia 活动。还有另外几种计算最短距离的算法,其中最重要的算法是在 Graphs 扩展包中实现的。当你熟悉了 Dijktra 算法之后,我建议你试验一下这些方法。

我们不会介绍与这项技术相关的太多数学知识，但我希望你们通过一些专门的文档来学习一下，比如 Melissa Yan 在 MIT 的演讲稿：http://bit.ly/29zFogk。

在计算最短路径问题中的距离时，我们将两个端点之间的距离认为是两点之间的边上的权重。所以，如果权重表示的是相似度，我们就需要对其进行调整，以便最短路径算法能够正常工作。

下面我们看一下，在 Julia 中如何计算图中两点之间最短路径的距离。首先，我们要对权重进行转换，以得到群组之中不同成员之间相异程度的度量：

```
In[25]: ww = 1 - w
```

我们可以使用各种不同的函数来完成转换。有一个很容易想到的函数就是 $1/w$，但我们没有使用这个函数，因为如果节点的权重非常小的话，会得到一个非常大的值。一般来说，如果你想在转换权重的时候控制一下数值，就应该使用这样的函数 $c + maximum(w) - w$，这里的 c 是一个可选择的正的常数。还有，如果权重非常分散，那么在转换之前可以先使用一下 sigmoid 函数。有点创意！

将权重整理好之后，我们需要定义一个起始点。在这个例子中，我们用 Alice 作为起始点（节点 1）。为了找出从图的各个部分到达 Alice 的最短路径，我们使用 dijkstra_shortest_paths()函数，并指定使用 Graphs 扩展包中的函数：

```
In[26]: z = Graphs.dijkstra_shortest_paths(g, ww, 1)
```

函数的结果是一个 DijstraStates 对象，其中包含了到达 Alice 节点（被设置为函数的最后一个输入）的最短路径的信息。为了得到更全面的信息，我们访问一下这个数据结构最重要的两个属性，parents 和 dists：

```
In[27]: z.parents
Out[27]: 7-element Array{Int64,1}:
    1
    7
    1
    6
    1
    7
    3
```

希望你们没有期望得到一个包含每个人的实际父母名称的列表，否则你们就会大失所望。很明显，parent 这个词在这里具有不同的含义，它指的是当我们从

源节点（这里是节点 1）出发时，所检查节点的前一个节点。还要注意，源节点
的 parent 就是它自己。

所以，如果你是 Bob（节点 2），并想尽快地得到一些关于 Alice 的消息，那
么你最好的选择是去找节点 7，因为很明显 Alice 和 Bob 不是那么亲密（也就是说
他们之间的距离比较远，正如 ww 矩阵中相应元素所示）。如果想找出图中所有节
点与源节点之间的实际最小距离，我们可以使用 DijstraStates 对象的 dists 属性：

```
In[28]: z.dists
Out[28]: 7-element Array{Float64,1}:
    0.0
    0.40426
    0.047163
    0.346588
    0.224677
    0.079096
    0.069944
```

从以上结果可以看出，与 Alice 最亲密的人（除了她自己）是 Christine。这并不
意外，因为这两个节点之间有直接的联系（边 1—3），而且相似度的权重非常高。另
一方面，与 Alice 最疏远的人是 Bob（节点 2），因为他们之间直接联系的相似度非常
低，距离权重特别高。如果想从 Alice 联系 Bob，最好通过这个团体中的其他人。

12.8 最小生成树

树本质上是一种用来完成特定任务的无环图。我们已经介绍了分类树，它可
以模拟对数据点进行分类的决策过程。如果使用一些其他的数据点来代替分类，
我们就可以得到一棵生成树。如果我们将生成树中各条边上的总权重（或平均权
重）最小化，就可以得到最小生成树。所以，抛开这个别致的名字不谈，最小生
成树（Minimum Spanning Tree, MST）就是能够连接数据集中所有数据点的总体
权重最小的最优图。

MST 的一种重要应用是在物流系统中。如果你想用最小的预算建立一张路
网，来满足连接所有主要建筑物的要求（也就是说，你可以从一个建筑物驾车
到另一个建筑物，即使走观光路线也没关系），那么就可以使用 MST 来解决这
个问题。

这时，节点就是你想连接的建筑物，边则是要建立的实际道路。生活在某个区域之中的人们可能会不太高兴，因为他们可能会开很长时间的车，并且从图书馆到法院可能只有一条路。但是，这个项目的总体成本是最小的。这个例子可能有点极端，但是对于一个新的地铁项目来说，它是非常有意义的，这时你会想让地铁覆盖尽可能多的地方，并与老线路不产生冗余（至少是在项目开始阶段）。

MST 还可以有其他用途，包括分类。MST 是图论的最直接应用之一，就其本身而言，在数据科学未来技术的发展中，它也有非常大的潜力。我建议你们通过一些可靠的参考资源对这个主题进行更加深入的学习，比如这个普林斯顿大学的网页：http://bit.ly/29pnIol。

最后，还有一种称为**最大生成树**的图。但是，因为所有最大生成树都可以表示为 MST（例如，对边的权重取相反数），所以在本章中我们就不做介绍了。如果图中节点表示数据集的特征，权重表示距离，而你想进行特征选择，得到一个差异度尽量大的特征集合，那么这时你可以使用最大生成树来解决问题。你可以通过特征图的最大生成树的连通子图来进行特征选择。

在图中计算 MST 有两种方法，分别通过两种非常有效的算法来实现：Prim 算法和 Kruskal 算法。这两种方法都非常简单直接，在 Julia 中，Graphs 扩展包已经实现了这两种算法。

12.8.1 在 Julia 中实现 MST

我们可以使用 Julia 在图中找出最小生成树。还是回到 Alice 的小团体，可能会有这样一种情况，如果社交媒体崩溃，而团体中有人需要向其他所有人传递一条消息，那么这时候，这个人如何在尴尬最小（也就是通过平均最小的相异度来联系其他人）的情况下来传递消息呢？这时候就可以发挥 Julia 中 MST 功能的作用了。在这里，我们使用的是 kruskal_minimum_spantree()函数以及距离权重，因为这种 MST 算法更容易使用：

```
In[29]: E, W = kruskal_minimum_spantree(g, ww)
```

你可以通过检查一下初始的图，看看实际的树包括哪些边（数组 E）。现在，我们主要关心的是平均权重（数组 W），因为这是 MST 的常用指标：

```
In[30]:  mean(W)
Out[30]: 0.15093016666666667
```

所以，即使 Alice 的小团体中有些人彼此不那么熟悉，如果通过最小生成树来联系所有人，整个沟通过程的平均距离（尴尬）也是相当小的。

12.8.2 用文件保存和加载图

我们可以将图保存下来，供之后的分析使用。图非常大的一个优点是可以压缩，所以不需占用很大的空间。为了完成这个任务，我们可以使用 LightGraphs 扩展包中的 save()和 load()函数。首先，我们需要将图转换成这个扩展包可以识别出来的类型：

```
In[31]: gg = G2LG(g)
```

然后，我们就可以执行实际的保存操作了，使用 save()函数：

```
In[32]: save("graph data.jgz", gg, "AliceGang", compress=true)
Out[32]: 1
```

输出表示保存的图的数量。此外，图的名称（AliceGang）不是必须的，所以你可以省略掉（如果你省略了，它的名称就像 graph 之类）。但是，如果你想在一个文件中保存多个图，那就应该给它们一个有意义的名称，以便在加载的时候可以将它们区别开来。可以通过以下命令加载一个包含图的文件：

```
In[33]: gg_loaded = load("graph data.jgz", "AliceGang")
```

因为我们知道数据文件中图的名称，所以可以指定特定的图。如果我们不知道图的名称，就只能将图加载到临时文件中，供以后访问。这很容易实现，因为如果没有指定图名称作为第二个参数的话，load()命令返回的对象就是一个字典。

我们还应该注意，加载的图是个 LightGraphs 对象，所以如果想使用 Graphs 扩展包中的函数来处理图的时候，你需要使用自定义函数 LG2G()对图对象进行转换：

```
In[34]: g_loaded = LG2G(gg_loaded)
```

如果你想将加载的图与原始图进行一下比较，那么可以使用以下代码检查一下图的各条边：

```
Int [35]: hcat(edges(g_loaded), edges(g))
```

12.9　Julia 在图分析中的作用

图分析是一个比较新的领域，Julia 则是一项更新的技术，尽管如此，二者却是相得益彰。有很多迹象（或特征，如果你愿意这么说）明显表明，二者结合起来有产生更强大的协同效应的可能。

- 因为越来越多的人意识到网络的价值，基于图的数据库也正在走向成熟，这就使得图分析越来越重要。这对于 Julia 绝对是个利好，因为它特别善于处理复杂数据集，甚至可以在其他分析平台结束加载数据之前就能发现数据之间有意义的联系。
- 从事图分析的通常是那些极其有竞争力的数据科学家，他们经常被 Facebook、Twitter、Microsoft 和其他著名公司所追求。如果这些专业人员中有 1%使用 Julia，那么 Julia 就会变得更加强大，因为将有更专业的人来开发扩展包，他们的代码更简洁，文档也更加完善。
- 随着 Julia 在图分析领域的应用逐渐增长，数据库开发者们就会注意到这一点，并为 Julia 使用者开发出一个 IDE。我们希望近期会有一个有前瞻性的公司，比如 Turi，能注意到这一趋势，因为 Julia 可以处理特别复杂的数据结构。原因在于 Julia 与基于 C 的语言（例如，通过 Cxx 扩展包使用 C++）联系非常紧密。

除了以上几点，Julia 用户已经清楚地知道，尽管其他数据科学语言可以通过在后台对 C 的使用在数据科学领域内占有一席之地，但是 Julia 是一种更强大的语言，它能够真正解决问题，并且在工具软件方面是个革命性的突破。所以，对于那些并不是执着于编写 C、C++或 Java 代码的人来说，Julia 是图分析应用的最好选择。

Julia 将在图分析领域内发挥的作用是难以估量的，因为它是一种强大的语言，允许编程者自由地发挥，不用依赖于大量第三方脚本，那些脚本你可能根本没有时间去仔细检查和透彻理解。这个优点可以使图分析领域以更快的速度向前发展。

12.10 小结

- 图非常适合于某种问题的建模，它也可以用于很多种数据集。

- 图没有维度，因为它是数据的一种抽象表达，重点在于数据之间的联系。联系可以是数据点之间、特征之间、类别之间或任何其他数据之间的内容。

- 图可以是有向的，也可以是无向的，分别对应于节点之间的联系是单向的还是双向的。

- 图的定义可以通过边列表（包括每种联系的方向）以及相应的权重（如果有的话）来实现，或者通过连接矩阵（或邻接矩阵）来实现。

- 对于一个给定的图 g，我们可以计算出若干统计量，最重要的统计量如下：
    - 节点数量——num_vertices(g)。
    - 边的数量——num_edges(g)。
    - 节点集合——vertices(g)。
    - 边的集合——edges(g)。
    - 是否有向图——Graphs.is_directed(g)。
    - 节点 x 的度——out_degree(x, g)。
    - 节点 x 的邻居——Graphs.out_neighbors(x, g)。
    - 图的度——图中所有节点的度的最大值。

- 环检测需要找出是否有一条路径，从一个点开始并在同一个点结束。环检测有很多应用，对于特征选择尤其重要。你可以使用函数 test_cyclic_by_dfs(g)来在图 g 上执行环检测。

- 没有环的有向图称为有向无环图，简称 DAG。

- 连通子图是一组彼此可达的节点的集合（也就是说，对于集合中任意两点 A 和 B，都有一条路径可以从 A 到达 B）。通过函数 Graphs.connected_components(g)，可以找出图 g 中所有连通子图。

- 团是图中一个彼此相连的节点集合。因为在图中经常存在若干个团（特别是社交网络中），所以我们一般考虑其中最大的那个，称为最大团。

- 最大团是图中最大的团。根据我们所检查的图中不同部分，通常有多个最大团。通过函数 Graphs.maximal_cliques(g)，我们可以找出图 g 中所有最大团。

● 图中连接节点 x 和其他节点的最短路径一般是非常重要的，因为使用它可以有效地在图中进行移动。要想在图 g 中为节点 x 找出这些最短路径及其距离，可以使用 Dijktra 算法，它使用函数 Graphs.dijkstra_shortest_paths(g, ww, x)来实现，这里的 ww 是对应于图中各条边的权重向量，表示某种相异度或距离。函数会生成一个对象，其中包含若干条与节点 x 的最短路径相关的信息。这个对象最重要的属性如下。

○ Parents：与节点 x 相关的每个节点的父节点列表。对于某个检查节点来说，这个父节点是到达 x 节点要经过的最近的节点。请记住节点 x 的父节点就是它自己。

○ Dists：由对应于每条路径的距离所组成的列表。

● 最小生成树（或 MST）是一个无环图，它可以连接一个图中的所有节点，并且总体权重最小。可以使用两种算法计算出一个图中的 MST：Prim 算法和 Kruskal 算法。后者在 Julia 中更易于使用，可以通过函数 kruskal_minimum_spantree(g, ww)来实现。这个函数的输出是两个对象：E 和 W，分别表示 MST 的边列表和相应边上的权重。

● 你可以使用 LightGraphs 扩展包来保存和加载图，如下所示。

○ 保存图 g：save(fn, g, gn)，这里的 fn 是要保存图 g 的数据文件的名称，gn（可选参数）是在数据文件中用来引用图的名称。

○ 加载图 g：load(fn, gn)，这里的 fn 是保存图的数据文件的名称，gn（可选参数）是要取出的图的名称。这个函数的输出是一个 LightGraphs 图对象。如果你没有使用第二个参数，就会得到一个字典，里面包含所有保存在数据文件中的图。

● 如果你想图可以同时被 Graphs 扩展包和 LightGraphs 扩展包所使用，那么可以将图从一种类型转换为另一种类型。这可以通过自定义函数 G2LG()和 LG2G()来实现，这两个函数可以将图对象在 Graphs 类型和 LightGraphs 类型之间进行转换。

- Julia 在图分析领域中可以发挥重要的作用，理由是它的高性能，并且可以容易地实现和理解图分析任务所用的算法。

12.11 思考题

1. 为什么图在数据科学中的用处非常大？

2. 如何使用图分析来提高特征集合的可靠性？

3. 所有问题都可以用图来建模和分析吗？为什么？

4. 可以使用 MST 作为分类系统吗？解释一下。

5. 可以在数据集上直接使用现有的图分析工具吗？为什么？

6. 编写程序在给定图中找出最大生成树。（提示：如果你使用一个图分析扩展包中的函数作为基础，那么程序就会非常小。）

7. 保存图（gg）的数据文件中包含了图的所有信息吗？为什么？

第 13 章
更上一层楼

如果那些关于学习的说法都是真的，那么在这一章中，你就应该学会那些你应该知道的知识（或者，更重要的是，学会那些你不知道的）。因为本章会使你充满信心地在数据科学应用中使用 Julia。

这并不是说，你在学习完本章之后就会无所不知！但是，如果你认真学习了本章中的所有内容，那么你使用 Julia 这门语言的水平就会再上一个台阶。在后来与 Julia 相关的工作中，你可以摆脱对本书内容的依赖，获得更加自如地使用 Julia 的能力。

尽管本章也附带了一个 IJulia 笔记本，但我建议你们不要使用它，除非想寻求一些帮助。相反，你们应该先试着建立自己的笔记本，并从头编写所有基本的代码。

本章主要包括以下内容：

- Julia 社区，以及如何获取 Julia 语言的最新发展。
- 通过一个实操项目，你可以知道如何在数据科学中使用 Julia 的知识。
- 如何使用最新获取的技能来贡献 Julia 项目，以提高 Julia 在数据科学领域的地位。

13.1 Julia 社区

13.1.1 与其他 Julia 用户进行交流

尽管 Julia 社区的规模还比较小，但其中确实活跃着一些用户，热心地与其他用户交流 Julia 相关技术。好在，这些用户既精通 Julia 语言，又熟悉其他计算机语言，因为很少有人从 Julia 开始学习编程，将 Julia 作为第一门编程语言。

多数 Julia 用户知道这门语言还没有被人们广泛接受，所以在日常的编程工作中，他们更经常使用其他更加成熟的平台。这种情况也是有益的，因为他们可以告诉你某种其他语言的功能是否已经在 Julia 中实现了，至少也可以给你指出正确的方向。这并不是说在其他编程社区中没有这种知识丰富的人，哪里都有经验丰富的程序员，只是在 Julia 社区中这种人的密度会高一些。

所以，如果你想和 Julia 用户交流，那么这个 Google 小组就是一个好的开始：http://bit.ly/29CYPoj。如果你说西班牙语，那么也有一个西班牙语小组：http://bit.ly/29kHaRS。

如果你想问一个具体的问题，如关于 Julia 脚本的，或关于一个内置函数的，或者你找不到可以解决代码问题的方法，那么应该怎么做呢？嗯，那就应该去 StackOverflow 上去寻找答案，使用 julia-lang 标签作为默认选项来找寻与 Julia 语言相关的问题答案。

Meetup 网站上也有小组，这是一种与 Julia 用户进行真人聚会的非常好的方式。你可以在这里找到相应的小组列表：http://bit.ly/29xJOCM。目前，Julia 在美国和其他几个国家比较流行，所以如果你正好生活在一个具有活跃的 Julia 线下聚会小组的城市，请一定利用好这个机会。

13.1.2 代码库

因为 Julia 是一个开源项目，所以它的所有源代码和大部分扩展包都可以在 GitHub 上找到。你可以在 http://pkg.julialang.org 这个站点找到所有支持包的列表，以及相应的 GitHub 库的链接。在附录 C 中，我们给出了本书所使用的扩展包的列表及其 GitHub 链接。

13.1.3 视频文件

视频已经快速成为分享信息的最常用媒体，Julia 开发者们意识到了这一点，并在 YouTube 上开辟了一个专用频道：http://bit.ly/29D0hac。除了这个频道以外，Julia 个人用户也创建了一些视频文件。如果你正好说葡萄牙语，那么可以看看由 Alexander Gomiero de Oliveira 制作的这个精彩视频：http://bit.ly/28RMlbW。如果你更喜欢看英文视频，那么可以从 Juan Klopper 的这个频道开始：http://bit.ly/28NS27K。请保持对新的 Julia 视频文件的关注，因为经常会有新的视频被制作出来。

13.1.4 新闻

如果你觉得 YouTube 在发布 Julia 最新发展时显得太慢，那么可以通过一个可靠的博客来跟踪最新的信息。你可以看一下由 Julia 开发者维护的官方博客 http://julialang.org/blog，或者这个从各个博客中收集与 Julia 相关的帖子的博客 http://www.juliabloggers.com。这个博客上包括各种类型的文章，以及到初始资源的链接。

如果你喜欢简短的新闻，那么最好去看 Twitter。你可以使用#JuliaLang 这个标签来查看 Twitter 留言，用#JuliaLangsEs 可以查看西班牙语的留言。

13.2 学以致用

现在，是时候将你所学的知识应用在一个实操项目上了。在开始之前，我建议你将第 5 章之后的笔记本都复习一遍，确保你弄清楚了数据科学的整个流程以及 Julia 在流程各个阶段的作用。还有，你应该再看一遍本书中困扰你的所有问题和练习，并试着再做一遍。如果你准备好了，那么就可以收好笔记，看一下你的任务。

如果你可以在完成任务时使用尽可能多的新技能，那真是太好了，但你不必为完成任务而使用工具箱中的每种工具。在本章附带的 Ijulia 笔记本中，有一个这个任务的最简单的解决方案，第 5 章中则提供了一种更加高级的解决方法。你自己的解决方案应该与这些方案都不一样，我们提供解决方案只是为了当你遇到困难时可以提供一些帮助。此外，在笔记本中你还可以发现一些辅助函数，你可以在这个任务和其他应用中随意使用这些函数。

在这个项目中，你的任务是分析本书开头简单介绍过的 Spam Assassin 数据集，最终建立一个可以根据邮件标题将垃圾邮件和正常邮件（或称"ham"）区分开来的系统。你可以使用任何你觉得合适的方法。你需要为数据分析编写一些基本的代码（以及其他相关资料），并且要验证一下结果。

这个数据集由三个电子邮件文件夹组成，分别标注为"spam""hard-ham"和"easy-ham"。每份邮件中的大部分数据与任务无关，因为你只须将重点放在邮件标题上。（如果你完成了任务，就可以对系统进行一些调整，将它应用在其他的数据上，实现一些其他应用。）

我建议你们先做一些数据工程方面的工作，将所有文件中的相关数据收集在一起，并保存在另外的文件中，以供进行更进一步的分析。此外，因为数据集中都是文本数据，所以在你应用统计方法或机器学习算法之前，应该先创建特征。我还建议你们使用 IJulia 笔记本来编写保存整个项目的代码、结果和注释。

你很快就能发现，有些文件中的邮件是用其他语言写成的，所以由于编码的原因，你很难对这些邮件进行处理。我建议你们跳过这些文件，使用数据集中其余的数据进行分析。如果你发现凭你现在的水平很难进行编程，举步维艰，那么可以使用任何一种你熟悉的数据科学工具（参见附录 D）来完成工作，或者可以直接使用 titles_only.csv 文件来开始。我们创建这个文件的目的就是为了帮助你来完成任务（文件中的分隔符是逗号，subject 数据中的特殊字符也已经都去除掉了）。

13.2.1　从这些特征开始

如果你觉得这个项目无从入手，也很正常，多数基于文本的项目都是这样。但是，不用使用那些自然语言处理（NLP）方法，我们也可以找出一些方法使用 Julia 应用数据科学流程来解决这样的问题。所以，如果你不知道如何开始，那么可以使用以下几个特征来试着建立一个基准模型。

- 是否存在以下单词或短语：
  - sale
  - guaranteed
  - low price
  - zzzzteana
  - fortune

- ○　money
- ○　entrepreneurs
- ○　perl
- ○　bug
- ○　nvestment
- ●　是否有特别长的单词（超过 10 个字母）。
- ●　标题中数字（即数值字符）的数量。

与在机器学习中不断地对预测进行优化一样，找出合适的特征是数据科学中最具创造力的工作之一（也是数据科学的精华所在）。某些特征可能特别适合于预测某个类别，而另外一些特征则特别适合预测另一个类别，还有一些特征是其他特征的补充。此外，你还可以使用像 sigmod 这样的函数（笔记本中是 sig()）使数值型特征变得更强大（即可以在你想区分的类别之间应用高阶距离）。

因为我们这个具体的问题比较简单，所以如果你专心致志地进行特征创建的话，是有可能得到完美的分类结果的（分辨率为 1.0）。当然，这也不能保证对于这类问题都能得到非常好的效果，因为类别之间存在严重的不平衡。请记住，你的目标是能够准确识别出垃圾邮件，所以能预测出正常邮件也很好，但不那么重要。

还有，请记住即使你没有非常完整的特征集合，也可以建立一个非常好的模型，所以不要把所有时间都花费在特征选择过程上。我建议你们先使用那些明显的特征建立一个基本特征集合，并在此基础上建立一个模型，然后再回过头来逐渐优化特征集合。此外，如果可能的话，请一定尽量多地应用本书中介绍过的技术。归根结底，这个项目的目的就是获得一些在 Julia 中应用数据科学方法的实际经验。

13.2.2　关于这个项目的一些思考

尽管我们使用的是真实数据，我们还是对整个问题进行了最大程度的简化。理想情况下，除了标题，你还应该使用其他相关数据，比如发送者的 IP 地址、发信时间以及邮件的实际内容。如果你考虑所有这些因素，那么系统的性能肯定会更好，但是整个项目会需要非常长的时间才能结束（例如，你需要创建一系列新特征来表示邮件主体内容）。此外，如果实际开发这个应用，你可以访问一些黑名单，其中记载了一些已知的垃圾邮件信息，这样可以使整个过程更容易一些。

这个项目的目的不是要建立完美的垃圾邮件检测系统，而是要使用 Julia 完成一个数据科学项目，并积累一些经验以供未来的项目做参考。此外，这个项目还是锻炼你的辨别力和直觉力的一个极好的机会，这些能力在数据科学中也是非常重要的，但在多数相关书籍中则很少提及这些能力。除此之外，这些能力对于确定以下问题也是必不可少的，比如对这个问题使用哪种验证方式，应该使用哪些单词和短语作为特征，以及能够将哪些语义结构表示为数值型特征等。

如果你完成了这个项目，并对结果感到满意，那么接下来可以在更加复杂的数据集上一显身手（Kaggle 是一个合适的开始），并逐渐扩展你在 Julia 上的专业知识。当你获得了更多经验之后，你可以对 Spam Assassin 数据集继续深挖，看看如何能够进一步改善预测系统。可能你会执行更加聪明的特征选择，以使整个系统运行得更加快速。只有天空才是你的极限！

13.3 在数据科学中使用 Julia 的最后思考

13.3.1 不断提高 Julia 编程水平

很遗憾，要想提高 Julia 编程水平，只有一种效果不是立竿见影的途径——动手练习。在 http://www.codeabbey.com 这个网站上有很多各种各样的编程题目，尽管你很少能够找到使用 Julia 提供的解决方案，但它还是练习编程能力的一个非常好的去处。如果你想找到更多使用 Julia 完成的题目，那么可以去这个站点——http://bit.ly/29xKI2c，在此你可以找到 99 problems in Haskell 中的前 10 道题目，以及一些推荐解法。

如果你的水平已经足以编写出没有 bug 的代码（至少是大多数情况下！），那么你就应该看看如何能使代码更有效率。监测代码效率的一种方式是使用 @time

元函数，你可以将这个函数插入在要评测的代码的前面，这样可以得到代码使用资源（CPU 时间和 RAM）的一些度量。如果你想知道不同数据类型的信息，或者想了解一下专业 Julia 用户是如何使用不同数据类型来使代码效率最高的，也可以使用这个函数。你会发现 Julia 是一门使用普通代码就能得到非常好的性能的语言，如果对代码进行优化，那它的效率会更高。

13.3.2 贡献 Julia 项目

你可以通过以下两种方式为 Julia 项目做出贡献。

1. 普通方式

- 与他人分享在 Julia 方面的经验。
- 分享与 Julia 语言有关的文章，在你的社交圈子中提高 Julia 的知名度。
- 向 Julia 开发者社区通报 Julia 语言及其扩展包的问题。
- 对 Julia 项目进行捐赠（Julia 语言官方站点社区网页底部有个捐赠按钮，地址：http://julialang.org/community）。

2. 更实用的方式

- 创建可以供其他 Julia 用户使用的函数或扩展包，并将相应的脚本分享在网络上（可以通过你的个人站点，也可以通过公共站点，如 Dropbox 或 GitHub）。
- 修改现有的扩展包，解决它目前存在的问题或局限性。
- 解决 Julia 编程中的问题，并将解决方案公布在博客上。
- 在日常工作中使用 Julia（与你现有的工作平台并行也可以）。

3. 承担一些责任

- 参见 Julia 年度会议（现在是 6 月份在 Boston，9 月或 10 月在 Bangalore 召开）。
- 在你的站点、博客或 Meetup 上宣传与 Julia 相关的活动。
- 编写相关学习材料，并分享给他人（或将一些现成的资料翻译成你的母语）。
- 购买本书，作为礼物送给你的朋友。

好了，如果你的朋友对 Julia 不是那么感兴趣的话，那你就不一定要做上面的最后一件事（如果你还想保持朋友关系的话）。但是，你还是可以多买几本，送给你的同事或者你所在地区的 Meetup 小组成员。

13.3.3　Julia 在数据科学中的未来

预测 Julia 在数据科学中的未来是很困难的，特别是在没有足够信息的基础上。但是，从 Julia 最近的发展趋势可以看出，这门语言正在不断发展，实用性也正在不断提高，我们可以期望它在未来会有更多的发展，特别是在与数据科学相关的应用方面。

归根结底，当人们在接受一种新的工具时，不管他有多么保守，工具的可用性会最终战胜潜在用户的惰性。Linux 就是一个很好的例子，尽管人们最初不接受它，但从 20 世纪 90 年代早期开始，它已经替代了很多其他的操作系统。

现在，大多数计算机（以及其他电子产品）都以各种不同的方式使用这种操作系统，而且有越来越多的人将自己的主要操作系统更换成了 Linux。这种情况也可能出现在 Julia 身上，可能不会那么快，但就像 Python 因其简单易用而获得了现在的地位一样，Julia 也完全可能逐渐成为数据科学领域内的主要编程语言。

Julia 会替代 R、Python 或其他语言吗？不太可能。会一直有人（和企业）使用这些工具，即使它们和其他工具相比已经没有明显的优势了，原因很简单，因为他们已经在这些工具上投入了很多。我们可以看一下 Fortran 语言，它已经逐渐被 Java、C、C++和其他低级语言所替代。但是，还是有一些人在使用 Fortran，并将继续使用下去，即使它的性能已经被完全超过。当然，R 和 Python 比 Fortran 更高级，应用也更广泛。但是，未来完全可能发生这种情况，即人们使用这些语言只是因为自己的喜好，而不是因为它们有任何实际的优点，就像有些人喜欢使用 C#，而不喜欢用 Java 或 C++一样。

除此之外，Julia 确实还没有达到 R 和 Python 的水平，这就是为什么需要一些 API 将 Jullia 和它们结合起来（参见附录 D）的原因。所以，不会出现 Julia 和 R 或 Python "决一死战"的那种情况，而是大家和平共处，共同发展。Julia

可能会在数据工程中稍稍领先，并逐渐在多数其他应用中证明自己的价值，R 是统计分析的首选平台，Python 则用来开发某些专用模型，这些语言工具会同时共存。说到底，真正的数据科学家只是想漂亮地完成任务，不大会关心使用什么工具，就像优秀的开发者一样，他们乐于使用任何合适的语言去建立需要的应用。

我们希望你能成为这样的数据科学家，即能够利用像 Julia 这样的新技术使得数据科学领域更加繁荣昌盛，对所有人都更加有价值。可能有那么一天，你会成为 Julia 技术的贡献者，通过你的努力，使得数据科学家们使用 Julia 更加得心应手。

附录 A
下载安装 Julia 与 IJulia

你可以在 http://bit.ly/2a6CtMi 这个站点下载 Julia 的最新版本。

和其他软件一样，Julia 也有一个稳定版本和一个测试版本（每日构建）。我们强烈推荐你使用前者，因为后者会有一些问题，最新功能对你的意义也不大。所以，除非你想测试一下这门语言下一个版本中正在开发的最新软件包，否则没有任何理由去尝试每日构建版本。

此外，请确认你下载的安装程序符合你的计算机操作系统和内部数据传输带宽（现在的计算机多数是 64 位，比较老的计算机是 32 位）。如果你下载完了安装程序，就可以运行安装程序，并按照 http://bit.ly/29qh7XQ 中的指示来进行安装。

尽管 Julia 是 Linux 系统下的一个包，但这个版本太老了。要获得最新（稳定）版本，你可以访问相应的软件仓库 ppa:staticfloat/juliarelease，还有基于 Ubuntu 系统的版本 ppa:staticfloat/julia-deps。

Julia 面向大众的版本（就是官方网站上的第一个版本）虽然是最基础的程序，但你也可以用它来做很多事。这种形式的语言称为 REPL（分别是 Read, Evaluate, Print 和 Loop 的首字母），特别适合于完成一些最基本的工作，以及运行在文本编辑器或 IDE 中写好的脚本。

说起 IDE，现在 Julia 开发者们正在力推 Juno，并把它和 Julia 捆绑在一起发布。Juno 现在由于某种原因不是很稳定，尽管 Atom 本身工作得非常好。

IJulia 的安装稍微复杂一些，尽管 IJulia 本身的安装包非常易于安装，但安装它的先决条件（用于 Julia 的 Zero MQ 或 ZMQ）时有可能会出现问题。为了避免出现这样或那样的问题，我们强烈推荐你不要使用传统的安装软件包的方法，而是按照以下步骤进行安装。

1. 安装 Ipython。

2. 安装 Ipython-notebook。

3. 运行 Julia。

4. 添加 IJulia 扩展包。

5. 编译链接扩展包（Pkg.build("IJulia")）。

然后，你可以使用以下命令在浏览器中访问 IJulia 环境：

```
using IJulia
IJulia.notebook()
```

附录 B
与 Julia 相关的一些常用站点

站点	简介
www.julialang.org	Julia 官方网站，提供了大量非常好的资源，包括 Julia 最新版本、教程、新闻以及其他相关信息
https://en.wikibooks.org/wiki/Introducing_Julia	Julia 的一本非常棒的参考书
http://learnjulia.blogspot.com	一个关于 Julia 最近更新的非常好的博客
http://media.readthedocs.org/pdf/julia/latest/julia.pdf	Julia 官方文档
http://learnxinyminutes.com/docs/julia	Julia 主要命令简介，并有一些简单的示例
https://www.linkedin.com/grp/home?gid=5144163	LinkedIn 上最活跃的 Julia 小组
http://julia.meetup.com	Julia 用户 Meetup 小组列表
www.junolab.org	Juno 主页，Juno 是一个专门用于开发、运行和调试 Julia 脚本的 IDE
bogumilkaminski.pl/files/julia_express.pdf	一个基于示例程序的 Julia 语言快速教程
http://bit.ly/28RMlbW	目前最好的视频教程，专为那些有远大理想的 Julia 用户而设计，不要求任何编程背景。可惜只有葡萄牙语版本
https://groups.google.com/forum/#!forum/julia-users https://groups.google.com/forum/#!forum/julialanges	Julia 用户的 Google+ 小组。第一个是英语小组，第二个是西班牙语小组
https://www.youtube.com/user/JuliaLanguage.	Julia 官方 YouTube 频道
http://www.juliabloggers.com	一个专门收集与 Julia 相关的文章的博客，是 Julia 相关新闻的最好资源
http://learnjulia.blogspot.com/2014/05/99-problems-in-julia-programming.html	收集了一些用 Julia 解决的基本编程问题

续表

站点	简介
http://www.tutorialspoint.com/execute_julia_online.php	一个在线创建和运行 Julia 脚本的好地方（不需注册）
http://samuelcolvin.github.io/JuliaByExample/	一个非常好的 Julia 入门教程
http://www.jlhub.com/julia	Julia 内置函数索引，分门别类并提供了必要的示例
http://quant-econ.net/jl/index.html	Julia 简介，以及 Julia 在计量经济学中的应用
http://pkg.julialang.org	Julia 最新版本的官方扩展包列表
http://docs.julialang.org/en/release-0.4	介绍 Julia 语言特性的官方文档
https://twitter.com/JuliaLanguage	Julia 官方 Twitter 频道

附录 C
本书所用的扩展包

扩展包名称	位置	简介
JLD	https://github.com/JuliaLang/JLD.jl	Julia 数据文件格式
StatsBase	https://github.com/JuliaStats/StatsBase.jl	常用统计函数
HypothesisTests	https://github.com/JuliaStats/HypothesisTests.jl	用于假设检验的统计函数
PyPlot	https://github.com/stevengj/PyPlot.jl	Python 绘图扩展包
Gadfly	https://github.com/dcjones/Gadfly.jl	最好的绘图扩展包之一
Clustering	https://github.com/JuliaStats/Clustering.jl	聚类
DecisionTree	https://github.com/bensadeghi/DecisionTree.jl	决策树与随机森林
BackpropNeuralNet	https://github.com/compressed/BackpropNeuralNet.jl	使用后向传播算法进行训练的基本神经网络
Graphs	https://github.com/JuliaLang/Graphs.jl	完整的图应用扩展包
LightGraphs	https://github.com/JuliaGraphs/LightGraphs.jl	更快速的图算法
PyCall	https://github.com/stevengj/PyCall.jl	在 Julia 中调用 Python 脚本
RCall	https://github.com/armgong/RJulia	在 Julia 中调用 R 脚本
DataFrames	https://github.com/JuliaStats/DataFrames.jl	在 Julia 中集成数据框
ELM	https://github.com/lepisma/ELM.jl	最常用的极限学习机
Distances	https://github.com/JuliaStats/Distances.jl	包括各种距离相关函数的扩展包
GLM	https://github.com/JuliaStats/GLM.jl	广义线性模型
TSNE	http://lvdmaaten.github.io/tsne	实现 t-SNE 算法的官方扩展包
MultivariateStats	https://github.com/JuliaStats/MultivariateStats.jl	包括 PCA 和其他常用统计函数的扩展包
MLBase	https://github.com/JuliaStats/MLBase.jl	包括各种机器学习函数的优秀资源

附录 D
Julia 与其他平台的集成

从一种编程语言转到另一种通常是一件困难的事，如果你不精通其中任意一种，就更是如此。如果你正在处理某种特殊的数据，必须转移到另外一种平台来处理或进行可视化，那事情就会更难办。这种问题通常的解决方法是将所有数据都放在一个两种平台都可以处理的数据文件中。但是，这样会花费大量的时间，对于大数据集来说，时间会更长。

一般来说，将两种平台集成在一起是解决这种问题的最好方法，这种集成可以通用一些专门的扩展包来实现。Julia 可以和多种平台集成，其中最重要的数据科学平台是 Python 和 R。Julia 也可以和 C、C++ 及 Fortran 进行集成，但这超过了本书的范围。而且，在 Python 和 R 中也有相应的扩展包使得这种集成是双向的，这就使得 Julia 的地位更加重要。在本附录中，我们介绍一下如何使 Julia 与 R 和 Python 进行集成。

D.1 Julia 与 R 的集成

D.1.1 在 R 中运行 Julia 脚本

尽管 R 在绘图和生成统计模型方面的功能非常强大，但在运行包含循环语句的脚本时，它不是效率最高的平台，而循环语句在数据工程中很常用。幸好，你可以使用 rjulia 扩展包（需要 devtools 扩展包作为先决条件）来将这部分数据科学流程交给 Julia 来实现。根据你所用操作系统的不同，可以按照以下步骤来进行：

安装 rjulia 扩展包:

Linux 系统:

```
install.packages("devtools") # if you haven't installed the
    devtools package already
install_github("armgong/rjulia", ref="master")
```

Windows 系统：

```
install.packages("devtools") # if you haven't installed the
    devtools package already
installeddevtools::install_github("armgong/rjulia", ref="master",
    args = "--no-multiarch")
```

在 R 中使用 rjulia 扩展包：

```
library(rjulia)
julia_init() # the rjulia package will find your julia home folder
    automatically
julia_eval("2 + 2") # a very basic example
```

输出是 4，数据类型是 R 支持的相应类型。

D.1.2 在 Julia 中运行 R 脚本

在某些特殊情况下，你可能会需要在 Julia 中使用 R 的代码，这时你就应该使用 Rcall 扩展包。可以使用以下代码来安装并运行这个扩展包：

```
In[1]: Pkg.add("RCall")
In[2]: using(RCall)
```

如果运行正常，你可以看到以下一条确认消息：

```
R installation found at C:\Program Files\R\R-3.2.2
```

因为你几乎不太可能会用到这个扩展包，所以我们不做过多介绍了。

D.2 Julia 与 Python 的集成

D.2.1 在 Python 中运行 Julia 脚本

尽管 Python 经常号称自己是真正的编程语言，但实际上它就是一门具有面向对象功能的脚本语言。如果你在 Python 中运行一个大循环语句，就会等待很长时间。所以，人们经常把所有 Python 不能在一个合理的时间段内完成的工作交给 Julia

来做。要达到这个目的，我们需要使用一些特定的 Julia 模块，如下所示。

在命令行工具或 shell 中输入：

```
pip install Julia
```

在 Python 中输入：

```
import Julia
J = julia.Julia()
J.run("1 + 1")
```

以上代码的结果为 2，类型为 Python 支持的数据类型。

D.2.2　在 Julia 中运行 Python 脚本

尽管很少会这样做，但你有时还需要在 Julia 中运行 Python 脚本（可以会使用某个在 Julia 中还没有实现的扩展包）。你可以通过 PyCall 扩展包来实现这个操作，以下为一个例子：

```
In[1]: using PyCall
In[2]: @pyimport numpy.random as nr
In[3]: nr.rand(3,4)
Out[3]: 3x4 Array{Float64,2}:
    0.564096 0.12906  0.828137 0.238906
    0.783359 0.682929 0.929377 0.155438
    0.511939 0.713345 0.182735 0.453748
```

你的输出结果应该与上面有所不同。但是，输出中还有更加重要的部分应该注意：数据类型。尽管这个结果是由 Python 的 numpy 包中的一个函数得出的，但是输出的还是 Julia 数据类型，与运行环境中其他的数据结构完全兼容。

附录 E
Julia 中的并行处理

Julia 中的并行处理指的是同时使用计算机或计算机集群中不同的 CPU（或 GPU）来进行操作，通过 Julia 基础模块使用几行代码就可以实现，这使得 Julia 成为了一种功能非常强大的工具。并行处理非常适合处理随机过程（例如蒙特卡洛模拟）、线性代数计算和其他任何可以分解为多个独立子任务的工作过程。这项技术非常有利于最优化问题，特别是在 AI 领域。

并行处理在数据科学中特别重要，因为它可以非常有效率地处理数据。然而，并不是所有数据分析过程都需要并行处理。并行处理适合于那些可以分解为多个自洽的子问题的问题，这样的问题可以非常有效地并行化，可以节省大量宝贵的时间，最大限度地利用资源。

要进行并行处理，你可以进行以下操作，必须严格按照以下顺序。

1．为 Julia 添加新处理器（即允许 Julia 访问计算机上的处理器或线程资源）。

2．创建一个或多个可以在每个处理器上运行的映射函数，并使它们对所有处理器可用。

3．创建一个包装器函数，既可以用作减速器，也可以用作聚合器。

4．测试所有映射函数，保证它们可以得到想要的结果。

5．在两个左右的处理器上运行包装器函数，确保它能够按照预期工作。

6．如果有必要，进行一些修改。

7．在所有处理器上运行包装器函数。

要想使整个过程具有效率，重要的就是将数据处理工作平均地分配到各个处理器上，这样就可以使包装器函数中的等待时间最短。

映射函数可以是任何函数，它的函数定义前面需要加一个"@everywhere"

装饰器。这就使得它可以被所有处理器调用，而且它的输出是全局可访问的。为了使整个并行处理过程更简单，你可以定义映射函数使用整个数据集作为输入，并伴随一个索引来限制它处理的数据。这样可以降低包装器函数的内存使用，并使整个过程更加快速。

至于包装器函数，它需要确保数据处理任务被平均分配到各个映射函数中，并保证映射函数的输出随后可以正确地组合在一起。任务分解有一点复杂，因为不是所有任务可以明显地并行化。所以我们最好从比较小规模的数据（不需要并行操作就可以分析）开始，看看包装器函数的结果是否与没有使用并行操作的结果相同。

以下是一些在并行化设置中非常有用的函数和命令。

基本函数与命令

- **CPU_CORES**：这个基本命令允许 Julia 访问计算机的 BIOS 信息，读出硬件中可用的 CPU 核的总数。

- **nprocs()**：返回 Julia 当前可用的处理器数量（不同时间可能不一样）。

- **addprocs(n)**：为 Julia 添加 n 个处理器（n 为整数）。这个函数的输出是个数组，其中包含添加的处理器的数量。或者，你也可以通过在命令行中输入 julia –p n 来启动这个函数，这时它会为 Julia 授予访问 n 个处理器的权限。为了获得最佳性能，我们建议你使用计算机 CPU 中尽可能多的处理器。

- **procs()**：返回一个包括所有可用处理器的数组（即它们的引用编号）。

高级函数与命令

- **@parallel**：并行执行某个特定的命令，通常是一个循环语句。这时候是不维护索引的，所以特别适合模拟。

- **@everywhere**：它使得其后的函数可以被所有 Julia 可用的处理器调用。如果编写并行化的自定义函数，这个命令是必须有的。

- **pmap()**：这个函数和 map() 有点像，但它不是将一个函数映射到数组中的元素上，而是将函数映射到所有可用的处理器上。在 R 中，与其等价的函数是 sapply()。

　　因为这是一个比较高级的话题，所以我们不介绍过多的细节。但是，如果你希望学到更多关于并行处理的知识，我建议你们研究一下 Alex Shum 关于并行处理的一篇文章中的例子（可能是网络上介绍 Julia 并行处理的最好资源），地址是http://bit.ly/29lPygg。如果你想自己动手体验一下并行处理，那么有一个 YouTube视频你可以参考一下，这个视频是由 Jeff Bezanson（Julia 开发者之一）制作的，地址是：http://bit.ly/29lPNaZ。

附录 F

各章思考题答案

第 2 章

1．如果你以前没有用过 Julia，那么 Juno 是最安全的选择。如果不使用 Juno，那么带有最新 Julia 内核（在 IJulia 界面右上方）的 IJulia 也可以达到同样的效果。

2．最常用的选择是使用 JuliaBox。如果你没有 Google 账户，或者你不想让 Google 访问你的代码，那么可以使用 tutorialspoint.com 上的 Julia IDE。

3．IDE 相对于 REPL 的优点在于：加载/保存脚本文件（.jl 文件）的能力，更加用户友好的界面，更容易组织代码，更容易清理代码，如果 Julia 崩溃可以保留代码，具有像文件管理器之类的内置功能，颜色代码使得代码更加易读。

IJulia 相对于 IDE 的优点在于：更容易与非程序员的普通用户共享脚本，绘图通常与代码位于同一区域，可以采用多种方式输出代码（如.jl 脚本文件、.ipynb 笔记本文件、.html 网页文件、.pdf 文件）。如果你有 Python 或 Graphlab 背景，则更容易使用，可以对相关文本进行格式化。

4．内部原因：辅助函数可以让你在更高的高度上以功能划分的方式来组织思维。它们可以使建立解决方案的过程更加有效，并使调试过程更加快速直接。

外部原因：辅助函数可以使其他代码用户更快地理解代码功能，从而提高代码的可用性（辅助函数在其他应用中也可以独立使用）。它们还可以使主程序更简单（使用户在更高的层次上理解程序功能）。

5．包装器函数是一个将多个辅助函数组合（包装）在一起来完成较大目标的函数。如果只有一个包装器函数，那么它通常称为主函数。很多复杂的程序和扩展包中经常使用包装器函数。

6. **sqrt()**：返回一个数值的平方根。它使用非负数值型变量作为输入，可以应用在由非负数值型变量组成的数组上，也可以应用在复数上（非实数型数值变量）。

indmin()：返回一个数值型数组的最小索引值，使用数组作为参数，维度不限，也可用于其他集合类型。

length()：返回集合类型中的元素数量，或者字符串中字符的数量。它使用数组、字典、范围或抽象字符串作为参数，总是返回一个整数。

7. 假设 y 和 z 具有同样的大小，那么表达式总是会返回一个 0 和 1 之间（包括 0 和 1）的浮点数。表达式的第一部分（sum(y==z)）返回一个 0 和 n 之间的数，这里的 n 是 y 中元素的数量，n 也是表达式后一部分（length(y)）的值。表达式的值是这两部分的值的比值，所以它一定在 0 和 1 之间。

8. 可以保存在路径 d:\data\ 中的 Array A.csv 文件中，使用命令 writecsv("d:\\data\\Array A.csv", A)。

9. 先找出最重要的变量，假设为 A、B 和 C，并确定数据文件名称，比如是 "workspace-Friday afternoon." 然后加载 JLD 扩展包：

```
using JLD
```

然后，运行以下命令：

```
f = open("workspace - Friday afternoon.jld", "w")
@write f A
@write f B
@write f C
close(f)
```

如果你想加入路径，就可以对第一个命令做下修改，像前一个问题一样。

10. Max()用于比较一对数值，使用两个数值类型作为输入。Maximum()是 max()的扩展，用于一系列数值，它只有一个输入：由这些数值组成的数组。如果想看看 a 和 b 中哪个最大（这里 a,b <: Number），就应该使用前者：max(a, b)。

11. 以如下的方式使用 Pkg.add("NMF")：

```
Pkg.update()
using NMF
```

12. 不能。kNN 和其他所有分类器一样，不能处理文本数据。分类器的核心功能是距离计算，只能使用数值型数据。不过，kNN 通过恰当的特征工程还是可以用来进行文本分析的，参见第 6 章。

13．完成这个任务最快的方法是将 kNN() 函数中引用的 distance() 函数修改为曼哈顿距离。如果你不知道什么是曼哈顿距离，你可以修改一下 distance() 函数，将这行代码：

```
dist += (x[i] - y[i])^2
```

替换为：

```
dist += abs(x[i] - y[i])
```

因为在处理其他数据集的时候你还可能再次使用欧氏距离，所以你可以将原来的代码保留为注释（即在前面加一个 "#"）。

第 3 章

1．是的，我看了。

2．多数情况下 Julia 函数是你的最佳选择。然而，如果你有一个用 C 语言实现的函数，那么就应该用这个函数，因为在很多情况下它能提高一点性能。

3．最合适的数据结构是字典（dict）。

4．如果你知道要做什么，并且不想和其他用户分析这个函数的话，这样做是有意义的。但是，如果你偶然使用其他类型来调用这个函数的话，Julia 会抛出异常或错误。此外，函数性能肯定会受到一点影响。

第 4 章

1．可以，使用 Julia 语言的多分派特性就可以。如果函数 awesome_fun(A::Array) 用来计算数组 A 中的熵，那么你可以通过再写一个函数 awesome_fun(f::ASCIIString) 来扩展它的功能，计算一个文件 f 中内容的熵。这样，在两种情况下，你都可以无缝运行 awesome_fun() 函数。

2．hdist() 函数使用抽象字符串作为输入参数，'a' 和 'b' 都是字符变量。

3．可以。利用多分派特性。

4．答案为：

```
function word_counter(text::AbstractString)
```

```
   words = split(text, " ")
   word_count = length(words)
   return word_count
end
text = "Data science is the coolest field today."
println(word_counter(text)) # yields the number 7
```

5. 答案为：

```
function non_space_characters_prop(text::AbstractString)
   chars = split(text, "")
   N = length(chars)
   n = sum(chars .!= " ")
   return n / N
end
text = "Data science is the coolest field today."
non_space_characters_prop(text) # yields the number 0.85
```

6. 主函数为 digit_freg()。函数 convert_to_string() 和 find_ most_popular_item() 为辅助函数。

```
function convert_to_string(A::Array{Float64, 1})
   temp = string(A)
   return temp[2:(end-1)]
end
function find_most_popular_item(D::Dict)
   ind = indmax(values(D))
   temp = collect(keys(D))
   return temp[ind]
end
function digit_freq(A::Array{Float64, 1})
   temp = convert_to_string(A)
   freqs = Dict{Char,Int64}()

   for character in temp
    if character in "1234567890"
    if haskey(freqs, character)
      freqs[character] += 1
    else
      freqs[character] = 1
    end
   end
  end
  digit = find_most_popular_item(freqs)
  return digit
end
```

对于大的数值型样本，'1'应该是出现次数最多的数字（本福德定律）。

第 5 章

1．数据工程是数据科学流程中的一个阶段，它为数据分析准备好数据。数据工程包括数据准备、数据探索和数据表示。数据工程通常称为"数据整理"，它是数据科学中最基本的环节之一。

2．数据准备非常重要，因为它要为数据探索准备好数据、处理缺失值、找出潜在问题、清理数据、对数据进行标准化，多数情况下还要去除一些异常值。

3．数据科学流程面向的是复杂的甚至是混乱的数据，它的目的是创建一种对未来具有实际意义的数据产品。其他数据分析过程更注重得到一些过去或现在的摘要信息或有趣的结论。此外，其他数据分析过程中的数据一般更简单，也更整洁标准。

4．我们可以按照如下方式进行清理和转换：

变量 Text："The customer appeared to be dissatisfied with product 1A2345 released last May"

变量 RelatedProduct：1A2345

5．数据探索通过检查变量的分布、变量之间的联系以及它们与目标变量之间的联系来理解数据集。所有这些工作都通过研究特征空间的结构以及各种数据可视化手段来实现。

6．数据表示需要使用最合适的数据类型对数据进行编码。在多数情况下，还包括从数据中提取特征（特别是对于文本数据）。

7．数据发现是与在数据中发现模式和联系相关的所有工作，这些发现通常可以直接用于随后的数据学习阶段。

8．数据学习的任务是使计算机从我们在前几个阶段中准备好的数据集中进行学习。包括对数据进行智能化的分析，以及使用回归、分类、聚类和其他技术来进行某种类型的泛化或得到一些实用的知识。

9．数据产品创建是将前阶段创建的模型部署到生产环境中的过程。这个过程通常需要开发一些 API、一个应用程序或一个仪表盘系统。它的目标是使数据科学与工程团队之外的那些用户（通常是产品所属公司的客户）也可以使用模型。

10．在这个阶段，会创建一些可视化产品和报告。这些产品和报告是给管理层看的，有时是给流程所属企业的其他部门看的，它们不同于数据产品，数据产品的受众更广，价格比较高，或者有促销目的。知识、交付物和可视化产品阶段也会包括从数据产品阶段产生的结果和洞见（如这个数据产品有多么成功，从用户那里得到了什么反馈），它是评价整个数据科学项目的必备条件。从某种意义上说，它是重新回到了起点，经常会引起新的一轮项目循环。

11．它是高度非线性的，因为经常会有新的任务，或者意料之外的事情，使得流程不能按照"正常"的顺序来进行。

12．比如一个根据日常活动计算出你的平均卡路里消耗的 APP，或者一个社交媒体推荐系统，或者一个潜在客户风险评估系统。[①]

13．最后阶段中的可视化产品更成熟，可以表示出更高级的信息。

14．是的，因为每个流程阶段或者对数据进行转换，或者进行分析，或者进行提炼，在数据逐渐转换为信息的过程中都有贡献。在某种情况下，可以省略某个阶段（例如，在数据非常标准，完全满足分析需要的情况下），但很少有这种情况。

第 6 章

1．数据工程是非常重要的，因为它可以使你识别出数据中信息最丰富的部分，并将数据准备好以进行更深层次的分析。

2．数据框可以处理缺失值（编码为 NA）。此外，还可以在同一个数据框中保存各种类型的数据。

3．可以打开这个文件，然后使用 JSON 扩展包来进行解析：

```
f = open("file.json")
X = JSON.parse(f)
close(f)
```

4．有 3 种主要的策略：

---

① 这应该是第 5 章思考题中第 13 题的答案，第 12 题的答案作者没有给出。以下答案顺延。——译者注

a）在集群或云环境中处理数据。

b）可以将数据分解成可以处理的几个部分，然后在本地处理。

c）可以安装相应的扩展包，然后将数据加载到 SFrame 中。

5．根据数据类型的不同，主要包括以下工作：

a）对于数值型数据：消除缺失值，处理异常值。

b）对于文本数据：除去不必要的字符，除去停用词（进行文本分析时）。

6．因为数据类型可以使你更有效地进行资源管理，还可以更有效地表示数据，使得用户和以后阶段中的 Julia 函数更好地利用数据。

7．要对它们进行标准化，最好是让它们的值位于(0, 1)之间。位于[0, 1]之间的标准化也很好，如果数据集中没有异常值的话。或者，也可以使用均值和标准差来进行标准化。

8．很明显，应该选择抽象字符串类型。但是，一些整数的子类型也是可以的，特别是当你想做频度分析的时候。如果你想做词汇分析或是类似的工作，那么布尔型数据也是非常有用的。在所有情况下，sparsematrixCSC 数据类型都很实用，特别是在处理有大量词汇的数据集时。

9．可以使用 bitarray、布尔数组或 Int8 类型的数组来保存文件。

10．OnlineNewsPopularity：使用相关性来评价。

Spam：可以使用杰卡德相似度、互信息或相似度指数来评价。

第 7 章

1．考虑一下两个变量与其他变量的相关性以及与目标变量的相似度，从二者中除去一个。

2．永远不能接受原假设。只能在一定的置信度下拒绝原假设。

3．如果目标变量是定序变量，而且各个类别分布得比较均匀的话是可以的。但很少有这种情况，所以最好不要在分类问题中使用相关性。

4．请一定先进行数据准备，尽可能多地使用统计图。有价值的发现包括"变量 A 与变量 B 紧密相关"、"变量 C 应该是目标变量的一个非常好的预测变量"、"变量 D 中有几个异常值"、"变量需要标准化"，等等。

5．可以，尽管 t-检验在服从正态分布的变量上效果最好，但因为很少会有标准的正态分布，所以经常不考虑这一点。

6．不能。为了得出统计上显著的结论，你需要更大的样本。

7．散点图。

8．对整个数据集进行可视化，在不损失大量信息的情况下，将数据集转换成更低的维度。所以，你可以推测出这种方法可以进行更好地描绘出有意义的模式，比如簇，还可以评估分类的难度。

第 8 章

1．应该降维，因为对于多数数据分析方法来说，特征数量太多了。任何一种降维方法都可以。如果数据集中有标签，可以使用基于特征评价的方法，因为这种方法非常快速，而且对于这个巨大的数据集来说，不容易引起内存溢出等问题。

2．应该降维，因为这种数量的特征对于很多数据分析方法来说，还是有点多。任何一种降维方法都可以，因为性能的原因，PCA 会更好一些。

3．应该使用基于特征评价的方法，因为这个数据集太小了，PCA 不适合。

4．可能会进行降维，但这不是第一选择。如果使用的数据分析方法效果不好，或者有些特征在数据探索阶段表现为冗余特征的话，可能会使用某种方法进行降维。

5．不会。数据科学项目通常包含大量的特征，这使得全部特征组合的数量极其巨大。应用这种方法会浪费大量资源，而且通过这种方法找出的最优特征集合对性能的提高不见得会比用其他方法得出的次优特征集合好多少。

6．优点是可以使用目标向量（即我们要预测的目标）中包含的额外信息。

7．在这种情况下，ICA 方法是最好的，因为它可以得出统计上独立的元特征。

8．任何一种高级方法都可以。如果你不介意调整参数，那么基于 GA 的方法是最好的。

第 9 章

1. 可以，但只有当数据集中有一个离散型变量而且被用作目标变量时才可以。分层抽样后，你可以将两个输出结合在一起，使用新的矩阵作为样本数据集。

2. 分层抽样可以在某种程度上保留少数类别的信息。使用基本抽样方法会导致抽样中少数类别的信息削弱甚至消失。

3. 随机抽样。正如多数统计书籍中强调的，这是正确抽样的关键，也是处理样本中潜在偏离的最好方法。

4. 可以，尽管你在任何一本数据科学书籍中都不会看到这个定义。要想把总成本标准化到 0 和 1 之间，首先要找出最大的可能成本（假设一种最坏的情况，即每种类别中的元素都被误判，这样就可以得到最高的误判成本）。然后使用给定分类总成本与最大成本的比值即可。

5. 不能，除非你将问题分解成三个子问题，每个子问题都是二分类问题（例如，"类别 1" 和 "其他类别"）。然后，你可以对每个子问题应用 ROC 曲线。

6. 对于任何目标变量没有多个不同值的问题，都可以使用 KFCV。所以，尽管这种方法是为分类问题设计的，但如果目标变量中不同值的数目不多，在理论上也可以用于回归问题。

第 10 章

1. 在聚类和其他基于距离的算法中，距离都是非常重要的。这是因为距离会直接影响这些算法的功能和结果。是否选择了正确的距离度量方式可以影响聚类系统的成败，决定它的结果是否有意义。

2. 使用 DBSCAN 方法或者它的变种。

3. 因为那些度量方式依赖于目标变量，包含与特征集中数据点无关的信息。在聚类中使用那些度量方式即使不是完全不合适，也会导致混淆。

4. 只有数值型数据才可以聚类，非数值型数据需要转换成二值特征后才能聚类。为了获得无偏的结果，所有数据在聚类之前都应该进行标准化。

5. 分割聚类并不局限于二维或三维，它的目标是对现有数据进行有意义地分组。t-SNE 的目标是在不显著扭曲数据集结构的前提下，将数据维度限制在可控范围内，使得可以对数据集进行可视化表示。理论上，t-SNE 的输出结果可以用来聚类，但实际上很少这样做。

6. 从技术角度来说，不是必须的，因为聚类结果不能直接应用于数据科学流程的其他阶段。但是，对于有一定复杂度的数据集，聚类是非常有用的，因为它可以让我们更好地理解数据集，并做出更有意义的假设。

7. 在聚类时，高维度确实是个问题，因为这时数据点之间的距离很难表示出它们之间的相异度（特别是很难表示出相异度的分散程度）。不过，这个问题可以通过降维方法来有效地解决，比如 PCA。

8. 你可以将这个特征乘以一个大于 1 的系数。这个系数越大，在聚类算法中这个特征起的作用就越大。

第 11 章

1. 试一下随机森林、贝叶斯网络或者 SVM。如果是个回归问题，也可以选择统计回归。如果维度降低到可控的特征数量，那么也可以使用直推式系统。初始特征彼此独立这个特点很适合使用基于树的方法，贝叶斯网络也会因此受益。

2. 任何一种基于树的方法都可以。贝叶斯网络在这种情况下效果也很好。根据数据量和维度的不同，ANN 或直推式系统也是很好的选择。

3. 神经网络，因为它可以很好地处理带噪声的数据，适合大数据集，并擅长分类问题。

4. 错。即使是一个鲁棒性非常好的监督式学习系统，也会从优秀的特征工程中受益匪浅。

5. 基于树的系统，如果是回归问题，广义统计回归模型也可以。

6. 神经网络是统计回归的扩展，其中所有工作都是自动进行的。第二层中的所有结点都可以看成是一个统计回归模型的输出，这使得 3 层 ANN 是某种形式的组合体，其中就包括统计回归系统。

7. 维度。使用特征选择技术或者用元特征替代初始特征可以有效地解决这个问题。

8．深度学习系统不是万能灵药。它只在某些特定类型的问题上表现很好，它要求丰富的数据，并需要大量计算资源。对于所有问题都使用深度学习是不合适的，特别是要求解释性的问题。

第 12 章

1．图可以帮助我们对复杂数据集简单直接地进行建模和可视化，还可以对某些不能用传统数据科学技术建模的数据集（比如社交网络数据）进行建模。

2．如果我们用结点表示特征，用边表示特征之间的相似度（或距离），就可以将特征集合表示成一张图。然后就可以使用基本的图分析技术来检查每个特征的独立程度。此外，如果我们将特征与目标变量关联起来（通过一种合适的度量方式），就可以对各种特征进行评价。所有这些工作都可以帮助我们对数据集的可靠性有个明确的概念。

3．对于某些数据集是可以的。有些数据集可以用图来建模，但使用传统的技术也可以，有时效果会更好。当数据点、特征或类别之间的联系非常重要时，使用图分析通常效果更好。

4．完全没有问题。实际上，几年前 MATLAB 中就实现了这样的系统。但是，这个系统没有进入公众视野，因为还有更加引人注目的新功能。基于 MST 的分类系统可以按以下步骤实现：

a）输入：用于训练的特征集合、用于训练的标签、用于测试的特征集合、距离度量方式。

b）训练：基于训练集中的数据点和距离（使用给定的距离度量方式来计算）为每个类别创建一个 MST，并计算出边上的平均权重。

c）再创建一个 MST，计算出新 MST 边上的平均权重，并与这个类别的初始 MST 进行比较，根据最优改善情况（边上平均权重更小）来分配类别标签。对于测试集中的每一个点和每个类别，都重复这个过程。

你最好自己先尽量实现这个系统，然后再看一下我们提供的代码（MSTC.jl）。当然，我们欢迎你使用我们的代码，只要你正确地引用。

除了简单易行，基于 MST 的分类器功能也很强大，因为它的整体特性（尽管开始时很不明显）。不过，它也继承了基于距离的分类器的弱点，扩展性不好。

5. 不能。你必须进行大量预处理工作才能对数据进行建模，这样图分析才有意义。

6. 答案是：

```
function MST2(g, w) # MAXimum Spanning Tree
    E, W = kruskal_minimum_spantree(g, -w)
    return E, -W
end
```

7. 没有，因为有些与图相关的额外信息没有包含在图对象中，两种扩展包中的图对象都是这样。最重要的是，权重信息没有保存在图数据文件中。

第 13 章

参见相应的 IJulia 笔记本。

欢迎来到异步社区！

异步社区的来历

异步社区（www.epubit.com.cn）是人民邮电出版社旗下 IT 专业图书旗舰社区，于 2015 年 8 月上线运营。

异步社区依托于人民邮电出版社 20 余年的 IT 专业优质出版资源和编辑策划团队，打造传统出版与电子出版和自出版结合、纸质书与电子书结合、传统印刷与 POD 按需印刷结合的出版平台，提供最新技术资讯，为作者和读者打造交流互动的平台。

社区里都有什么？

购买图书

我们出版的图书涵盖主流 IT 技术，在编程语言、Web 技术、数据科学等领域有众多经典畅销图书。社区现已上线图书 1000 余种，电子书 400 多种，部分新书实现纸书、电子书同步出版。我们还会定期发布新书书讯。

下载资源

社区内提供随书附赠的资源，如书中的案例或程序源代码。

另外，社区还提供了大量的免费电子书，只要注册成为社区用户就可以免费下载。

与作译者互动

很多图书的作译者已经入驻社区，您可以关注他们，咨询技术问题；可以阅读不断更新的技术文章，听作译者和编辑畅聊好书背后有趣的故事；还可以参与社区的作者访谈栏目，向您关注的作者提出采访题目。

灵活优惠的购书

您可以方便地下单购买纸质图书或电子图书，纸质图书直接从人民邮电出版社书库发货，电子书提供多种阅读格式。

对于重磅新书，社区提供预售和新书首发服务，用户可以第一时间买到心仪的新书。

用户帐户中的积分可以用于购书优惠。100 积分 =1 元，购买图书时，在 里填入可使用的积分数值，即可扣减相应金额。

纸电图书组合购买

社区独家提供纸质图书和电子书组合购买方式，价格优惠，一次购买，多种阅读选择。

社区里还可以做什么？

提交勘误

您可以在图书页面下方提交勘误，每条勘误被确认后可以获得100积分。热心勘误的读者还有机会参与书稿的审校和翻译工作。

写作

社区提供基于Markdown的写作环境，喜欢写作的您可以在此一试身手，在社区里分享您的技术心得和读书体会，更可以体验自出版的乐趣，轻松实现出版的梦想。

如果成为社区认证作译者，还可以享受异步社区提供的作者专享特色服务。

会议活动早知道

您可以掌握IT圈的技术会议资讯，更有机会免费获赠大会门票。

加入异步

扫描任意二维码都能找到我们：

| 异步社区 | 微信服务号 | 微信订阅号 | 官方微博 | QQ群：436746675 |

社区网址：www.epubit.com.cn

投稿&咨询：contact@epubit.com.cn